高等职业教育土建类专业系列教材

# 简明建筑力学教程

主　编　吴建敏
参　编　张慧洁　张巨璟　郭　文

机械工业出版社

本书根据高职高专人才培养及教学的特点，相对简化一些理论推导和证明过程，并针对建筑工程专业的后续课程学习的需要列举了较多的例题。本书内容分两大部分。静力学部分包括力的基本知识、力的分析、平面力系的平衡、空间力系的合成及平衡；材料力学部分包括材料力学的基本概念、轴向拉伸与压缩、剪切与挤压、扭转、梁的弯曲、组合变形的强度计算、压杆稳定。为方便计算书后附有型钢表。为方便学生对知识的掌握，本书每章前有学习目标，章后有小结和习题。

本书可作为高职高专建筑工程技术专业的教材，也可作为建筑类专业从业人员的参考用书。

**图书在版编目(CIP)数据**

简明建筑力学教程/吴建敏主编.—北京：机械工业出版社，2009.9 (2024.9重印)

高等职业教育土建类专业系列教材

ISBN 978-7-111-28278-5

Ⅰ.简…　Ⅱ.吴…　Ⅲ.建筑力学-高等学校：技术学校-教材　Ⅳ.TU311

中国版本图书馆CIP数据核字(2009)第162496号

机械工业出版社(北京市百万庄大街22号　邮政编码100037)

策划编辑：覃密道　责任编辑：李　莉　版式设计：霍永明

责任校对：李秋荣　封面设计：张　静　责任印制：常天培

北京机工印刷厂有限公司印刷

2024年9月第1版第7次印刷

184mm×260mm·10.75印张·261千字

标准书号：ISBN 978-7-111-28278-5

定价：33.00元

电话服务　　　　　　　　　　网络服务

客服电话：010-88361066　机　工　官　网：www.cmpbook.com

010-88379833　机　工　官　博：weibo.com/cmp1952

010-68326294　金　书　网：www.golden-book.com

　机工教育服务网：www.cmpedu.com

# 前　言

本书根据教育部《关于大力发展职业教育的决定》、《关于加强高职高专人才培养工作的意见》等文件的要求，以培养高质量、应用型专门人才为目标，按照技能型人才培养及教学的特点，依据建筑工程专业设置和学生的基本情况，结合多年的教学实践而编写。本书的特点是：以必需和够用为准则，以强化应用为重点，相对简化一些理论推导和证明过程，并针对建筑工程各专业的后续课程的知识需求列举了较多的例题。在各章后提供了大量的习题，同时，针对实践需求在附录中列出了最新的型钢表。

本书由吴建敏任主编，参加本书编写工作的有：吴建敏（编写第1章~第4章)、张慧洁（编写第5章~第8章），张巨璟（编写第9章、第10章），郭文（编写第11章)。由吴建敏最终审核定稿。

在本书的编写过程中，参考了部分相同学科的教材及文献，在此向文献的作者表示感谢!

由于编者的水平有限，书中难免有欠妥和不足之处，恳请读者及同仁批评指正。

**为方便授课，我们为选用本书作为教材的老师提供习题和电子课件，请登录 www. cmpcdu. wm 免费下载，或拨打 010-88379540 索取。**

**编　者**

# 目　　录

## 第二篇 材料力学

# 绪　论

## 0.1 建筑力学与建筑结构

建筑力学是人们在不断实践的基础上对凌乱的、感性的、基本的“力”的概念进行系统的总结所形成的一门学科，它揭示了“力”的本质和属性，并运用“力学”的原理对各种模型进行分析计算，验证其是否可行、可靠。

建筑物是人们生产、生活和其他活动的场所。建筑物是由若干个形状不同、用途不同的构件有机连接而成的一种平面或空间结构，我们把这些平面或空间的结构统称为**建筑结构**，这些构件和结构不但自身有重量，而且还要承受自然界的雨、雪和建筑物内生活设施、生产设备和人的重量。一栋建筑物，不但要受到上述直接作用而产生结构和构件的变形，还要受到诸如温度变化和材料变形对建筑结构的影响。此外地面运动和基础不均匀变形也会引起结构和构件变形。

能否保证建筑物的有效使用，是一个非常复杂的系统问题，但其基本的设计和验证，则必须从复杂的结构中抽象或建立起可用于设计和验证的模型，并对该模型进行相应的计算。建筑力学就是要提供这种计算所必需的基础理论和基本方法。

## 0.2 建筑发展的历史和趋势

建筑业直接关系到人们的生活和生存，它的发展有着悠久的历史，从原始社会的洞居、穴居开始，人们在不遗余力地进行着改善居住方式和居住条件的尝试。我国黄河流域的仰韶文化遗址就发现了公元前5000—公元前3000年的房屋结构痕迹，埃及金字塔和我国万里长城都是建筑发展史上的重要贡献。我国在一千多年前，就会合理地利用石材、木材和粘土来建造复杂的建筑物。建于隋代的总长约64m，宽度约37m的河北赵县赵州桥，历经一千多年的风风雨雨至今安然无恙；建于唐代的全木石结构的西安大雁塔，历经多次大地震至今保存完好。17世纪工业革命后，资本主义国家的工业化推动了建筑业的飞速发展，炼铁技术的成熟出现了钢结构建筑，并在19世纪中叶得到了长足的发展。特别值得注意的是，19世纪中叶水泥的发明，不仅是建筑材料史上的一次伟大的革命，更使得混凝土结构和预应力结构得到了广泛的应用。

近年来，我国在建筑领域取得了辉煌的成就，1998年建成的上海浦东陆家嘴金茂大厦，其高度全国第一，亚洲第二，世界第三；正在建设的上海环球金融中心，高492m，其高度居世界第一。

随着社会的发展，科技进步带动了建筑领域的发展。未来建筑业的发展趋势将表现在以下几个方面：一是理论研究和设计方法的创新。设计方法上将逐步向全概率极限状态方向发展，保证结构安全的模糊可靠度概念正在建立，结构计算正在向精确化方向发展；二是新材料的研究和使用。从减轻建筑物自身重量角度入手，高强度混凝土（C100，即混凝土强度

在 $100N/mm^2$ 以上)、塑性较好的混凝土和轻质混凝土正在研究和试用，而国外广泛使用的高强度空心砖的抗压强度已经接近于高强度混凝土；从材料的主要使用性能入手，改变钢筋的加工方法，高强度的冷轧钢筋（强度超过 $1000N/mm^2$）将广泛使用；三是建筑空间利用。为了解决集中居住和办公的需要，节约不可再生的土地资源，建筑物的形式朝着多层、高空方向发展；四是新结构和组合结构。钢网架、悬索具的使用使大跨度结构成为可能；型钢混凝土、钢管混凝土、压型钢板叠合梁等组合结构也是结构发展的一个亮点；五是预应力混凝土、大模板和滑模施工技术使施工进度更快，质量更好；六是高效率施工机械使得施工机械化程度更高，劳动条件得到了根本性的改善。

## 0.3 教材内容

本教材内容主要包括静力学和材料力学两部分。

**静力学**主要研究力系的平衡问题，研究物体与物体之间的作用，物体之间相互约束的形式，力系的平衡规律以及介绍力系的平衡计算方法。

**材料力学**主要研究构件在力的作用下的强度、刚度和稳定性的问题；研究不同截面和不同结构的构件在受力时的变形规律、破坏形式和保持稳定性的措施；介绍构件强度、刚度和稳定性的计算方法。

## 0.4 本课程的任务和学习目的

构件与结构在力的作用下会发生变形，如何使其在受力后的变形控制在一定的限值内，既不致于破坏、失稳，又具有一定的安全系数和使用期限，在满足以上条件的同时，还应具有经济性。经济性与安全性是存在矛盾的，在实际工作中，需要通过受力计算来解决这对矛盾，这就需要在安全性与经济性之间选择一种合理的平衡，使所设计的构件安全可靠、结构满足要求又经济合理，这就是建筑力学要研究和解决的问题。

本课程是建筑工程类专业一门重要的专业基础课程，是后续学习的专业课的前置课程。学好建筑力学这门课程，也为今后的工作和学习奠定一定的理论基础。通过本课程的学习，要求达到以下的目的：

1）理解建筑力学的基本概念，掌握建筑力学的基本理论和基本计算方法。

2）理解力系的概念，掌握力系分析的基本程序和方法，会分析构件和简单结构的受力问题。

3）理解变形的概念，了解构件变形的基本形式，掌握构件变形的计算，会进行简单构件的强度、刚度的校核以及简单的构件截面尺寸设计。

4）培养分析问题的方法和解决问题的能力，培养空间思维的能力，建立牢固的空间三维概念。

# 第一篇　静　力　学

## 第 1 章　力的基本知识

【学习目标】

1. 理解刚体的概念，掌握静力学的基本公理，会运用静力学公理对物体进行受力分析。

2. 理解力和力系的概念、力的分类、力的三要素及力的图示法。

3. 理解力矩、力偶矩和力偶系的概念，掌握力偶的基本性质，熟练计算力对点之矩，会进行力矩的合成。

### 1.1　刚体的概念

静力学中，将在外力作用下，其大小和形状都保持原有状态不变的物体称为刚体。刚体的概念是相对的。实际中，绝对的刚体是不存在的。任何物体在力的作用下，其大小和形状的改变是绝对的，不改变只是相对的，差别在于变化量的大小。在工程中，许多构件在力的作用下的变形量是很微小的，只能用专门仪器才能测量出来，这些变形对物体平衡问题的影响非常有限。在研究静力学问题时，为了不因这些很微小的变形而使问题复杂化，经常忽略变形的影响，建立一个理想化的力学模型。**在静力学研究中，我们将所有研究对象都看成刚体。**

### 1.2　力和力系

#### 1.2.1　力的概念

人们在长期的生活和生产实践中逐渐形成并建立了力的概念。如当人们在推动小车、抛掷物体、提起重物时，感受到身体肌肉紧张，这是人们对力的感性认识。此后，人们逐渐认识到不但人对物体施加作用能改变物体的原来状态，物体之间也有相互作用，同样可以改变物体的原有状态，如地球对物体的引力使高空的物体竖直向下运动；处于运动状态的物体会在摩擦力和空气阻力的作用下渐渐停下来。

**力是物体与物体之间的相互机械作用，力的作用效应会使物体的运动状态或形状发生改**

变。力使物体的运动状态发生改变的效应，称为**力的外效应**；而力使物体的形状发生改变的效应，称为**力的内效应**。

在研究静力学的问题时，应该注意两个问题：

1）力不能脱离开物体而单独产生，必然存在两个或两个以上的相互作用的物体。所以，研究力对物体的作用，必须分清施力物体和受力物体。

2）静力学研究的对象是由相互作用物体构成的物系中的受力物体。

### 1.2.2 力的三要素

要全面地描述力对物体的效应，必须从不同的角度去解读力的作用。实践证明，力对物体的作用效应取决于三方面因素，即力的大小、方向和作用点，这三个方面的因素称为**力的三要素**。

力的大小代表物体之间相互作用的强弱程度，其度量方法包括量值和单位。在国际单位制中，力的单位用 N（牛顿）或 kN（千牛顿）来表示，工程中常见的单位还有 kgf（千克力），其换算关系如下：

$$1\text{kN}=1000\text{N} \quad 1\text{kgf}=9.8\text{N}$$

力的方向代表力的方位和指向，例如重力，既表示它的作用线“铅垂”，又表示它的方向“向下”。由于力具有方向性，所以，力是“矢量”，通常用大写字母 $\boldsymbol{F}$ 或 $\vec{F}$ 表示。

力的作用点表示力作用在物体上的位置。

工程上经常用一条带箭头的线段表示力，线段的长度表示力的大小，线段的箭头表示力的方向，线段的起点或终点表示力的作用点，用这种方法表示力称为**力的图示法**。图 1-1 表示作用在物体上的水平推力为 5kN，$B$ 点为力的作用点，力的方向水平向右。通过力的作用点，沿力的方向的直线称为力的作用线，其力的矢量线计作 $\overrightarrow{AB}$。

力对物体的作用，分为直接作用和间接作用。工程上，经常将力对物体的直接作用称为**荷载**（如构件的自重，设备、人员、材料的重量，雨、雪、风的作用等）。

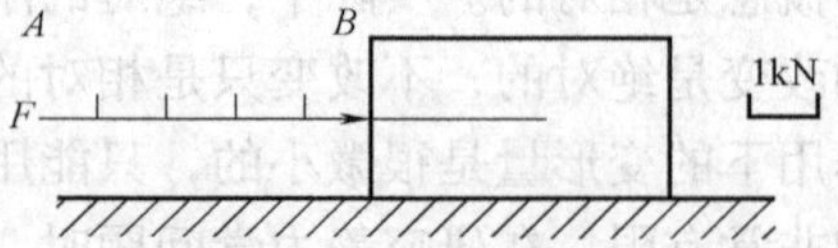

图 1-1 力的图示

### 1.2.3 力系

（1）力系的概念

通常，物体受力不止一个，而是若干个力，也称为一组力。通常把同时作用于同一物体上的一组力称为**力系**。在分析物体受力时，通常要对物体所受的所有的力进行分析，即对物体所受的力系进行分析。

（2）平衡力系

当物体在力系的作用下处于相对平衡状态时，将物体所受的力系称为**平衡力系**。物体受平衡力系的作用时，物体能够保持静止或匀速直线运动状态。此时物体上所受的所有外力的合力等于零。

（3）等效力系

当作用于物体上的一个甲力系与另一个乙力系的作用效应相同时，称甲、乙两个力系为**等效力系**。等效力系强调的是力系对物体作用效应相同，如果有若干个力系对物体的作用效应相同，则这若干个力系也称为等效力系。

（4）力系的分类

若力系中所有的力的作用线在同一平面内，称该力系为**平面力系**；若力系中所有的力的作用线不在同一平面内，则称为**空间力系**。

根据力系中的力的作用线是否相交，可将力系分为三种不同形式：

1）**汇交力系**。力系中所有力的作用线或作用线的延长线汇交于一点，该力系称为汇交力系（图 1-2 与图 1-5 所示）。

2）**平行力系**。力系中所有力的作用线平行，该力系称为平行力系。均布力系即为平行力系的一种特殊形式（图 1-3 与图 1-6 所示）。

3）**一般力系**。力系中所有的力的作用线或作用线的延长线不汇交于一点，也不相互平行，称该力系为一般力系（图 1-4 和图 1-7 所示）

综上所述，按照力作用线的不同位置，力系可分为以下六种形式：平面汇交力系、平面平行力系、平面一般力系，空间汇交力系、空间平行力系、空间一般力系。

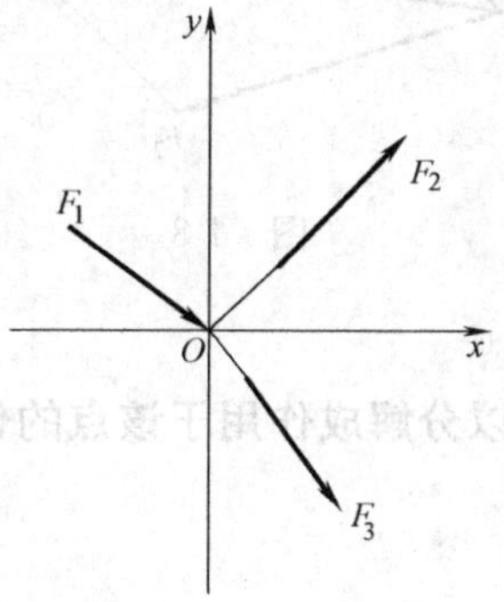

图 1-2　平面汇交力系

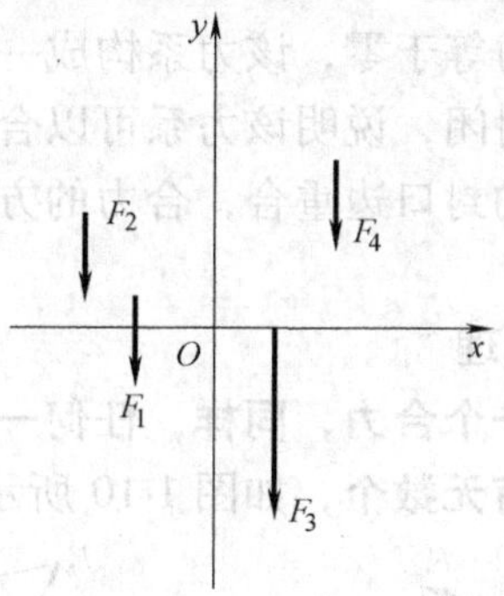

图 1-3　平面平行力系

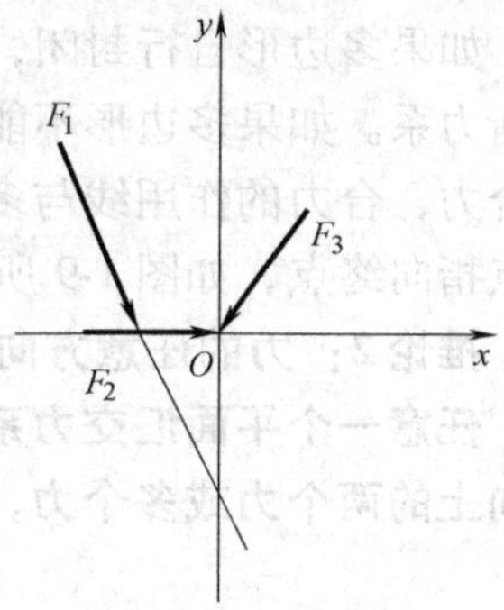

图 1-4　平面一般力系

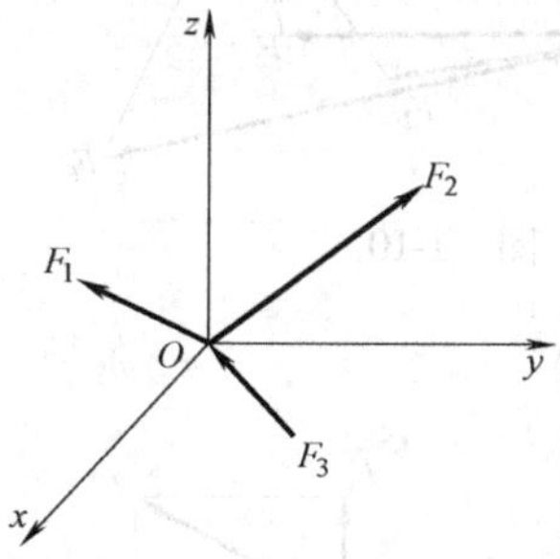

图 1-5　空间汇交力系

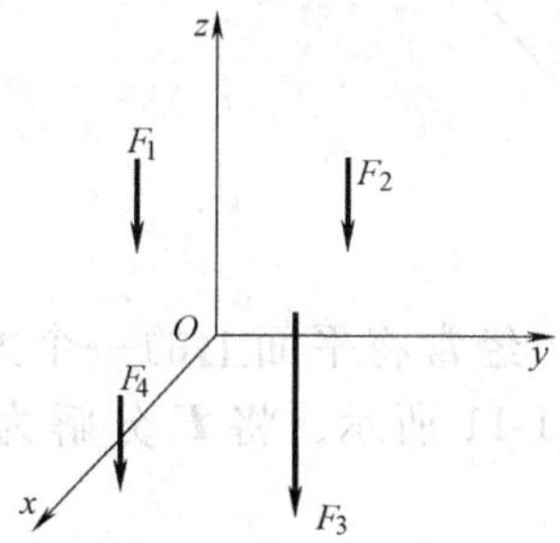

图 1-6　空间平行力系

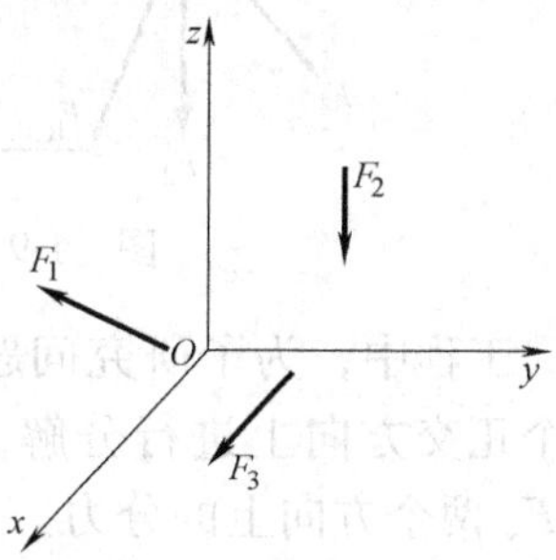

图 1-7　空间一般力系

（5）合力与分力

如果一个力系与一个力等效，则称这个力为该力系的**合力**，力系中所有的力为该力的**分力**。从理论上讲，任何一个力系都有合力，当力系的合力等于零时，该力系称为平衡力系。一个汇交力系只有一个确定的合力，任何一个力都可以看成是一个力系的合力。所以**力可以按要求在不同方向上进行分解**。

## 1.3 静力学公理

公理是人们共同认可的客观规律。经过反复的观察、实践和总结，人们得出了静力学最基本的规律，称为静力学公理，它是研究静力学问题的基础。

### 1.3.1 力的平行四边形公理

**作用于物体同一点上的两个力可以合成一个合力，合力的作用点也在该点上，合力的大小和方向由这两个力构成的平行四边形的对角线确定**，如图 1-8 所示。该公理揭示了两个问题：①力是矢量，力的合成遵循矢量加法；②只有两力共线时，才能用代数加法。

**推论 1：力的多边形法则**

**在平面力系中，作用于同一点的若干个力也可以合成一个力，合力的作用点也在该点上，合力的大小和方向由这些力首尾相接所构成的多边形的封口边确定。**

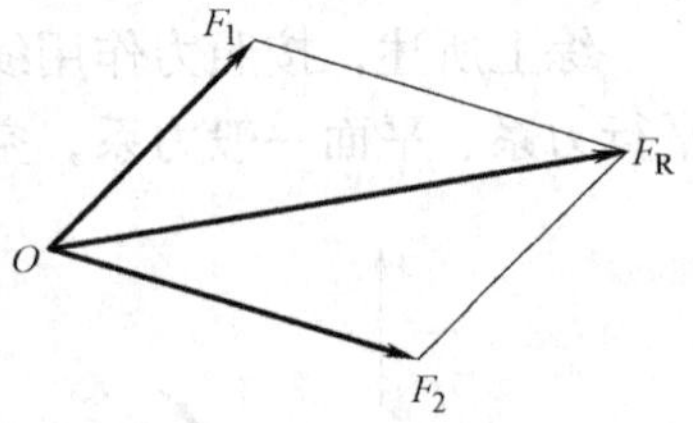

图 1-8

如果多边形自行封闭，则合力等于零，该力系构成一平面平衡力系。如果多边形不能自行封闭，说明该力系可以合成一个合力，合力的作用线与多边形的封口边重合，合力的方向由起点指向终点，如图 1-9 所示。

**推论 2：力的任意方向分解原理**

**任意一个平面汇交力系都有一个合力，同样，任何一个力可以分解成作用于该点的任意方向上的两个力或多个力，其解有无数个**，如图 1-10 所示。

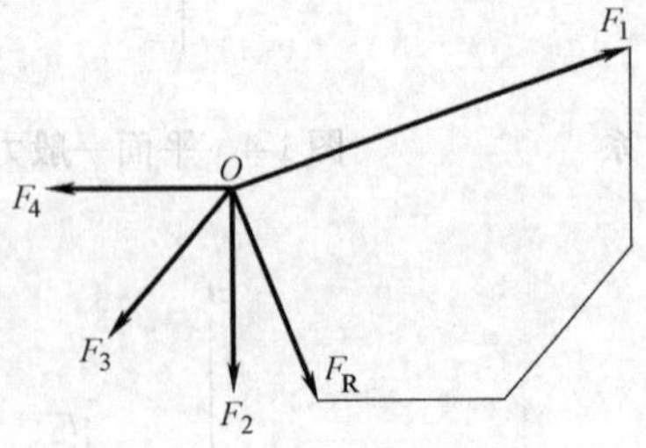

图 1-9

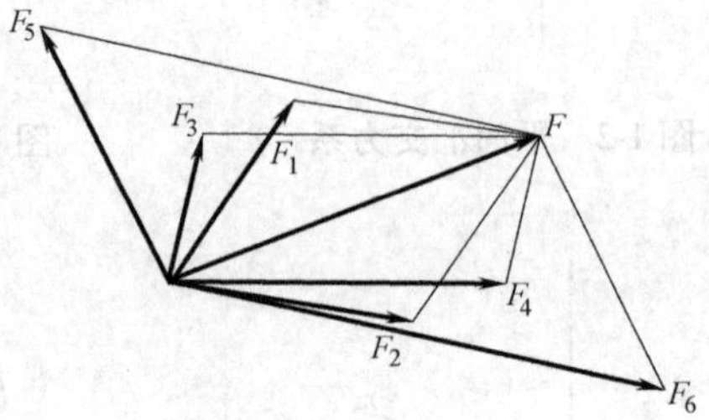

图 1-10

工程中，为了研究问题方便，经常将平面上的一个力在两个正交方向上进行分解，如图 1-11 所示，将 $\boldsymbol{F}$ 分解为 $\boldsymbol{F}_x$ 和 $\boldsymbol{F}_y$ 两个方向上的分力。

$$F_x = \pm F\cos\alpha \qquad F_y = \pm F\sin\alpha \tag{1-1}$$

$$F = \sqrt{F_x^2 + F_y^2} \tag{1-2}$$

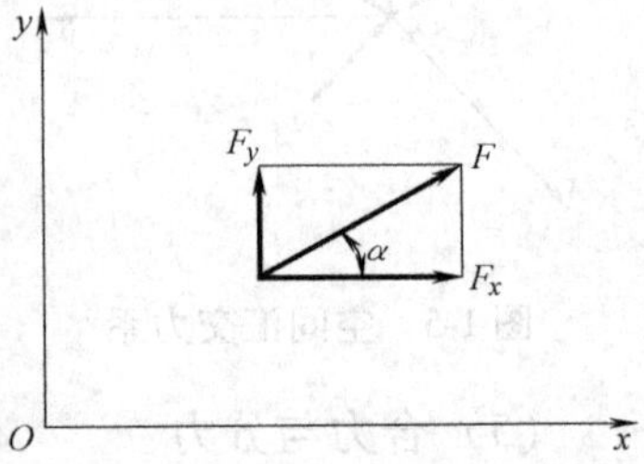

图 1-11

同样，两个正交方向上的力也可以合成一个合力，关于力的分解与合成问题，将在后面章节中讲述。

### 1.3.2 二力平衡公理

作用在同一刚体上的两个力，使刚体处于平衡的充要条件是两个力的大小相等，方向相反，且作用在同一直线上。简称为**等值、反向、共线**。如图 1-12 所示，$\boldsymbol{F}_1$，$\boldsymbol{F}_2$ 是一对平衡力。

**推论：三力汇交平衡定理**

**由三个力构成的共面非平行力系，其作用效应使刚体平衡时，这三个力的作用线或作用线的延长线必然汇交于一点。**

证明：如图 1-13 所示，物体受由力 $\boldsymbol{F}_1$、$\boldsymbol{F}_2$、$\boldsymbol{F}_3$ 三个力所构成的力系作用而处于平衡状态，依据力的平行四边形公理，力 $\boldsymbol{F}_1$、$\boldsymbol{F}_2$ 必然有合力 $\boldsymbol{F}'$，依据二力平衡公理，$\boldsymbol{F}'$ 的作用线必然与 $\boldsymbol{F}_3$ 的作用线或作用线的延长线在一条直线上，且二力的大小相等，方向相反。

利用这一定理，可以确定平面汇交力系平衡时其中一个未知力作用线的方位。

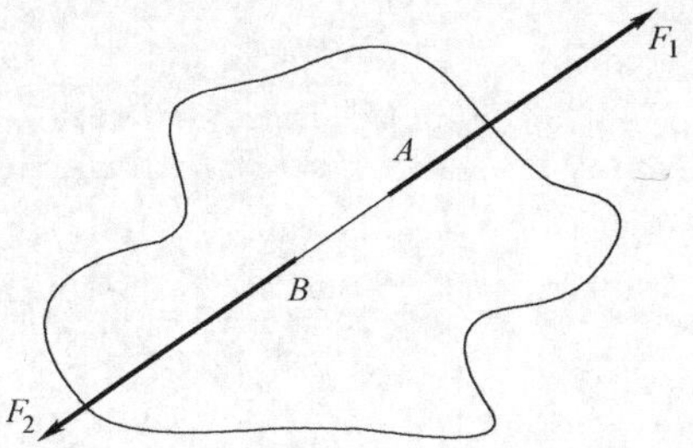

图　1-12

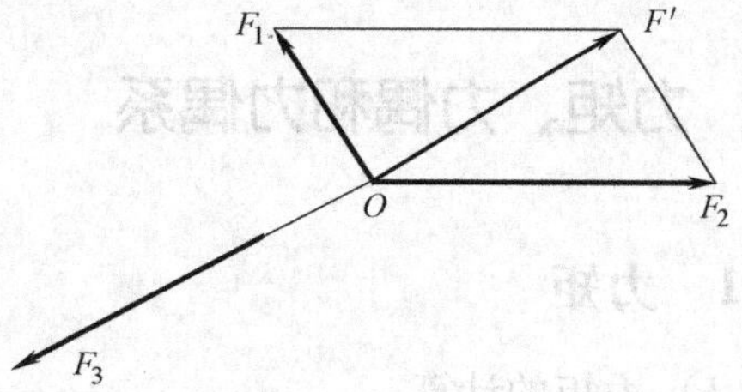

图　1-13

## 1.3.3　加减平衡力系公理

**在已知力系中，加上或减去任意平衡力系，并不改变原力系对刚体的作用效应。** 这是因为平衡力系作用在刚体上不改变刚体的运动状态。

**推论：力沿作用线平移原理**

如图 1-14 所示，力 $\boldsymbol{F}$ 作用在刚体的 $A$ 点，在 $\boldsymbol{F}$ 作用线的延长线上任取一点 $B$，在 $B$ 点加一平衡力系 $\boldsymbol{F}_1$、$\boldsymbol{F}_2$，且使 $F_2 = -F_1 = F$，且 $\boldsymbol{F}$、$\boldsymbol{F}_1$、$\boldsymbol{F}_2$ 作用在同一条线上，因此，力 $\boldsymbol{F}$ 与 $\boldsymbol{F}$、$\boldsymbol{F}_1$、$\boldsymbol{F}_2$ 组成的力系等效。由于 $\boldsymbol{F}$ 与 $\boldsymbol{F}_1$ 也是一对平衡力，这就相当于将力由刚体上的 $A$ 点平移到刚体上的 $B$ 点，而不改变力的作用效应。

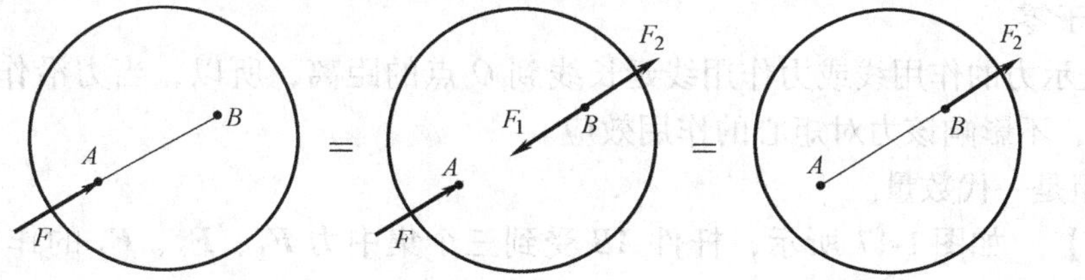

图　1-14

## 1.3.4　作用力与反作用力公理

**存在于两物体间的作用力与反作用力，总是大小相等，方向相反，沿同一条直线并分别作用在两个物体上。**

该公理描述了物体之间相互作用的关系，要注意的是：

1）作用力与反作用力总是在作用位置成对出现的、同时消失，有作用力、必定有反作用力。

2）作用力与反作用力分别作用在两个物体上，不可与平衡力混淆。作用力与反作用力不能组成平衡力系。

如图 1-15 所示，建筑工地的简易起重机匀速吊起重物，重物对钢丝绳有拉力 $\boldsymbol{F}_1$，作用在绳上，钢丝绳对重物的拉力 $\boldsymbol{F}_2$，作用在重物上。$\boldsymbol{F}_1$ 与 $\boldsymbol{F}_2$ 是一对作用与反作用力，等值、反向、共线，并分别作用在两个物体上。

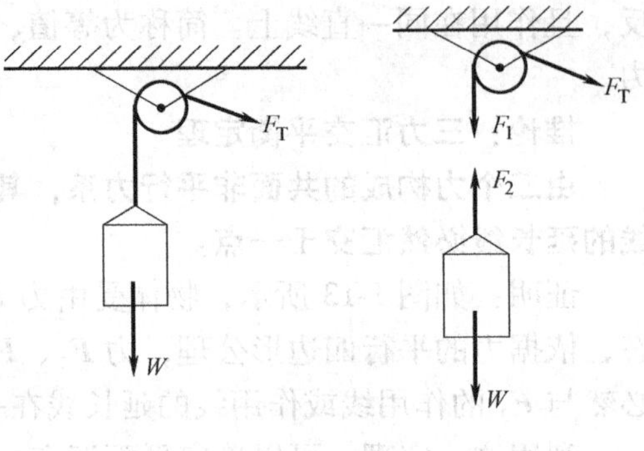

图 1-15

## 1.4 力矩、力偶和力偶系

### 1.4.1 力矩

（1）力矩的计算

图 1-16 表示力 $\boldsymbol{F}$ 对 $O$ 点的力矩，$d$ 为力 $\boldsymbol{F}$ 到 $O$ 点的距离，力学中称为力臂，$O$ 点称为矩心，力对点之矩用符号 $M_O$（$\boldsymbol{F}$）表示，正负由转动方向决定。

$$M_O(\boldsymbol{F}) = \pm Fd \tag{1-3}$$

**式 1-3 可以表述为：力 F 对平面内一点所产生的矩大小等于力与力臂的乘积**。式中的 ± 号表示力矩的方向，力学中规定：力使物体产生逆时针方向的转动取正号，反之取负号。

力矩的单位是力的单位与长度单位的乘积。国际单位制通常用 N·m（牛顿米）或 kN·m（千牛米），工程单位制还有用 kgf·m（千克力米）。

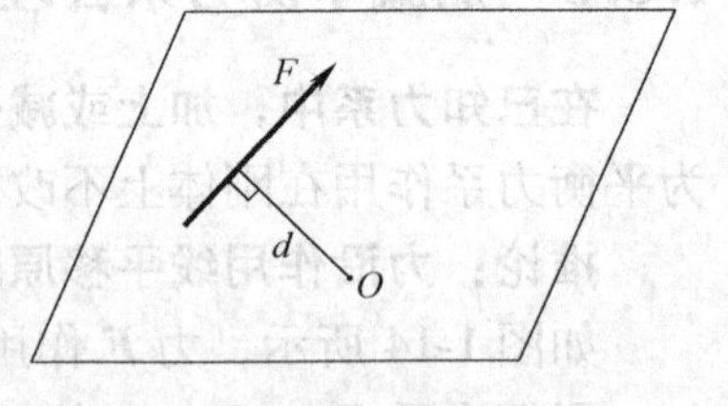

图 1-16

由力矩的定义可推出以下结论：

1）力矩的大小取决于力和力臂的乘积，当 $\boldsymbol{F}$ 等于零或 $\boldsymbol{F}$ 的作用线通过矩心（$d=0$）时，力矩等于零。

2）$d$ 表示力的作用线或力作用线延长线到 $O$ 点的距离，所以，当力沿作用线的延长线任意移动时，不影响该力对矩心的作用效应。

3）力矩是一代数量。

**【例 1-1】** 如图 1-17 所示，杆件 $AB$ 受到三个集中力 $\boldsymbol{F}_1$、$\boldsymbol{F}_2$、$\boldsymbol{F}_3$ 的作用，已知 $F_1=15\text{kN}$，$F_2=20\text{kN}$，$F_3=20\text{kN}$，求三力分别对 $A$ 点的力矩。

**解**：由式（1-3）得

$$M_O(\boldsymbol{F}_1) = F_1 \times d_1 = 15\text{kN} \times 0 = 0$$

$$M_O(\boldsymbol{F}_2) = F_2 \times d_2 = 20\text{kN} \times 0.5\text{m} = 10\text{kN} \cdot \text{m}$$

$$M_O(\boldsymbol{F}_3) = -F_3 \times d_3 = -20\text{kN} \times 1\text{m} \times \sin 30° = -10\text{kN} \cdot \text{m}$$

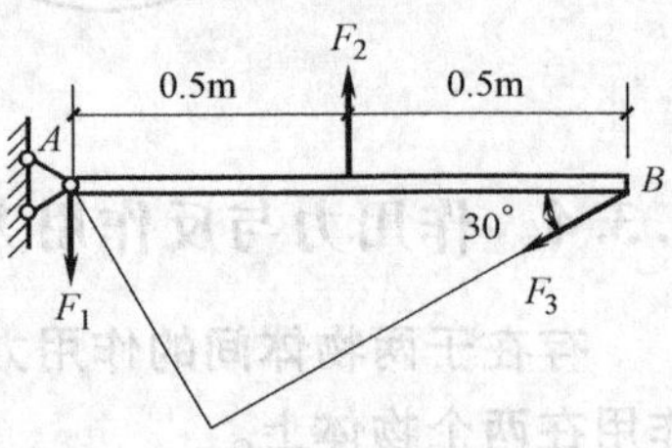

图 1-17

力 $\boldsymbol{F}_1$ 通过物体的转动中心，$\boldsymbol{F}_1$ 对 $A$ 点的力矩为零；$\boldsymbol{F}_2$ 使杆件逆时针转动，$\boldsymbol{F}_2$ 对 $A$ 点之矩为正；$\boldsymbol{F}_3$ 使杆件顺时针转

动，$\boldsymbol{F}_3$ 对 $A$ 点之矩为负。

（2）合力矩定理

在平面力系中，如果力系中的几个力对同一点产生力矩，这些力矩可以在平面内求合力矩，其合力矩等于这几个力的合力对该点的矩，该定理称为**合力矩定理**，合力矩等于力系中各力对同一点矩的代数和，合成的过程称为力矩合成。

应用合力矩定理可以简化力矩的计算。在求一个力对某点的矩时，若力臂不易计算，就可以将该力分解为两个互相垂直的分力，两分力对该点的力臂比较容易计算，就可方便地求出两分力对该点矩的代数和，来代替原力对该点的矩。

$$M_O(\boldsymbol{F}) = \sum M_O(\boldsymbol{F}_i) = M_O(\boldsymbol{F}_1) + M_O(\boldsymbol{F}_2) + \cdots + M_O(\boldsymbol{F}_{n-1}) + M_O(\boldsymbol{F}_n) \tag{1-4}$$

空间力系的合力矩定理：

$$M_z(\boldsymbol{F}_R) = \sum M_z(\boldsymbol{F}_i) = M_z(\boldsymbol{F}_1) + M_z(\boldsymbol{F}_2) + \cdots + M_z(\boldsymbol{F}_n) \tag{1-5}$$

式中，$\boldsymbol{F}_R$ 表示任意空间力系。即空间力系的合力对某轴之矩等于力系中各分力对该轴之矩的代数和。

**【例 1-2】** 在例 1-1 所示力系中，求 $\boldsymbol{F}_1$、$\boldsymbol{F}_2$、$\boldsymbol{F}_3$ 对 $A$ 点的合力矩。

**解：** 由式（1-4）得

$$M_O(\boldsymbol{F}) = M_O(\boldsymbol{F}_1) + M_O(\boldsymbol{F}_2) + M_O(\boldsymbol{F}_3)$$
$$= 0 + 10\text{kN}\cdot\text{m} - 10\text{kN}\cdot\text{m} = 0$$

即该力系的合力对物体不产生转动效应。

**【例 1-3】** 如图 1-18 所示，已知 $F_1 = 4\text{kN}$，$F_2 = 3\text{kN}$，$F_3 = 2\text{kN}$，试求三力的合力对 $O$ 点的矩。

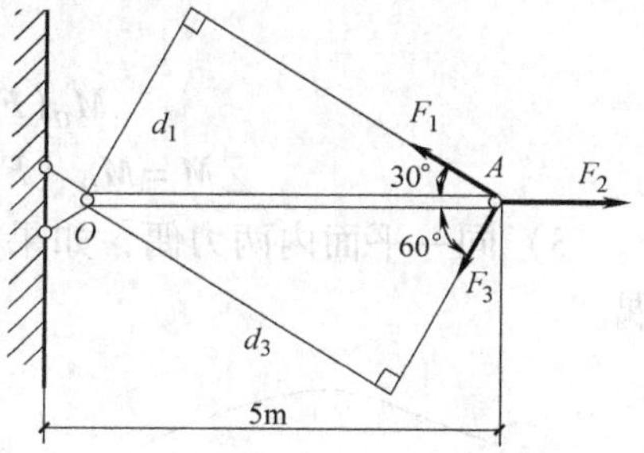

图 1-18

**解：** 根据合力矩定理可以求出合力对 $O$ 点的矩

$$M_O(\boldsymbol{F}_1) = F_1 d_1 = 4 \times 5\sin30°\text{kN}\cdot\text{m} = 10\text{kN}\cdot\text{m}$$
$$M_O(\boldsymbol{F}_2) = 0$$
$$M_O(\boldsymbol{F}_3) = F_3 d_3 = (-2 \times 5\sin60°)\text{kN}\cdot\text{m} = -8.66\text{kN}\cdot\text{m}$$
$$M_O(\boldsymbol{F}_R) = \sum M_O(\boldsymbol{F}_R) = (10 + 0 - 8.66)\text{kN}\cdot\text{m} = 1.34\text{kN}\cdot\text{m}$$

### 1.4.2 力偶和力偶矩

（1）力偶的概念

经常看到一种情况，物体受一对大小相等、方向相反、作用线平行而不重合的力的作用。如，汽车司机双手转动方向盘，钳工师傅用丝锥加工螺纹等。力学中将这样**一对大小相等、方向相反、作用线平行而不重合的力称为力偶**。力偶用符号（$\boldsymbol{F}$，$\boldsymbol{F}'$）表示，如图 1-19 所示。力偶中两力作用线的距离称为力偶臂，通常用 $d$ 表示，力偶所在的平面称为力偶作用面。

（2）力偶矩

力偶对物体也产生转动的效应，所以力偶对物体也有矩。工程中，**将力偶对物体产生的转动效应的物理量称为力偶矩**。力偶矩的计算等于力 $F$（或 $F'$）与力偶臂的乘积，力偶矩表示为 $M$（$\boldsymbol{F}$，$\boldsymbol{F}'$）。

$$M(\boldsymbol{F},\boldsymbol{F}') = \pm F \times d \tag{1-6}$$

力偶矩的单位和正负号的规定与力矩的相同，逆时针转动为正，顺时针转动为负。如图 1-19 所示，$M$（$\boldsymbol{F}$，$\boldsymbol{F}'$）$= -F \times d$

力偶矩的大小取决于力 $\boldsymbol{F}$ 的大小和力偶臂 $d$ 的长度。力偶对物体在力偶作用面内任何点的作用效果相同，所以，力偶矩与转动中心无关。

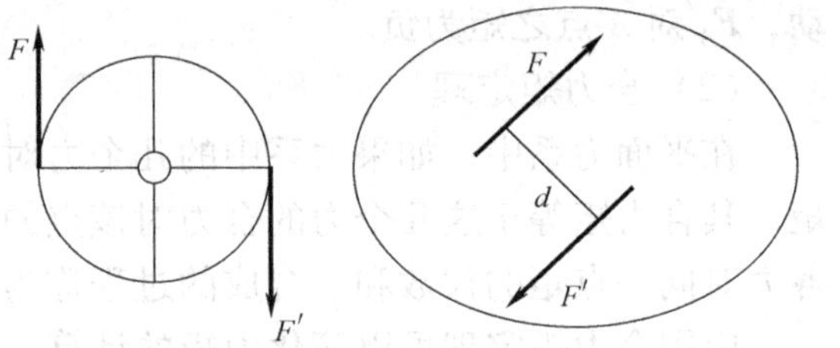

图 1-19

力矩和力偶矩都是表示力使物体产生转动效应的物理量，二者的物理意义相同，计算公式相近，单位和正负号规定相同，所不同是力矩与矩心有关，力偶矩与矩心无关。实际中，也可以将力偶矩看作是力偶对作用平面内任意点矩的合力矩。

（3）力偶的性质

根据力偶的概念，不难看出，力偶具有以下性质：

1）力偶在任一轴上的合力恒等于零。所以，力偶只能使物体转动，不能使物体移动。

2）力偶对平面内任一点的矩恒等于力偶矩，与矩心位置无关。

证明：如图 1-20 所示，设力偶 $\boldsymbol{F}$、$\boldsymbol{F}'$对平面内任一点 $O$ 点取矩，则有：

$$M_O(\boldsymbol{F}) = -F \times d$$

$$M_O(\boldsymbol{F}') = F' \times d' = F' \times (D + d)$$

$$\sum M = M_O(\boldsymbol{F}) + M_O(\boldsymbol{F}') = F' \times D = M(\boldsymbol{F}, \boldsymbol{F}')$$

3）同一平面内两力偶，如果其力偶矩大小相等、转向相同，则这两力偶称为等效力偶。

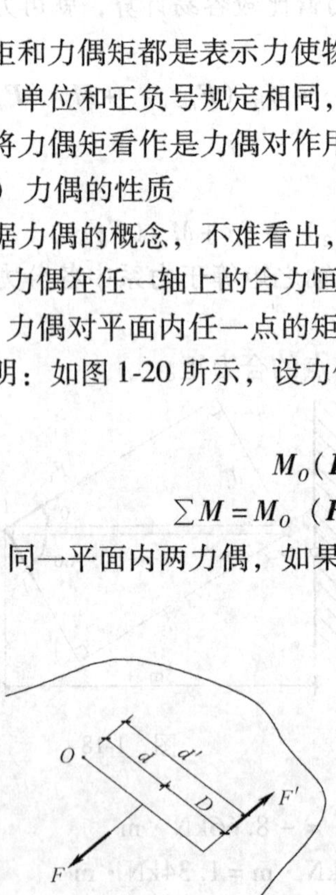

图 1-20

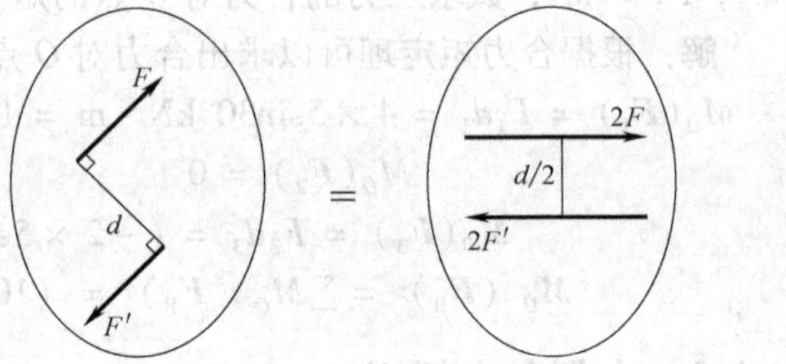

图 1-21

如图 1-21 所示，在左边的图中，力偶中力的大小为 $F$，力偶臂长度为 $d$，其力偶矩 $M = -F \times d$；在右边的图中，力的大小变为 $2F$，但是力偶臂变为 $d/2$，其力偶矩 $M = -2F \times d/2 = -F \times d$。

**推论：对于受力物体来讲，同时改变组成力偶的大小和力偶臂的长度，只要保持力偶矩的大小和方向不变，则力偶对物体的转动效应不变。**

（4）力偶矩的合成

**在同一平面内有若干力偶作用，力学中称为平面力偶系。**借鉴合力矩的定理，平面力偶系中的各力偶对平面的作用效应可以用一合力偶矩来确定，合力偶矩的大小等于平面内各力偶矩的代数和。

$$M_R = M_1 + M_2 + \cdots + M_n \tag{1-7}$$

【例 1-4】　钳工师傅用丝锥加工螺纹，如图 1-22 所示，螺杆上的阻力可以用一力偶（$\boldsymbol{F}_1$，$\boldsymbol{F}_1'$）来表示，人手施加于丝锥上的力（$\boldsymbol{F}_2$，$\boldsymbol{F}_2'$），已知 $F_1 = 50\text{N}$，$F_2 = 250\text{N}$，$d_1 = 120\text{mm}$，$d = 200\text{mm}$。求丝锥转动的合力偶矩。

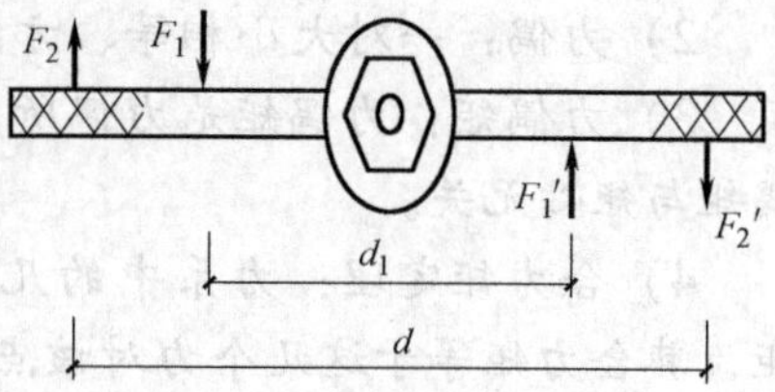

图 1-22

**解**：$M_1 = F_1 \times d_1 = 50 \times 0.12\text{N} \cdot \text{m} = 6\text{N} \cdot \text{m}$

$$M_2 = -F_2 \times d = -250 \times 0.2\text{N} \cdot \text{m} = -50\text{N} \cdot \text{m}$$

$$M = M_1 + M_2 = (6 - 50)\text{N} \cdot \text{m} = -44\text{N} \cdot \text{m}$$

（合力矩的方向为逆时针）

（5）矩的合成

如果在一平面力系中，物体既受力的作用产生转动效应，又有力偶作用的转动效应。则对转动中心，力所产生的力矩和力偶所产生的力偶矩也可以合成，如图 1-23 所示。

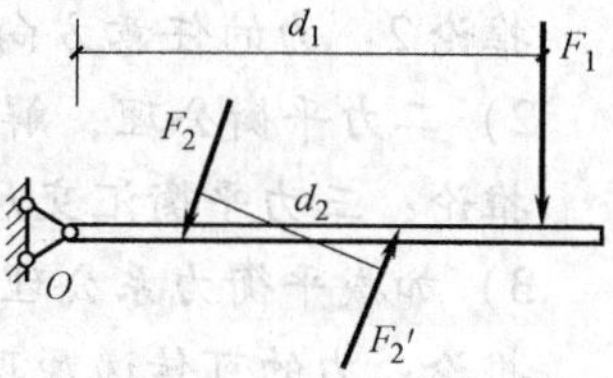

图 1-23

$$M_O = -M_O(\boldsymbol{F}_1) + M_2(\boldsymbol{F}_2, \boldsymbol{F}_2') = -F_1 \times d_1 + F_2 \times d_2$$

## 小　　结

本章主要讨论了静力学的基本概念、基本公理和一些简单计算。

1. 基本概念

（1）力和力矩

1）力：物体与物体之间的相互作用。力的作用效应：①使物体运动状态改变；②使物体大小和形状变化。力的三要素：力的大小、方向和作用点。

2）荷载：直接作用于物体上的力称为荷载。

（2）力系

1）力系的概念：同时作用于物体上的一组力称为力系，如物体受该力系作用处于平衡状态，该力系称为平衡力系。如果一个力系与另一个力系对物体的作用效应相同，这两个力系称为等效力系。

2）力系的分类：以力系中的力的作用线位置将力系分为平面力系（平面汇交力系、平面平行力系、平面一般力系）和空间力系（空间汇交力系、空间平行力系、空间一般力系）。

（3）合力与分力

如果一个力对物体的作用效应与一个力系等同，称该力为力系的合力，力系中的力称为该力的分力。

（4）刚体

在力的作用下，其大小和形状都不发生改变的物体称为刚体。这是静力学研究问题的基础。

（5）力矩和力偶矩

1）力矩：力矩是使物体产生转动效应的物理量，在平面问题中，力矩是一代数量，力矩与矩心有关。

2）力偶：一对大小相等、方向相反、作用线平行而不重合的力称为力偶。

3）力偶矩：力偶矩是力偶所产生的使物体转动效应的物理量。力偶矩也是一标量，力偶矩与矩心无关。

4）合力矩定理：力系中的几个力对同一点产生力矩，这些力矩可以在平面内求和力矩，其合力矩等于这几个力对该点的力矩的代数和。

2. 静力学公理

1）力的平行四边形公理，介绍求两个力合力的几何法则。

推论1：力的多边形法则，推出求若干个力的合力的几何法则。

推论2：力的任意方向分解原理，用反推法得出合力与分力的关系。

2）二力平衡公理，解决物体受力平衡问题的基础。

推论：三力平衡汇交原理，解决平面汇交力系物体受力平衡问题。

3）加减平衡力系公理，阐明了力系等效代换的条件。

推论：力的可传递原理，推出作用于刚体力的三要素：大小、方向、作用点。

4）作用力与反作用力公理；解决了物体相互作用的关系。

3. 计算公式及单位

（1）力矩

$$M_O(\boldsymbol{F}) = \pm F \times d$$

正负号规定：逆时针转动的力矩为正，反之则为负。

合力矩

$$M_O(\boldsymbol{F}) = M_O(\boldsymbol{F}_1) + M_O(\boldsymbol{F}_2) + \cdots + M_O(\boldsymbol{F}_n)$$

（2）力偶矩

$$M = \pm F \times d$$

正负号规定：逆时针转动的力矩为正，反之则为负。

合力偶矩

$$M = M_1 + M_2 + \cdots M_n = \sum M_i$$

（3）合矩

$$M_O = M_O(\boldsymbol{F}_n) + \sum M_i$$

## 习　题

1. 依据题中给定的单位长度，标注出图1-24指定力的示意图。

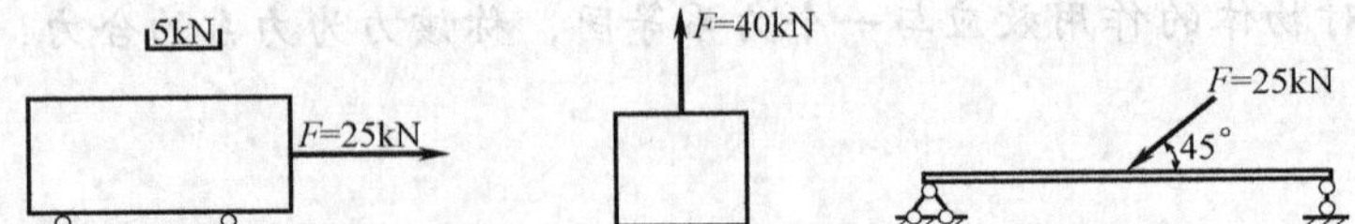


图　1-24

2. 根据题意，在图1-25中物体上标注其受力。

1）建筑物的梁在 $AB$ 段承受楼板重力均布荷载 $q$ 作用（图1-25a）。

2）链条两端 $A$、$B$ 受大小相等、方向相反的拉力 $\boldsymbol{F}$ 和 $\boldsymbol{F}'$ 作用（图 1-25b）。
3）建筑钢架在 $B$ 点受一与水平方向成 60°夹角的推力 $\boldsymbol{F}$ 的作用（图 1-25c）。

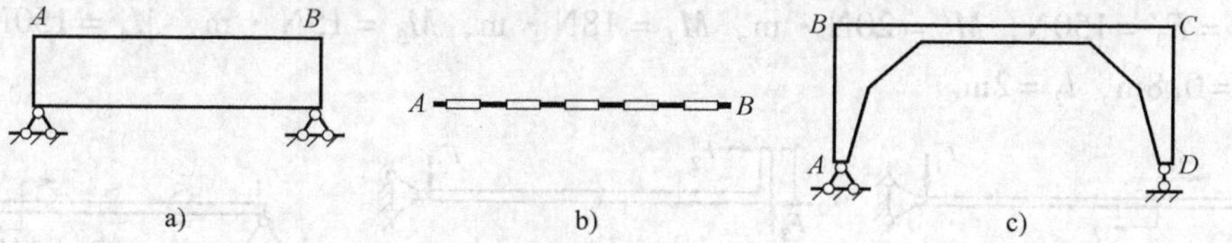


图　1-25

3. 用图解法求图 1-26 中汇交力系的合力。

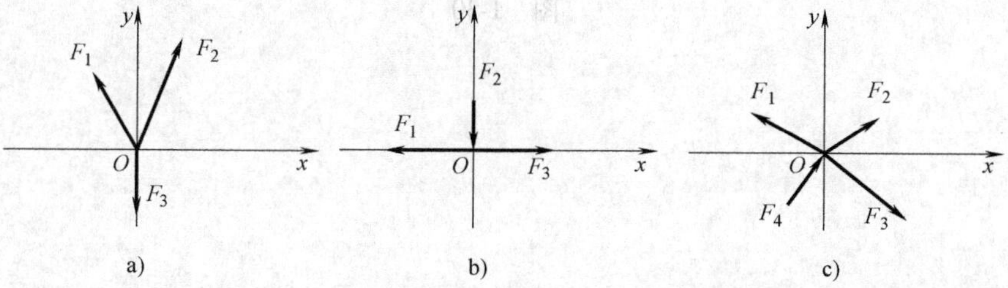


图　1-26

4. 计算图 1-27 示各力对 $O$ 点的矩。

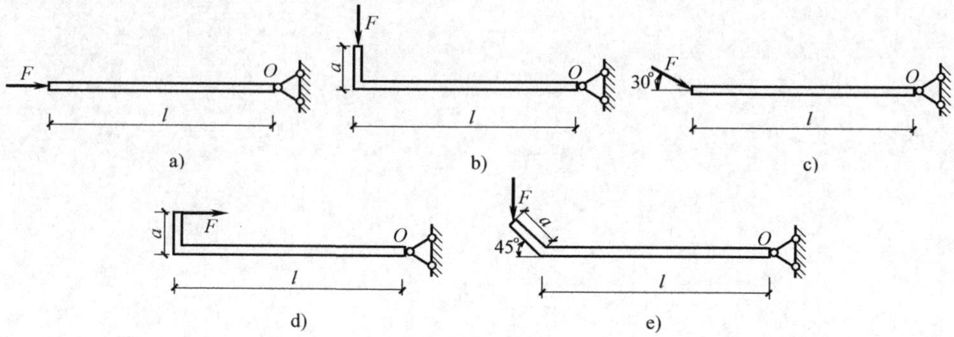


图　1-27

5. 一物体受 $F_1 = 10\text{kN}$、$F_2 = 18\text{kN}$、$F_3 = 22\text{kN}$、$F_4 = 5\text{kN}$ 四个力的作用，如图 1-28 所示。分别求这四个力对点 $A$ 之矩，并求其对点 $A$ 的合力矩。已知：$d_1 = 40\text{mm}$，$d_2 = 35\text{mm}$，$d_3 = 0$，$d_4 = 28\text{mm}$。

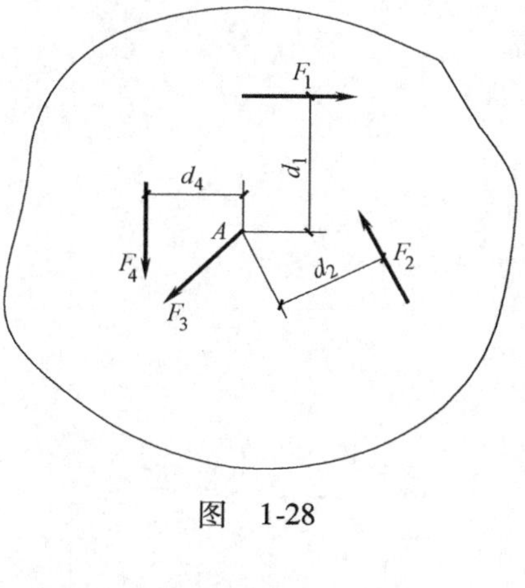


图　1-28

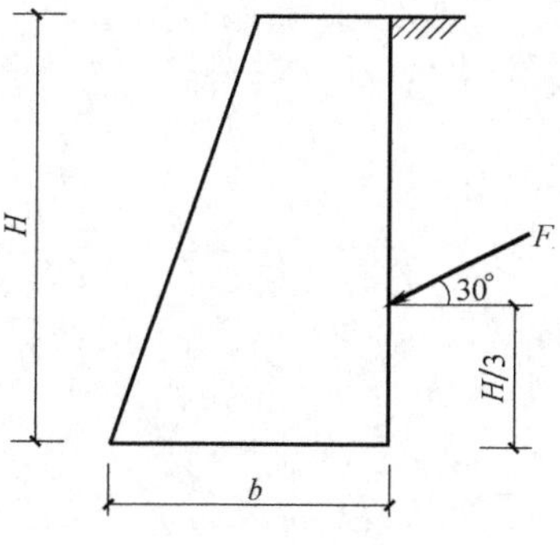


图　1-29

6. 如图 1-29 所示，挡土墙承受的压力 $F=120\text{kN}$，求土压力对挡土墙的倾覆力矩。

7. 分别求图 1-30 所示作用于物体上的力矩和力偶矩。已知：$F_1=F_1'=100\text{N}$，$F_2=F_2'=200\text{N}$，$F_3=F_3'=150\text{N}$，$M_1=20\text{N}\cdot\text{m}$，$M_2=18\text{N}\cdot\text{m}$，$M_3=15\text{N}\cdot\text{m}$，$M_4=150\text{N}\cdot\text{m}$，$a=0.5\text{m}$，$l_1=0.8\text{m}$，$l_2=2\text{m}$。

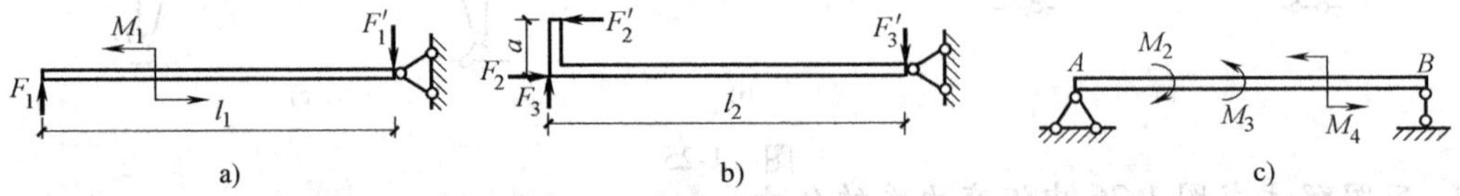


图 1-30

# 第2章　力的分析

【学习目标】

1. 理解约束及约束力的概念，掌握约束的基本类型，会画不同约束类型的约束力。

2. 了解物体系统的构成，理解物系的概念，掌握物体受力分析的过程和方法，熟练画出单一受力物体的受力图。

3. 理解力在坐标轴上投影的概念，掌握平面力系的解析投影法和空间力系的二次投影法，会计算力在坐标轴上的投影。

4. 掌握力的分解和合成的基本过程，会运用解析法进行力的合成计算。

## 2.1　物体的受力

### 2.1.1　约束与约束力

（1）约束的概念

**能够限制物体运动或某些部位产生位移的周围其他物体称为约束物体，对物体运动（速度或位移）所加的限制称约束**。约束实际上是一物体受到周围其他物体对该物体运动或位移的制约，也就是说，约束必然涉及两个或两个以上的物体。对于约束的概念，可以从以下两个方面去理解：①有位移趋势的物体，力学上称为被约束物体；②阻碍这种位移趋势的物体，力学上称为约束，这种阻碍作用就是约束的效应。

实际中，自然界的一切物体，都受着周围与其接触的其他物体的限制。例如：柱子是梁的约束，基础是柱子的约束等。

（2）约束力

**力学上将约束对被约束物体的阻碍力称为约束力**。对约束力的概念，可以从以下几点去理解：①约束力是由主动力所引起的，且随着主动力的改变而改变（包括大小和方向）；②一般情况下，约束力是未知的；③约束力的作用方式，取决于约束形式，不同的约束形式，决定了其不同的约束力的作用方式。

既然约束力阻碍运动或位移趋势，约束力的方向必然与受约束体的运动或位移趋势的方向相反。由此，只要确定了被约束体的运动或位移趋势的方向，就可以容易地判定约束力的方向和作用线的位置。

### 2.1.2　约束形式与约束力的画法

工程中常见的约束有以下形式：

（1）柔体约束

工程中常将绳子、链条、传动带等柔软的约束物体称为柔体约束。由柔体约束的定义可知，柔体约束只能承受拉力，不能提供其他方向的力。所以，柔体约束对被约束物体的约束力为通过约束接触点，沿柔体中心线背离物体的拉力。用 $\boldsymbol{F}_{\mathrm{T}}$（或 $\boldsymbol{T}$）表示，如图 2-1 所示。

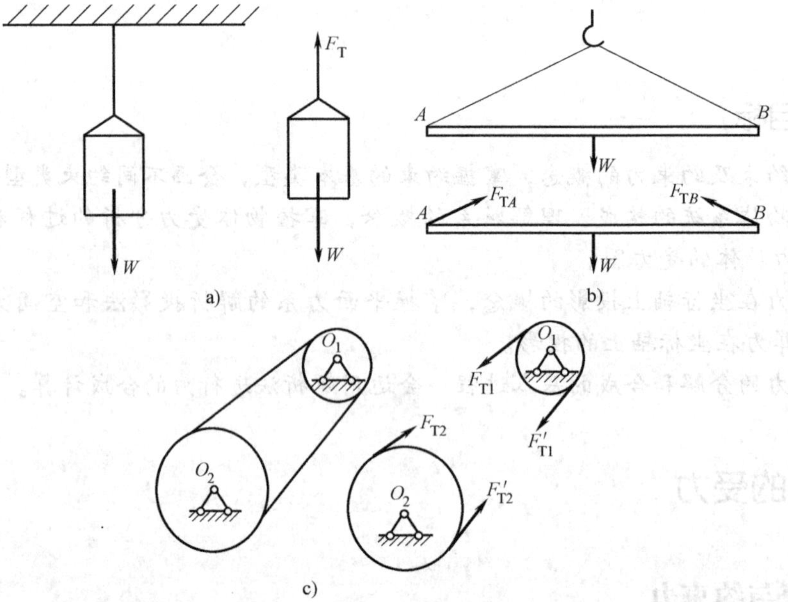


图 2-1

（2）光滑接触面约束

当物体与其他物体接触，接触面的摩擦阻力很小可以忽略不计时，该接触面就是光滑接触面。这类约束只能限制物体沿接触面的公法线方向的运动或位移，不能限制物体沿接触面的公切线方向的运动或运动趋势或者离开接触面的运动或运动趋势。所以，光滑接触面对物体的约束力**作用于接触点，沿接触面的公法线方向，指向被约束物体**。用 $\boldsymbol{F}_{\mathrm{N}}$（或 $\boldsymbol{N}$）表示，如图 2-2 所示。不论接触面是否是平面，约束力的作用线均沿接触面的公法线。

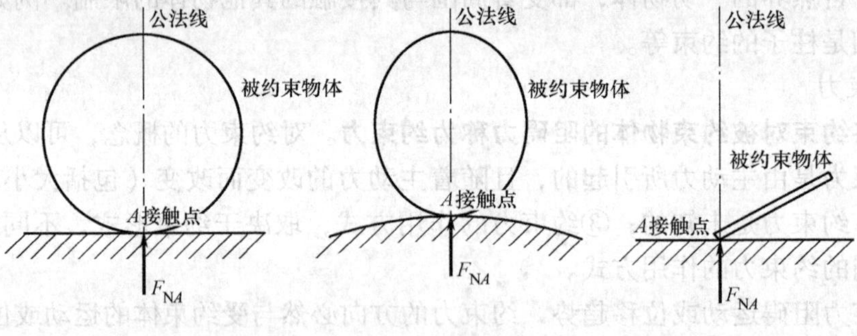


图 2-2

**【例 2-1】** 重 $W$ 的杆 $AB$ 置于半圆槽中，如图 2-3a 所示，设定半圆槽与杆 $AB$ 的各接触面均是光滑的（不计摩擦），画出 $AB$ 杆所受的约束力。

**解：** 杆 $AB$ 在 $A$、$B$ 处受到光滑接触面约束，其约束力的作用线过接触点，且与接触面在该点处的公法线重合，为支反力。所以，$A$ 处的约束力 $\boldsymbol{F}_{NA}$ 作用于 $A$ 点，$\boldsymbol{F}_{NA}$ 的作用线与过 $A$ 点的半径重合，方向指向斜上方；$B$ 处的约束力 $\boldsymbol{F}_{NB}$ 作用于 $B$ 点，$\boldsymbol{F}_{NB}$ 力作用线与 $AB$ 杆垂

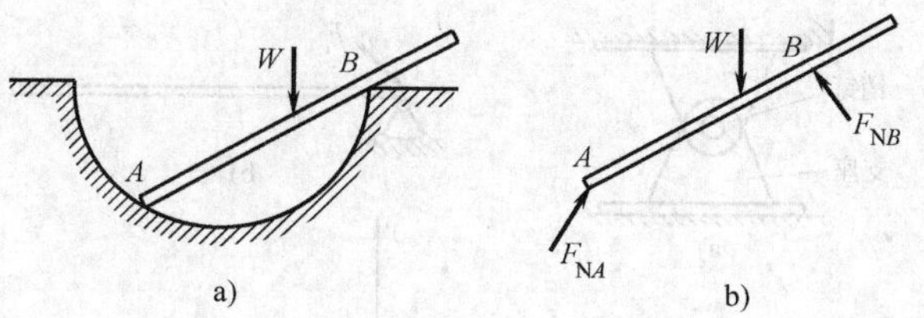


图　2-3

直，方向指向斜上方；$W$ 为重力。依据以上分析，画出杆 $AB$ 的约束力如图 2-3b。

（3）圆柱铰链约束

圆柱铰链是一个圆柱形的销钉插入两物体连接位置的圆孔处构成，简称铰链，如图 2-4a 所示。假定圆柱销钉与孔接触面是光滑的。这类约束只能限制被约束物体在该连接部位的径向位移（即垂直于销钉的平面上任意方向的位移），不能限制两物体绕销钉轴的相对转动。**约束力用一个大小和方向均未知的合力表示**，如图 2-4b 所示。**约束力的作用线的位置一定在接触点和销钉的中心的连线上。约束力也可以（经常）用两个互相垂直的分力来表示**，如图 2-4c 所示。

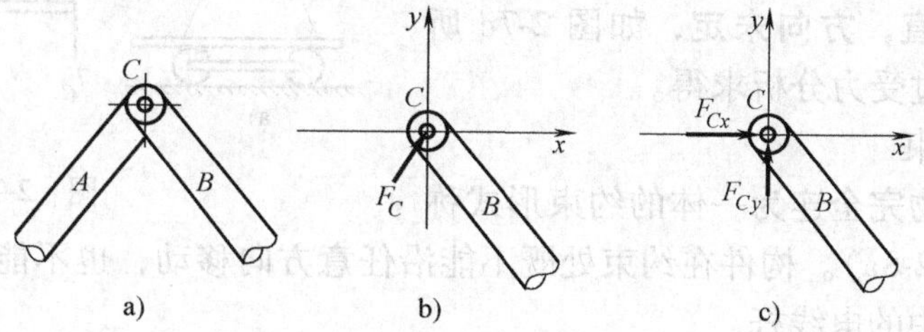


图　2-4

（4）链杆约束

两端分别与物体用铰链连接，中间不受力的直杆称为链杆约束。如图 2-5 所示，$BC$ 杆是 $AB$ 杆的链杆约束。链杆只能限制在链杆线方向的运动和位移，不能限制其他方向上的运动或位移。所以，**约束力作用线与链杆的轴线重合，方向未知**。约束力的方向可以通过受力分析确定。

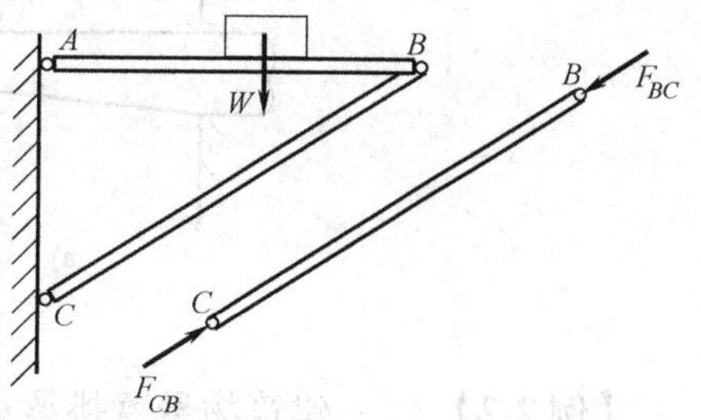


图　2-5

（5）固定铰支座约束

用圆柱铰链做连接件，将被约束物体固定支撑在支座上的约束体称为**固定铰支座约束**，如图 2-6a 所示。这种约束限制物体在销轴径向（垂直于销轴平面内的任意方向上）的运动或位移，不限制物体绕销轴的转动。在建筑物中，将屋架通过连接件焊接在支撑柱子上，预制混凝土柱插入杯型基础中，用沥青、麻丝填实等，都可以认为是固定铰支座约束。图 2-6b 是固定铰支座的示意图。**其约束性能与圆柱铰链相同，约束力用一个大小和方向均未知的合力表示**，如图 2-6c 所示。**约束力的作用线的位置一定在接触点和销钉的中心的连线上。约束力也可以（经常）用两个互相垂直的分力来表示**，如图 2-6d。

（6）活动铰支座约束

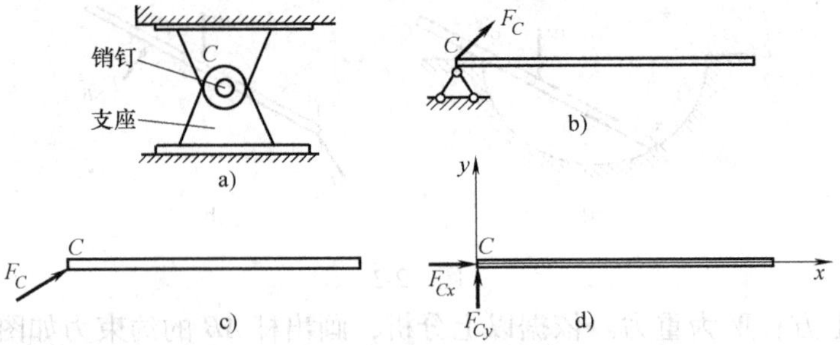


图 2-6

在固定铰支座下面增加可动滚轴，使圆柱铰链连接件通过滚轴可在支撑面上移动，就构成了**活动铰支座约束**。如图 2-7a 所示，图 2-7b 是活动铰支座示意图。这种约束只能限制被约束体在垂直于支撑面方向上的运动或位移，不限制其绕销轴的转动和沿支撑面方向的运动或位移。跨度较大的桥梁为了消除热胀冷缩而引起的变形，在其中一个支撑上装一活动铰支座，就是这个道理。活动铰支座的约束力**通过销轴的中心，与支撑面垂直，方向未定**，如图 2-7c 所示。其方向可以通过受力分析求得。

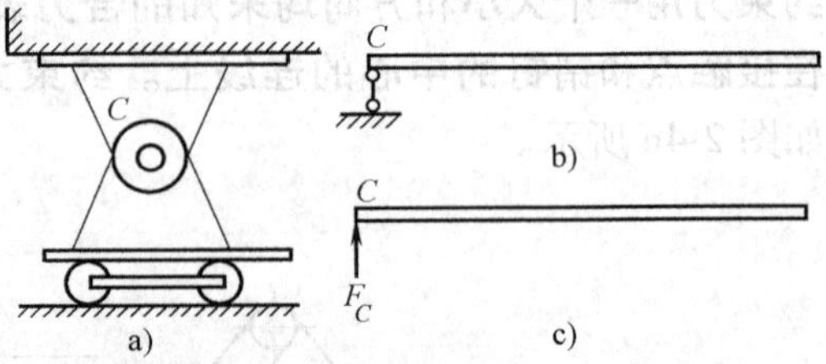


图 2-7

（7）固定端约束

将构件与支撑物完全连为一体的约束形式称为**固定端约束**（图 2-8a）。构件在约束处既不能沿任意方向移动，也不能转动。如建筑物中的挑梁、插入地基中的电线杆。

**固定端约束力通常用一对正交方向的分力 $F_{Ax}$、$F_{Ay}$ 和力偶矩 $M_A$ 表示**，如图 2-8b 所示。

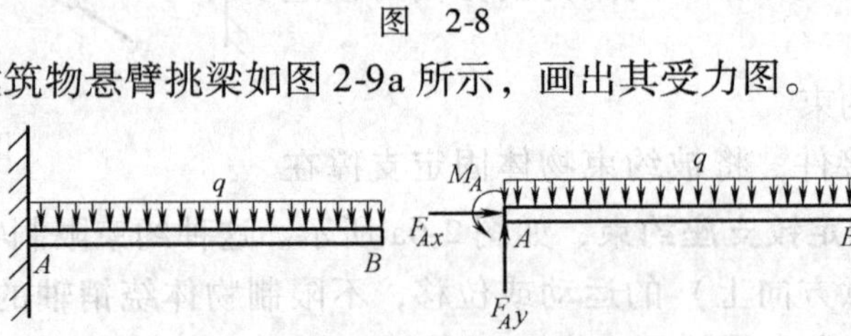


图 2-8

**【例 2-2】** 一建筑物悬臂挑梁如图 2-9a 所示，画出其受力图。

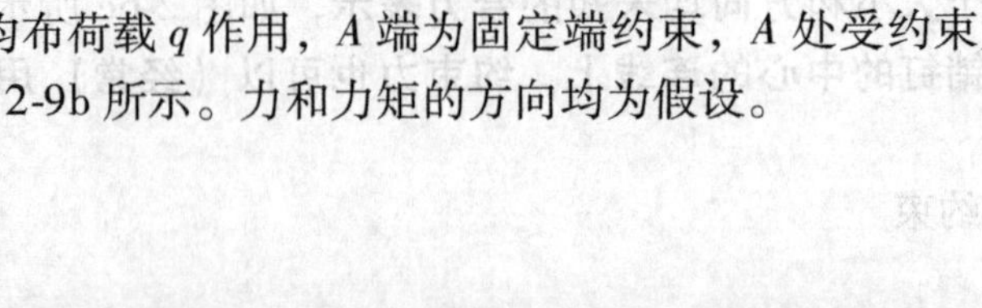


图 2-9

**解**：悬臂梁上受均布荷载 $q$ 作用，$A$ 端为固定端约束，$A$ 处受约束力 $F_{Ax}$，$F_{Ay}$ 和力偶矩 $M_A$ 作用，其画法如图 2-9b 所示。力和力矩的方向均为假设。

## 2.2 物体受力分析及受力图

现实中的物体，是一个系统的概念，即物体系统，简称物系。**物系**是由若干个单体相互有机连接而成，所以分析时，就要确定分析的对象及构成。在工程中，经常要进行构件或结构的计算，从而进行构件或结构设计或进行有关的强度、刚度和稳定性校核，而这一切都建立在对构件或结构进行受力分析的基础上。

### 2.2.1 受力图的概念

在研究力系的简化和物体的平衡问题时，首先要对物体进行受力分析，即分析物体受到哪些力的作用；哪些是已知力，哪些是未知力，它们之间有什么内在的联系。为了清楚地表示物体的受力情况，通常把所研究的物体（即研究对象）从与它相联系的周围物体中分离出来，单独画它的受力简图。**这种从周围物体中单独分离出来的研究对象，称为分离体。在分离体上画出它所受的全部力，这样所得到的图形，称为受力图。**

画受力图是解决力学问题的关键，是进行力学计算的依据，因此，必须牢固掌握。

### 2.2.2 单个物体的受力图

画单个物体的受力图，首先将所要研究的物体从物体所在的物系中分离出来，分离出来的物体称为**研究对象**，这种分离过程称为**解除约束**。在解除约束以后的研究对象上，主动力按原作用位置和方向标注，对应约束形式的约束力标注在解除约束处，得到物体的受力图。

（1）受力分析及受力图的画法

画单个物体的受力图，首先要明确研究对象，并解除研究对象所受到的全部约束而单独画出它的简图，即取出分离体，然后在分离体上画出主动力及根据约束类型在解除约束处画出相应的约束力。

**【例 2-3】** 重量为 $W$ 的匀质圆球，用绳索系住，靠在光滑的斜面上，如图 2-10a 所示。试画出圆球的受力图。

**解：**1）取圆球为研究对象，解除约束。圆球的约束有两个：光滑接触面约束和柔体约束。

2）画出主动力。主动力即圆球所受重力 $W$，作用于重心 $O$ 处，方向竖直向下，为已知力。

3）画约束力。$A$ 点为柔性约束，约束力 $\boldsymbol{F}_{\mathrm{T}}$ 作用于 $A$ 点，力的作用线与绳子轴线重合，方向背离于圆球。$B$ 点为光滑接触面约束，约束力 $\boldsymbol{F}_{\mathrm{N}}$ 作用于 $B$ 点，作用线沿 $B$ 点的公法线指向球心。约束力的大小未知。圆球受力图如图 2-10b 所示。

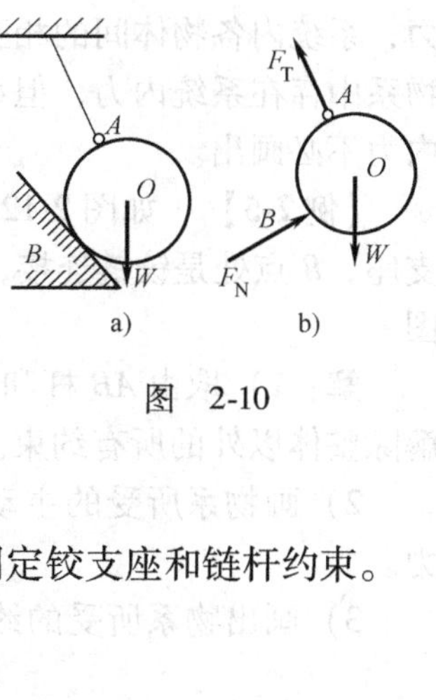

图 2-10

**【例 2-4】** 如图 2-11 所示，梁上受一集中荷载 $\boldsymbol{F}$，$A$ 端为可动铰支座，$B$ 端为固定铰支座，梁自重不计，画出梁 $AB$ 的受力图。

**解：**1）取梁 $AB$ 为研究对象，解除约束。梁 $AB$ 两端分别受固定铰支座和链杆约束。

2）画出主动力。主动力为集中荷载 $\boldsymbol{F}$ 作用在 $C$ 点。

3）画出约束力。$A$ 点受链杆约束，约束力 $\boldsymbol{F}_A$ 作用线与链杆轴线重合，方向假设。$B$ 点受固定铰支座约束，用两个正交方向上的力 $\boldsymbol{F}_{Bx}$、$\boldsymbol{F}_{By}$ 表示，方向假设。具体如图 2-11b 所示。

作用于 $B$ 点的两个正交力 $\boldsymbol{F}_{Bx}$、$\boldsymbol{F}_{By}$ 可以用一个合力 $\boldsymbol{F}_B$ 来代替。梁 $AB$ 在这三个力的作用下处于平衡状态，依据三力平衡汇交公理，$\boldsymbol{F}$、$\boldsymbol{F}_A$、$\boldsymbol{F}_B$ 三力作用线或作用线的延长线应汇交于一点 $D$。从而求得作用于 $B$ 点的 $\boldsymbol{F}_B$ 的作用线，如图 2-11c 所示。

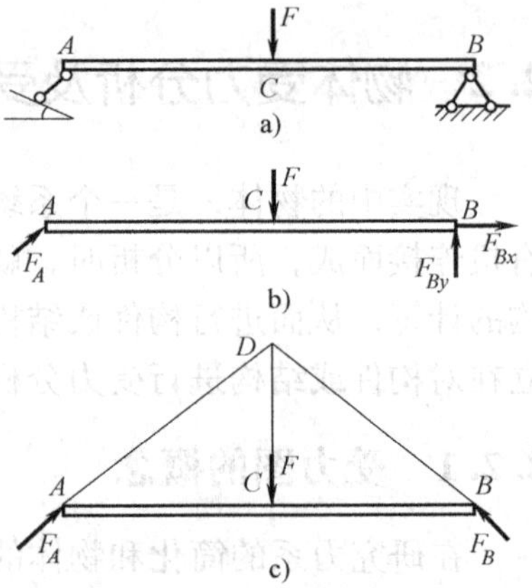

图 2-11

（2）画单个物体受力图的一般程序及要求

1）**选择研究对象，解除对象约束**。选择研究对象，要依据题意要求。如："画圆球受力图"，"画出梁 $AB$ 的受力图"，圆球和梁即为研究对象。解除约束，就是要解除对象以外的所有物体对其的约束，将对象从物系中分离出来。

2）**画出主动力**。就是要画出研究对象所受到的所有主动力，不可多画或漏画，要注意问题中对研究对象自重的要求。

3）**画出约束力**。针对研究对象所受的约束形式，逐一画出约束力。画约束力，应注意三个问题：

① 不同的约束形式决定了约束力作用线的方位，当方向未知时，应在图上进行假设。

② 约束力必须作用在约束作用点上。

③ 注意正确理解、掌握并灵活运用静力学公理，可以使很多复杂问题简化，但必须有一个正确的思路。例如，三力平衡汇交公理，其基本运用思路可以归纳为：受三个力（合力）作用→处于平衡状态→三个力必汇交于一点。以此可以求得其中一个力作用线的方位等。

### 2.2.3 物体系统的受力图

画物体系统的受力图与画单个物体受力图相同，可以将物体系统这一研究对象看作为一个整体，来画它的受力图。此时，系统外的物体作用于该系统中各物体的力称为**系统的外力**；系统内各物体间的相互作用力称为**系统的内力**。若研究对象为整个物系，则要注意虽然物系中存在系统内力，但系统内力不影响物系的整体平衡，所以，画物系受力图时，其系统内力不必画出。

**【例 2-5】** 如图 2-12a 所示的三角托架 $D$ 点作用有一集中荷载 $\boldsymbol{F}$，$A$、$C$ 两处有固定铰支座，$B$ 点处是铰链连接，各杆自重不计，试画出由 $AB$ 杆和 $BC$ 杆组成的物系的整体受力图。

**解**：1）取由 $AB$ 杆和 $BC$ 杆组成的物系为研究对象，解除约束。将物系看成一个整体，解除整体以外的所有约束。

2）画物系所受的主动力。物系所受的全部主动力只有一个 $\boldsymbol{F}$，作用在 $D$ 点，为已知力。

3）画出物系所受的约束力。物系在 $A$、$C$ 点受到物系以外的两个固定铰支座约束，其

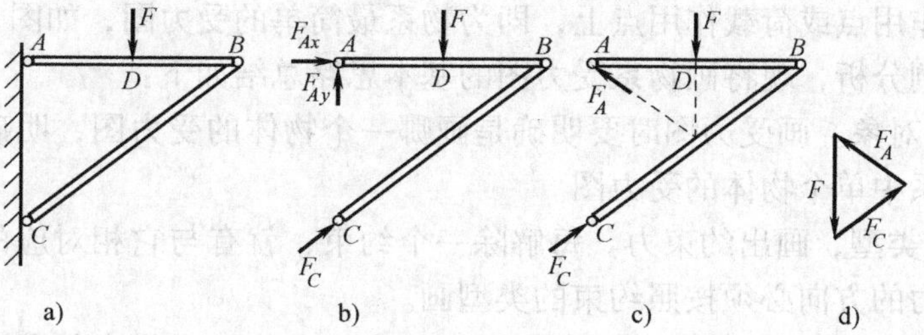


图 2-12

约束力可以分别用两个正交方向上的分力来表示。但是，要注意到，物系中的 $BC$ 杆只在 $B$、$C$ 两端受约束力作用，中间无其他荷载和约束，所以，$BC$ 杆为二力杆。作用在 $C$ 点的约束力 $\boldsymbol{F}_C$ 的作用线与杆轴线重合，方向未知。依据以上分析，可以画出物系在 $A$、$C$ 处的约束力 $\boldsymbol{F}_{Ax}$、$\boldsymbol{F}_{Ay}$、$\boldsymbol{F}_C$。这三个力的图示大小和方向均为假设，如图 2-12b 所示。

同样注意到，作用在 $A$ 处的约束力 $\boldsymbol{F}_{Ax}$、$\boldsymbol{F}_{Ay}$ 可以用一个合力 $\boldsymbol{F}_A$ 来代替，此时物系受三个力作用处于平衡状态，应用三力平衡汇交公理和力的多边形法则，可以容易地求出 $\boldsymbol{F}_A$、$\boldsymbol{F}_C$ 的大小和方向，如图 2-12c、d 所示。

**【例 2-6】** 如图 2-13a 所示，梁 $AC$ 和 $CD$ 在 $C$ 点用圆柱铰链连接，支撑在 $A$、$B$、$D$ 三个支座上。$A$ 处为固定铰支座，$B$、$C$ 处为活动铰支座。画出梁 $AD$ 的受力简图。

**解 1：** 取梁 $AD$ 为研究对象，解除约束，画受力图。梁在 $A$ 处受固定铰支座约束，在 $B$、$D$ 处受可动铰支座约束。将梁 $AD$ 看成一个整体，按画物系受力图的程序画出物系的受力图，如图 2-13b 所示。

在图 2-13b 中，所有的约束力的大小、方向均为假设，且 $\boldsymbol{F}_{Ax}$、$\boldsymbol{F}_{Ay}$ 的合力未知，所以，要确定各力的大小和方向，就需要对物系内的单体进一步分析并画出单体的受力图，进而确定物系中各力的大小和方向。

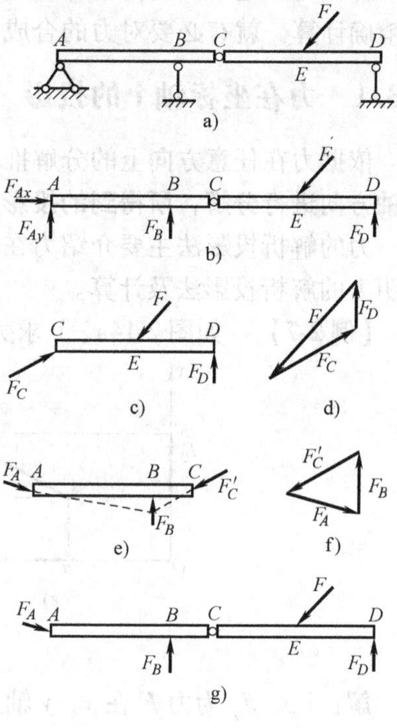


图 2-13

**解 2：** 1）取梁 $CD$ 为研究对象，解除约束，画受力图。梁 $CD$ 是物系中一个单体，与 $AC$ 在 $C$ 处用铰链连接。$AC$ 对 $CD$ 在 $C$ 点有约束力 $\boldsymbol{F}_C$。力 $\boldsymbol{F}$ 是已知力，力 $\boldsymbol{F}_D$ 作用线的方位已知，依据单体受力图的画法，运用三力平衡汇交公理和力的多边形法则，可以求出 $\boldsymbol{F}_C$ 和 $\boldsymbol{F}_D$ 的大小和方向。如图 2-13c、d 所示。

2）取梁 $AC$ 为研究对象，解除约束，画受力图。同理，梁 $AC$ 也是物系中一个单体，$CD$ 对 $AC$ 在 $C$ 点有约束力 $\boldsymbol{F}'_C$。$\boldsymbol{F}'_C$ 与 $\boldsymbol{F}_C$ 是一对作用力与反作用力，所以 $\boldsymbol{F}'_C$ 为该研究对象中的已知力。力 $\boldsymbol{F}_B$ 的作用线的方位已知，依据单体受力图的画法，运用三力平衡汇交公理和力的多边形法则，可以求出 $\boldsymbol{F}_A$ 和 $\boldsymbol{F}_B$ 的大小和方向，如图 2-13e、f 所示。

3）再取物系 $AD$ 为研究对象画受力图。用 $\boldsymbol{F}_A$ 代替 $\boldsymbol{F}_{Ax}$、$\boldsymbol{F}_{Ay}$，将 $\boldsymbol{F}_A$、$\boldsymbol{F}_B$、$\boldsymbol{F}_C$ 和 $\boldsymbol{F}$ 分别

画在对应的约束作用点或荷载作用点上，即为物系最简单的受力图，如图 2-13g。

通过以上实例分析，现将画物系受力图的基本思路总结如下：

1）明确研究对象。画受力图时要明确是画哪一个物体的受力图，明确是画物体系统的受力图还是画物系中单个物体的受力图。

2）根据约束类型，画出约束力。每解除一个约束，就有与它相对应的约束力作用在研究对象上，约束力的方向必须按照约束的类型画。

3）依据作用与反作用力公理，将求出的已知力的反作用力作为与其连接的另一单体的已知力，画出另一单体的受力图。依此类推。

4）将求出的物系整体以外的约束力与物系所受的主动力画在解除约束的物体系统上，即为物系的受力图。

## 2.3 力的合成与分解

在前面的课程中已经介绍了力的平行四边形公理，得出了力的任意方向上的分解的推论及力合成的多边形法则，这种合成与分解是建立在几何作图的基础上。要对物体受力进行更加精确计算，就有必要对力的合成与分解作进一步的研究。

### 2.3.1 力在坐标轴上的投影

依据力在任意方向上的分解推论，工程中为了计算的方便，经常**将力在直角坐标系中坐标轴方向进行分解，所得到的投影称为力在坐标轴上的投影**。

力的解析投影法主要介绍力在平面直角坐标系中进行分解的方法。下面通过一道例题来说明力的解析投影法及计算。

【例 2-7】 如图 2-14a、b 求力 $\boldsymbol{F}$ 在平面直角坐标系两轴上的投影 $F_x$、$F_y$。

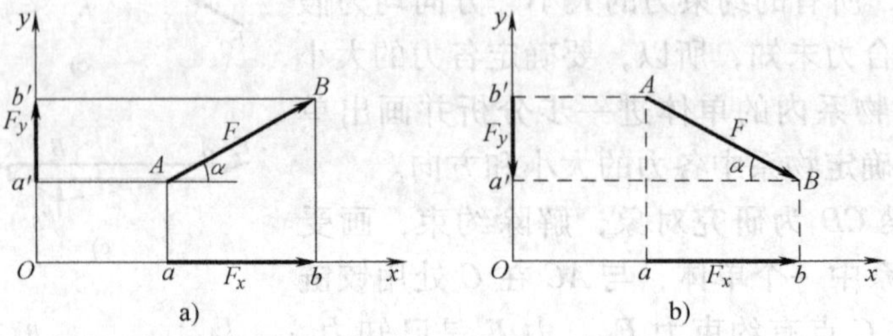


图 2-14

**解**：$F_x$、$F_y$ 为力 $\boldsymbol{F}$ 在 $x$、$y$ 轴上的投影，依据式（1-1）：

图 2-14a 中 $F_x = F\cos\alpha$，$F_y = F\sin\alpha$

图 2-14b 中 $F_x = F\cos\alpha$，$F_y = -F\sin\alpha$

1）式中正负号的意义及规定：正负号表示从力 $\boldsymbol{F}$ 投影的起点 $a$（$a'$）到终点 $b$（$b'$）的方向与坐标轴的方向的关系。**规定 $a$ 到 $b$（$a'$到 $b'$）的方向与坐标轴方向一致为正，反之为负**。投影是一代数量，力则是矢量。

2）$\alpha$ 角判断。静力学中规定：$\alpha$ 为力 $\boldsymbol{F}$ 与 $x$ 轴所夹的锐角。力 $\boldsymbol{F}$ 与 $\alpha$ 共同决定了投影的大小和指向。

3）特殊情况。**当力与坐标轴垂直时，力在该轴上的投影等于零。当力与坐标轴平行时，力在该轴上的投影的绝对值等于力的大小。**

**【例 2-8】**　已知：$F_1 = 100\text{N}$，$F_2 = 150\text{N}$，$F_3 = 120\text{N}$，各力的方向如图 2-15 所示，分别求出各力在 $x$、$y$ 轴上的投影。

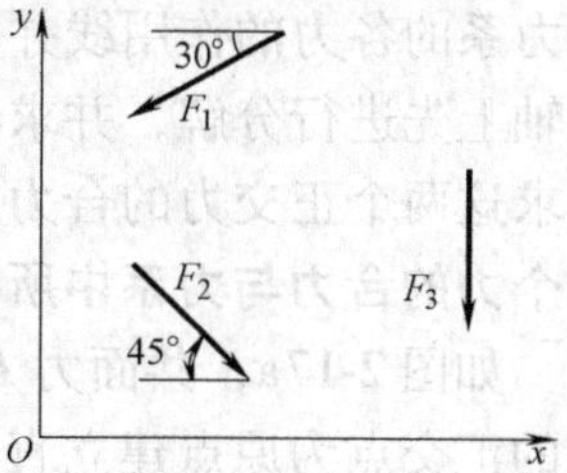


图　2-15

解：$F_{1x} = -F_1\cos30° = -50\sqrt{3}\text{N}$

$$F_{1y} = -F_1\sin30° = -50\text{N}$$

$$F_{2x} = F_2\cos45° = 75\sqrt{2}\text{N}$$

$$F_{2y} = -F_2\sin45° = -75\sqrt{2}\text{N}$$

$$F_{3x} = F_3\cos90° = 0\text{N}$$

$$F_{3y} = -F_3\sin90° = -120\text{N}$$

## 2.3.2　平面汇交力系的合成

在平面汇交力系中，各力的作用线或作用线的延长线汇交于一点，可以对平面力系中的力用三角函数关系或依据力的平行四边形公理作图直接合成。但三角函数关系计算复杂，作图法合成其精确度较差，故力学中经常采用解析法。

（1）正交方向的两个力的解析法合成

如图 2-16 所示，$F_1$、$F_2$ 的作用线分别在两正交坐标轴上，求 $\boldsymbol{F}_1$、$\boldsymbol{F}_2$ 的合力 $\boldsymbol{F}_{\text{R}}$。

$$\boldsymbol{F}_{\text{R}} = \boldsymbol{F}_1 + \boldsymbol{F}_2$$

$$F_{\text{R}} = \sqrt{F_1^2 + F_2^2} \tag{2-1}$$

$$\tan\alpha = \left|\frac{F_2}{F_1}\right| \tag{2-2}$$

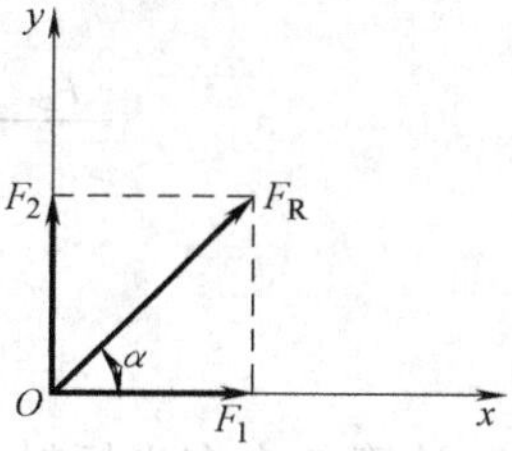


图　2-16

用解析法求两个正交方向上的力的合力，包含两个过程，一是求合力的大小［式（2-1）］。二是求合力的方向［式（2-2）］。

求两个正交方向上的力的合力的过程，是力在两个正交方向上的分解过程的逆过程，同样应该注意以下两个问题：①合力作用线的起点在两分力作用线起点的交点上；②$\alpha$ 为合力作用线与 $x$ 轴正向所夹的锐角。$\alpha$ 角所在方位按表 2-1 确定。

**表 2-1　$\alpha$ 角方位确定表**

| $F_2$（$F_y$）/$F_1$（$F_x$）（+） | | $\alpha$ 角方位 | $F_2$（$F_y$）/$F_1$（$F_x$）（−） | | $\alpha$ 角方位 |
|---|---|---|---|---|---|
| $F_1$（$F_x$） | （+） | 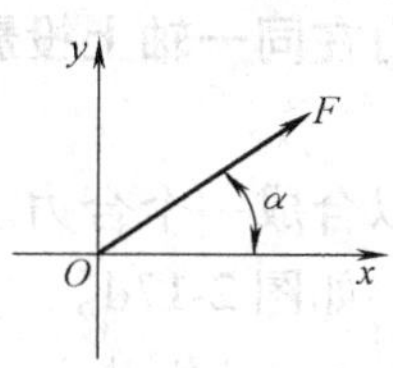 | $F_1$（$F_x$） | （+） | 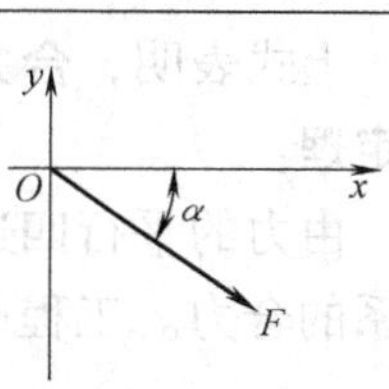 |
| | （−） | 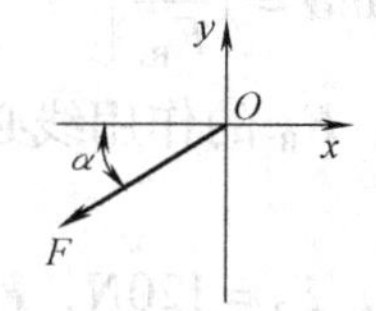 | | （−） | 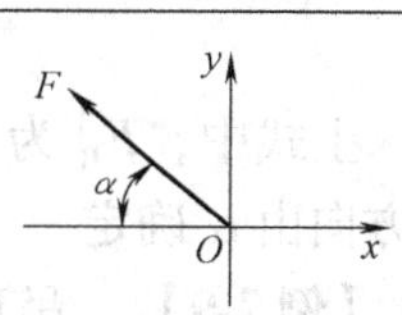 |

(2) 平面汇交力系力的解析法合成

对于两个正交方向的力，可以容易地求出其合力的大小和方向。对于平面汇交力系，由于力系的各力的作用线并不都是相互正交。因此，有必要将力系中的各力在坐标系的两个正交轴上先进行分解，并求各力在同一坐标轴上的分力之和（同一坐标轴上的和投影），然后再求这两个正交力的合力。**这两个正交轴上的力与力系中所有力对物体的作用效应相同。这两个力的合力与力系中所有力对物体的作用效应也相同。**

如图 2-17a，共面力 $\boldsymbol{F}_1$、$\boldsymbol{F}_2$、$\boldsymbol{F}_3$ 汇交于一点，为了将该力系中的力合成，首先以该力系的汇交点为原点建立直角坐标系，将力系中的各力在坐标轴上进行分解。

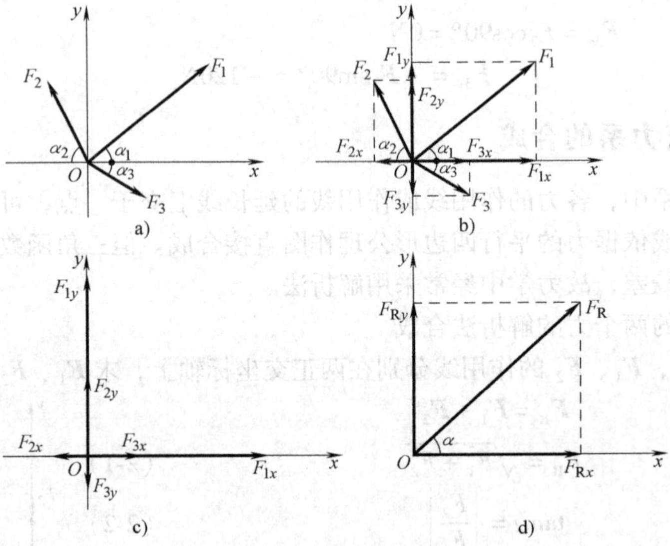


图 2-17

计算各力在坐标轴上的分力，如图 2-17b。如有 $n$ 个力，以此类推。

$$F_{1x}=F_1\cos\alpha_1 \quad F_{1y}=F_1\sin\alpha_1$$
$$F_{2x}=-F_2\cos\alpha_2 \quad F_{2y}=F_2\sin\alpha_2$$
$$F_{3x}=F_3\cos\alpha_3 \quad F_{3y}=-F_3\sin\alpha_3$$

求各力在同一轴上分力的和，如图 2-17c。

$$F_{Rx}=F_{1x}+F_{2x}+F_{3x}$$
$$F_{Ry}=F_{1y}+F_{2y}+F_{3y}$$

上式表明，**合力在任一轴上的投影等于各分力在同一轴上投影的代数和**。这就是**合力投影定理**。

由力的平行四边形公理可知，这两个分力可以合成一个合力。该合力也是上述平面汇交力系的合力。工程中常将该合力称为力系的**主矢**，如图 2-17d。

$$F_R=\sqrt{F_{Rx}^2+F_{Ry}^2} \quad \tan\alpha=\left|\frac{F_{Ry}}{F_{Rx}}\right| \tag{2-3}$$

上式中，$\boldsymbol{F}_R$ 为力系的主矢，对平面汇交力系，$\boldsymbol{F}_R$ 的作用线必然通过力系的汇交点，$\boldsymbol{F}_R$ 的方向由 $\alpha$ 确定。

【例 2-9】 吊环上作用三个共面力 $F_1=150\text{N}$，$F_2=120\text{N}$，$F_3=200\text{N}$，各力的作用线的

位置如图 2-18 所示，试求该力系的合力。

**解**：1）建立直角坐标系如图；

$F_1$、$F_2$、$F_3$ 三力共面，在力线所在平面内建立坐标系。

2）求各力在坐标轴方向上的分力；依据投影法则得

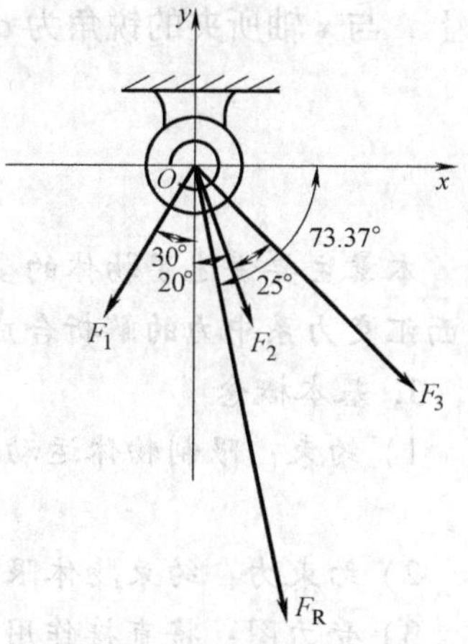

图 2-18

$$F_{1x} = -F_1\cos 60° = -150\text{N} \times \frac{1}{2} = -75\text{N}$$

$$F_{2x} = F_2\cos 70° = 120\text{N} \times 0.342 = 41.04\text{N}$$

$$F_{3x} = F_3\cos 45° = 200\text{N} \times \frac{\sqrt{2}}{2} = 141.4\text{N}$$

$$F_{1y} = -F_1\sin 60° = -150\text{N} \times \frac{\sqrt{3}}{2} = -129.9\text{N}$$

$$F_{2y} = -F_2\sin 70° = -120\text{N} \times 0.94 = -112.8\text{N}$$

$$F_{3y} = -F_3\sin 45° = -200\text{N} \times \frac{\sqrt{2}}{2} = -141.4\text{N}$$

3）求各力在坐标轴上的分力之和。依据合力投影定理得

$$F_{Rx} = F_{1x} + F_{2x} + F_{3x} = (-75 + 41.04 + 141.4)\text{N} = 107.44\text{N}$$

$$F_{Ry} = F_{1y} + F_{2y} + F_{3y} = -(129.9 + 112.8 + 141.4)\text{N} = -384.1\text{N}$$

4）求两正交轴上分力之和的合力

$$F_R = \sqrt{F_{Rx}^2 + F_{Ry}^2} = \sqrt{107.44^2 + (-384.1)^2}\text{N} = 398.84\text{N}$$

$$\tan\alpha = \left|\frac{F_{Ry}}{F_{Rx}}\right| = 3.575,\ \alpha = 73.37°$$

从表 2-1 知 $\boldsymbol{F}_R$ 方位，如图 2-18 所示。

### 2.3.3 平面汇交力系的解析法合成基本程序

（1）在力系所在平面建立直角坐标系

建立的平面直角坐标系的原点最好与力系中各力的汇交点重合，坐标轴的位置应使力的投影计算最简单。也就是说应尽量使力系中更多的力线与 $x$ 轴夹角为典型角度，这样便于计算各力在坐标轴上的投影。

（2）将各力在坐标系正交方向进行投影

应用公式 $F_x = \pm F\cos\alpha$；$F_y = \pm F\sin\alpha$ 分别计算力系中的各力在两坐标轴上的投影，在投影计算过程中，应正确判断式中的 ± 号，理解 ± 所代表的意义。

（3）分别求各力在两坐标轴上投影的和投影

应用公式 $F_x = F_{1x} + F_{2x} + \cdots + F_{nx}$，$F_y = F_{1y} + F_{2y} + \cdots + F_{ny}$ 对各力在坐标轴上的投影分别进行代数加法运算，求出两轴上的和投影 $F_{Rx}$，$F_{Ry}$。计算时，应注意其投影的 ± 号。

（4）求合力 $F$ 的大小

应用公式 $F = \sqrt{F_x^2 + F_y^2}$ 求出合力的大小。

（5）判断合力 $F$ 的方向

依据公式 $\tan\alpha = \left|\frac{F_y}{F_x}\right|$ 和表 2-1 判断合力 $\boldsymbol{F}$ 与坐标系 $x$ 轴所夹的锐角 $\alpha$ 的大小和方位。

任一平面汇交力系合成后都有一确定的合力 $F$，且合力的作用点也作用在原力系的汇交点上，与 $x$ 轴所夹的锐角为 $\alpha$。

## 小　结

本章主要讲述了物体的受力及力的分解与合成。重点讲述了约束形式、受力图的画法和平面汇交力系中力的解析合成法。

1. 基本概念

1）约束：限制物体运动或位移的周围其他物体称为约束物体，简称约束，约束是相互的。

2）约束力：约束物体限制被约束物体运动或位移的作用，简称约束力。

3）受力图：将直接作用在研究对象上的主动力、约束力按其基本要素标注在研究对象上所得到的简图称为物体受力图。

4）坐标轴上的投影：将力的作用线在直角坐标系中两坐标轴上进行分解后所得到的投影称为力在坐标轴上的投影。

2. 常见的约束形式及约束力画法，见表 2-2。

**表 2-2　常见的约束形式及约束力画法**

| 约束形式 | 约束力 | | 表示符号 |
|---|---|---|---|
| | 约束力线 | 约束力方向 | |
| 柔体约束 | 与柔体对称轴重合 | 背离柔体（拉力） | $F_T$ |
| 光滑接触面约束 | 通过接触点与接触点的公法线重合 | 背离接触面（支撑力） | $F_N$ |
| 链杆约束 | 与链杆的对称轴线重合 | 方向未定（拉、压力） | $F$ |
| 圆柱铰链约束 | 力的作用线通过圆柱铰链中心，位置未定，通常用两个正交分力表示 | 方向未定（画约束力图时假设方向） | $F_x$，$F_y$ |
| 固定铰支座约束 | 同上 | 同上 | 同上 |
| 活动铰支座约束 | 同链杆约束 | 同链杆约束 | $F$ |
| 固定端约束 | 固定端作用力和力偶矩约束力同固定铰支座，力偶矩标注在约束处 | 两正交方向的分力方向假设，力偶矩方向假设 | $F_x$，$F_y$，$M$ |

3. 力在坐标轴的投影

（1）计算公式

$$F_x = \pm F\cos\alpha，F_y = \pm F\sin\alpha$$

（2）投影指向的规定

力的投影的起点到终点的方向与坐标轴的正向相同为正，反之为负。

4. 平面汇交力系力的合成过程及各环节公式

1）建立坐标系

2）求力系中各力在坐标轴上的投影 $F_x = \pm F\cos\alpha$，$F_y = \pm F\sin\alpha$

3）求各力在坐标轴方向分力之和　$F_{Rx} = F_{1x} + F_{2x} + \cdots + F_{nx}$

$$F_{Ry} = F_{1y} + F_{2y} + \cdots + F_{ny}$$

4）求合力（主矢）：$F_R = \sqrt{F_{Rx}^2 + F_{Ry}^2}$　　$\tan\alpha = \left|\dfrac{F_y}{F_x}\right|$

## 习　　题

1. 画出图 2-19 所示各物体的受力。假定各接触面都是光滑的。

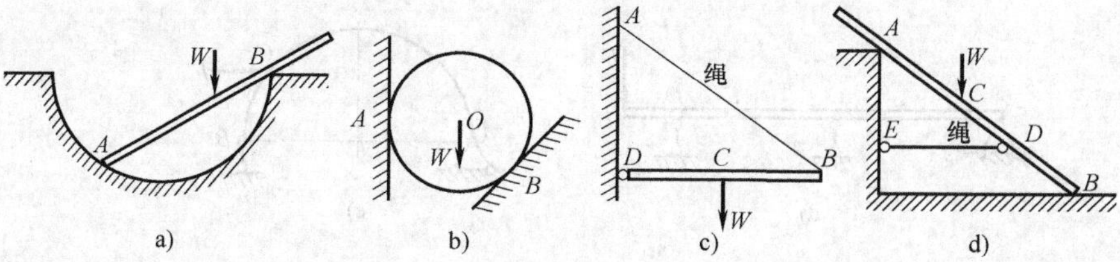


图　2-19

2. 画出图 2-20 所示梁的受力图。梁的自重不计。

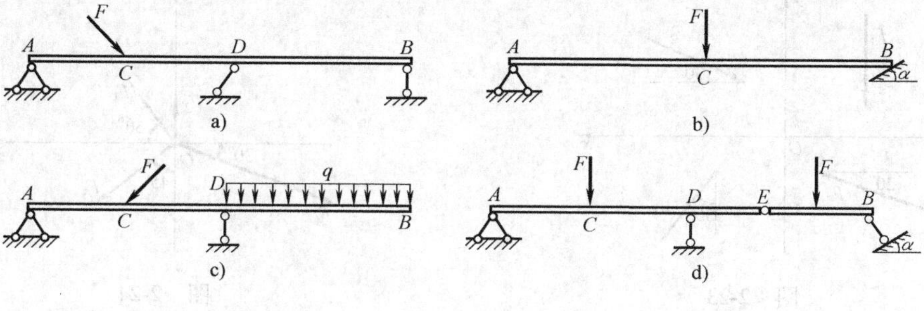


图　2-20

3. 画出图 2-21 所示各构件的受力图，构件自重不计。

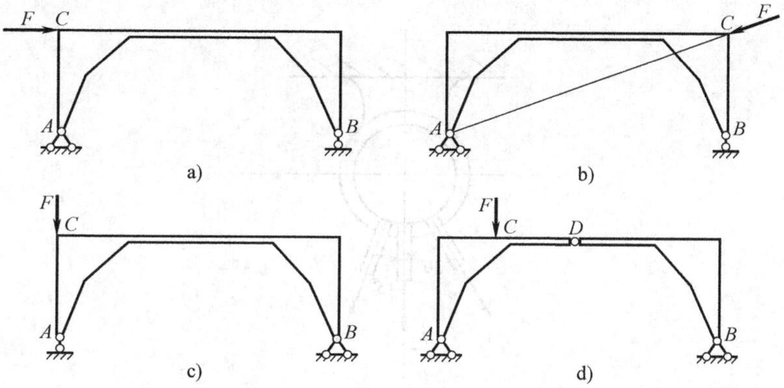


图　2-21

4. 画出图 2-22 所示结构中各物体的受力图，假定各接触面都是光滑的，图中未标注的物体自重不计。

5. 如图 2-23 所示：已知 $F_1 = 200\text{N}$，$F_2 = 150\text{N}$，$F_3 = 200\text{N}$，$F_4 = 250\text{N}$. 求：

1）图中各力在 $x$，$y$ 轴上的投影；

2）由 $\boldsymbol{F}_1$，$\boldsymbol{F}_2$，$\boldsymbol{F}_3$，$\boldsymbol{F}_4$ 构成的力系的合力。

6. 如图 2-24 所示有四个力作用于一物体，且各力的作用线汇交于 $O$ 点，已知：$F_1 =$

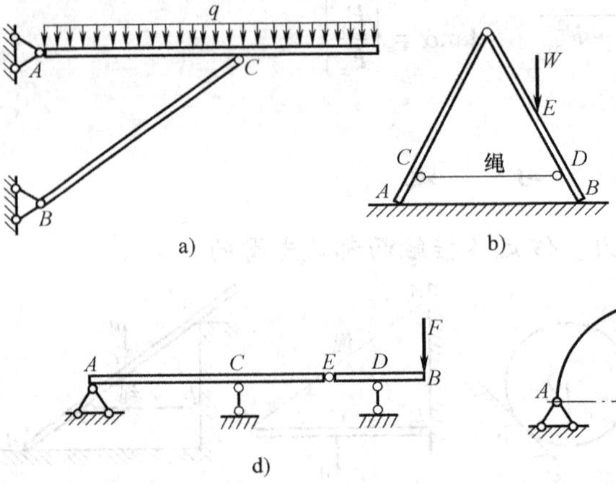


图 2-22

100N，$F_2=50\text{N}$，$F_3=150\text{N}$，$F_4=150\text{N}$。用解析法求物体所受的合力。

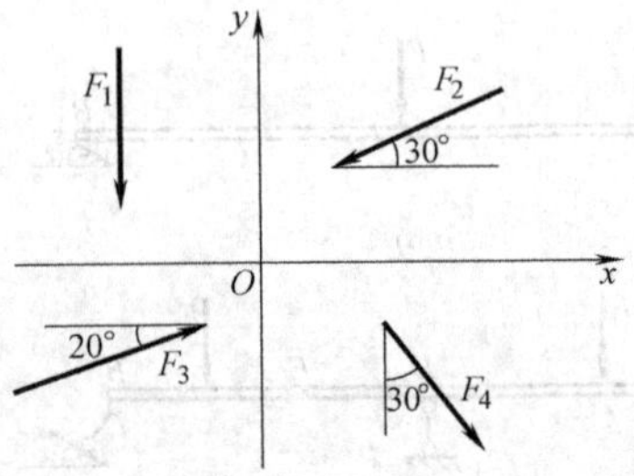


图 2-23

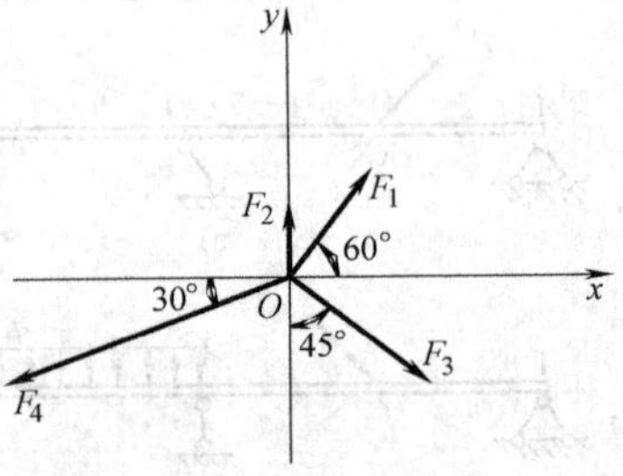


图 2-24

7. 一吊环受三条绳子的作用如图 2-25 所示，已知：$F_1=250\text{N}$，$F_2=10\text{N}$，$F_3=150\text{N}$。求三力的合力。

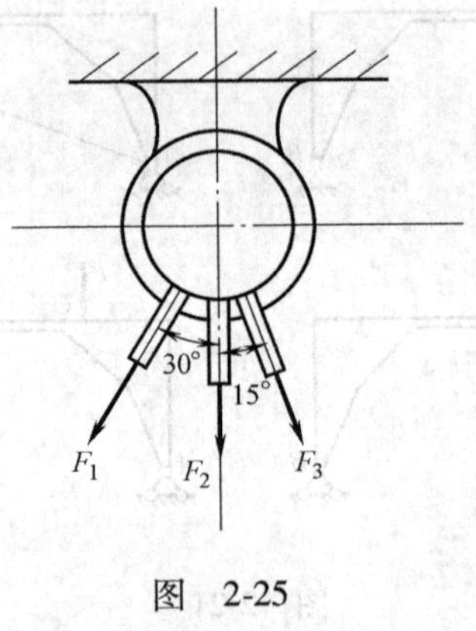


图 2-25

# 第3章　平面力系的平衡

【学习目标】

1. 理解平衡的概念，掌握物体受力平衡的基本条件。

2. 了解平面力系的分类，掌握不同类型平面力系平衡的条件，会运用平衡方程解决平面力系的平衡问题。

3. 掌握平面力系平衡问题在工程中的应用，会应用解决平面力系平衡问题理论解决工程实际中的一般问题。

## 3.1　受力物体的平衡基本条件

工程中假设物体处于相对静止或作匀速直线运动状态，那么我们说物体处于平衡状态，也就是说该物体所受外力的和效应等于零。即主矢 $\boldsymbol{F}_R$ 和主矩 $M$ 都为零，静力学将其表达为

$$\left.\begin{aligned}\sum \boldsymbol{F}=0\\ \sum M_O(\boldsymbol{F})=0\end{aligned}\right\} \tag{3-1}$$

式（3-1）揭示了物体处于平衡状态的最基本规律和其充要条件，是研究物体平衡问题的基本依据和出发点。可以理解为物体在受到若干个力构成的力系作用时，只要满足式（3-1）的条件，物体一定处于平衡状态。或者说，物体处于平衡状态时，其主矢和主矩必然等于零。

## 3.2　平面汇交力系的平衡

### 3.2.1　平面汇交力系平衡条件

在平面汇交力系中，力系中所有的力汇交于一点，所有力的作用线都通过汇交点，从力矩的概念可知，力系中所有的力对汇交点的矩都等于零，力系对汇交点的主矩也等于零，即：$\sum M_O(\boldsymbol{F})=0$。也就是说，在平面汇交力系中，只要力系的合力等于零，该力系必然是平衡力系，或者说只要该力系平衡，力系的合力必然为零。**平面汇交力系平衡的充要条件是：$\sum \boldsymbol{F}=0$**

### 3.2.2　平面汇交力系平衡方程

由于平面汇交力系合成的结果是一个合力，欲使 $\sum \boldsymbol{F}=0$，只需且必须使该合力在两个正交方向上的分力等于零。于是得出**平面汇交力系的平衡方程**

$$\left.\begin{aligned}\sum F_x=0\\ \sum F_y=0\end{aligned}\right\} \tag{3-2}$$

**【例3-1】** 如图3-1a所示，一自重 $W=100\text{N}$ 的匀质梯子斜靠在光滑的墙面上，下端放置在与水平面成30°倾角的光滑斜面上，试求梯子在自重作用下处于平衡时，$A$、$B$ 两端的约束力 $\boldsymbol{F}_A$ 和 $\boldsymbol{F}_B$。

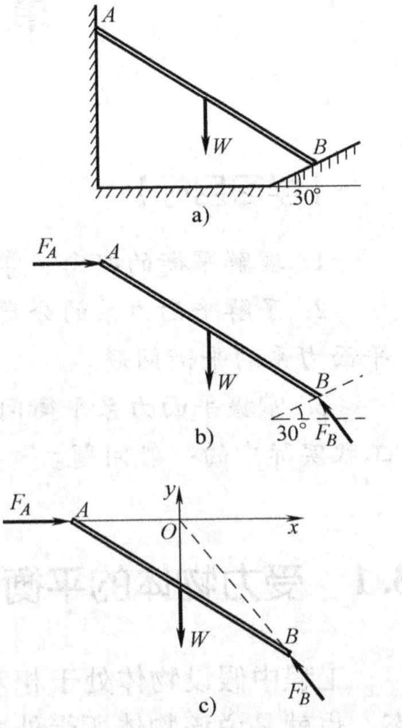

图 3-1

**分析：** 1）梯子为匀质物体，重心应在梯子长度的中心处。

2）梯子受三个力作用，荷载 $\boldsymbol{W}$，两个约束力 $\boldsymbol{F}_A$ 和 $\boldsymbol{F}_B$。

3）$A$、$B$ 两端均受光滑接触面约束，约束力方向和作用线位置均已知。

4）梯子处于平衡状态，三力必然汇交于一点，且 $\sum\boldsymbol{F}=0$。

**解：** 1）取梯子为研究对象，解除约束画受力图。图3-1b中 $\boldsymbol{F}_A$ 和 $\boldsymbol{F}_B$ 作用线分别通过 $A$、$B$ 点，且垂直于接触面，为光滑约束面约束力。

2）建立直角坐标系如图3-1c。坐标系原点为三力汇交点。

3）列平衡方程

$$\sum F_x=0;\quad F_A-F_B\cos60°=0$$

$$\sum F_y=0;\quad -W+F_B\sin60°=0$$

$$F_B=\frac{W}{\sin60°}=115.5\text{N}$$

$$F_A=F_B\cos60°=57.75\text{N}$$

计算结果中，$F_A$、$F_B$ 均为正值，表明 $F_A$、$F_B$ 原假设方向正确。（如果计算结果为负，说明力的实际方向与假设方向相反。）

**【例3-2】** 图3-2所示为一简易刚架，$A$ 端为链杆约束，$B$ 端为固定铰支座约束，刚架 $C$ 点在一水平推力 $F=10\text{kN}$ 作用下处于平衡状态，刚架尺寸见图。试求 $A$、$B$ 两端的约束力。

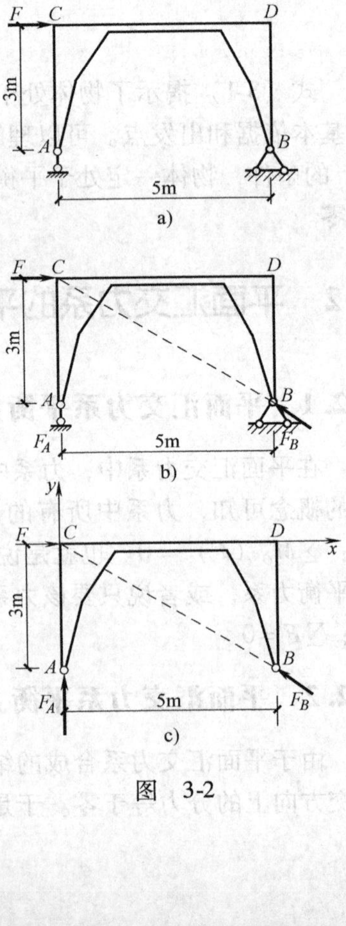

图 3-2

**分析：** 1）刚架受三个力作用，集中荷载 $\boldsymbol{F}$，$A$、$B$ 两端的约束力 $\boldsymbol{F}_A$、$\boldsymbol{F}_B$，刚架处于平衡状态；

2）$\boldsymbol{F}$ 和 $\boldsymbol{F}_A$、$\boldsymbol{F}_B$ 汇交于一点，且 $\sum F_x=0$；

3）$\boldsymbol{F}$ 为已知力，$\boldsymbol{F}_A$ 和 $\boldsymbol{F}_B$ 方位已知，大小和方向未知。

**解：** 1）取刚架为研究对象，解除约束，画受力图。如图3-2b $\boldsymbol{F}_A$ 作用线与链杆中心线重合，方向假设。$\boldsymbol{F}_B$ 力线必然通过 $B$、$C$ 点，与 $\boldsymbol{F}$、$\boldsymbol{F}_A$ 汇交于 $C$ 点，方向假设。

2）建立直角坐标系如图 3-2c，取力的汇交点 $C$ 为坐标系原点。

3）列平衡方程

$$\sum F_x = 0;\ F - \frac{5}{\sqrt{5^2 + 3^2}} F_B = 0$$

$$F_B = F \times \frac{\sqrt{5^2 + 3^2}}{5} = 11.66\text{kN}$$

$$\sum F_y = 0;\ F_A + \frac{3}{\sqrt{5^2 + 3^2}} F_B = 0$$

$$F_A = -6.0\text{kN}$$

计算结果中，$F_A$ 为负值，表明 $F_A$ 实际受力方向与假设方向相反，$F_B$ 为正值，表明 $F_B$ 实际受力方向与假设方向相同。

### 3.2.3 解决平面汇交力系平衡问题的一般程序

1）选择研究对象，解除约束。画受力图。这一过程应注意相对较复杂的物系研究对象的选择，如对问题无法整体求解，就要考虑先选物系中的单体为研究对象。

2）建立直角坐标系。直角坐标系建立直接关系到求解过程的复杂程度，包括坐标系的原点和坐标轴的方向选择。坐标系原点一般选在力的汇交点或物系中的特征点上，坐标轴的方向选择应使尽可能多的力线与坐标轴的夹角为特征角度，力争避免任意角度出现。

3）列平衡方程并求解。应十分注意力在坐标轴上投影的正负号，注意力在坐标系中特殊位置时在坐标轴上的分力，不可漏掉任何一个力。

4）认真检查求解过程。

## 3.3 平面力偶系的平衡

作用在物体同一平面内的若干个力偶称为**平面力偶系**。依据力偶的概念可知，平面力偶系具有非常明显的特性，该力偶系的合力恒等于零。

### 3.3.1 平面力偶系的合成

由平面力偶的性质可知，当两个力偶的力偶矩大小相等、方向相同时，这两个力偶是等效力偶。这一性质从三个方面对等效力偶作了表述：①所谓等效力偶，其实际意义就是二者对物体的作用效应相同；②用力偶矩衡量力偶对物体的作用效应；③力偶是一矢量，其效应用带方向的物理量衡量。当物体受到两个力偶（$\boldsymbol{F}_1$，$\boldsymbol{F}_1'$）和（$\boldsymbol{F}_2$，$\boldsymbol{F}_2'$）作用时，这两个力偶对物体的作用效应应与另外一个力偶（$\boldsymbol{F}$，$\boldsymbol{F}'$）等效，而（$\boldsymbol{F}$，$\boldsymbol{F}'$）对物体的作用效应应该是（$\boldsymbol{F}_1$，$\boldsymbol{F}_1'$）和（$\boldsymbol{F}_2$，$\boldsymbol{F}_2'$）的和效应，用（$\boldsymbol{F}_1$，$\boldsymbol{F}_1'$）和（$\boldsymbol{F}_2$，$\boldsymbol{F}_2'$）的合力偶矩来衡量。在同一平面内，力偶矩的方向只有两种，逆时针为正，顺时针为负。所以，对力偶矩 $M_1$ 和 $M_2$ 可以进行代数法合成。$M = M_1 + M_2$ 将此结论推而广之有

$$M = M_1 + M_2 + \cdots + M_{(n-1)} + M_n = \sum M \tag{3-3}$$

于是得出结论：**平面力偶系合成的结果是一合力偶，合力偶矩等于力偶系中各力偶矩的代数和**。

【例3-3】 一物体受力如图3-3所示，求物体所受的合力偶矩。

其中：$F_1 = F_1' = 100\text{N}$ $F_2 = F_2' = 80\text{N}$

$M = -10\text{N}\cdot\text{m}$

**解：** $M_1 = F_1 d_1 = 100 \times 0.05\text{N}\cdot\text{m} = 5\text{N}\cdot\text{m}$

$M_2 = -F_2 d_2 = -80 \times 0.1\text{N}\cdot\text{m} = -8\text{N}\cdot\text{m}$

$\sum M = M_1 + M_2 + M = (5 - 8 - 10)\text{N}\cdot\text{m} = -13\text{N}\cdot\text{m}$

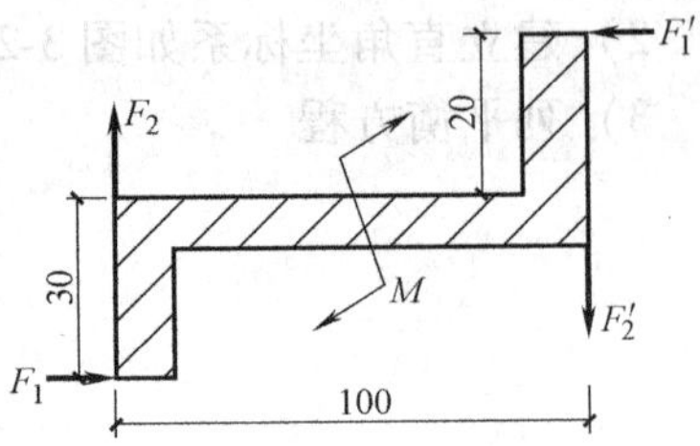


图 3-3

### 3.3.2 平面力偶系的平衡

由平面力偶系的特性可知，平面力偶系无合力。所以，当物体处于平衡状态时，物体所受的合力偶矩必然等于零，或者只要物体所受的合力偶矩等于零，物体必然处于平衡状态，**平面力偶系平衡的充要条件是：力系中的各力偶矩的代数和等于零**。由此得出平面力偶系的平衡方程为：

$$\sum M = 0 \tag{3-4}$$

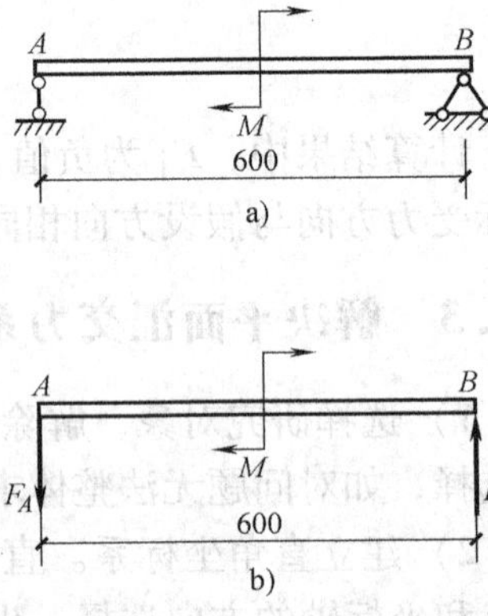


图 3-4

【例3-4】 简支梁AB上作用一力偶，其力偶矩$M = 3000\text{N}\cdot\text{m}$，A、B两端支撑如图3-4a所示，求支座A、B的约束力。

**分析：** 梁所受的荷载为一力偶，除此再无其他荷载，该力系为一力偶系，力系的合力必然等于零。两支座的约束力必然大小相等，方向相反，且作用线平行。

**解：** 1）取梁AB为研究对象，解除约束，画受力图，如图3-4b所示。

$\sum F_y = 0$；$F_B - F_A = 0$

$F_A = F_B$

2）依据平衡方程求支反力

$\sum M = 0$；$F_A \times AB - M = 0$

$F_A = F_B = 5\text{kN}$

【例3-5】 平面四杆机构ABCD在图3-5a所示位置处于平衡，已知$CD = 30\text{mm}$，力偶矩$M_1 = 150\text{N}\cdot\text{m}$，作用于CD上，力偶矩$M_2$作用于AB上，试求力偶矩$M_2$及BC的受力。

**分析：** 四杆机构受两个力偶作用平衡，该力系为平面力偶系。可以很容易的求出$M_2$。BC属于物系中的一个单体，B、C处均受铰链约束，但是，由于在BC上再无其他力的作用，所以，BC杆是二力杆。约束力线方位已知。由于$M_1$与作用于C点的力$F_C$对D点的矩等效，运用力矩的概念，通过对BC的研究，求出BC杆的受力。

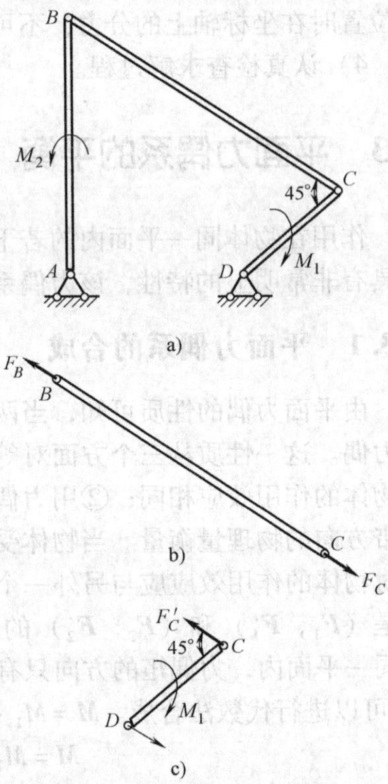


图 3-5

**解**：1）取物系为研究对象，列平衡方程

$$\sum M=0;\quad -M_1+M_2=0$$

$$M_1=M_2=150\text{N}\cdot\text{m}$$

2）取杆 $BC$ 为研究对象，画受力图。如图 3-5b。

3）取杆 $CD$ 为研究对象，画受力如图 3-5c，列平衡方程

$$\sum M=0;\quad F'_C\times CD\sin45^\circ-M_1=0$$

$$F'_C=7.07\text{kN}\qquad F_C=7.07\text{kN}$$

杆 $BC$ 受拉。

## 3.4　平面一般力系的平衡

物体在同一平面内受若干个不完全汇交的力的作用，同时也受到在该平面内的若干力偶作用，称该平面力系为**平面一般力系**。平面一般力系受力及平衡是一个相对较复杂的问题，但是，我们可以利用前面所掌握的知识将复杂的问题简单化。

既然在平面一般力系中，有力的作用，又有力偶的作用，我们不妨将平面一般力系看成是平面力系与平面力偶系的叠加。通过对平面力系和平面力偶系的分析，解决平面一般力系的问题。

### 3.4.1　平面一般力系向平面汇交力系简化

平面力系中的若干力不一定汇交于一点，但要使力系中的力实现汇交而不改变力的大小和方向，就要通过对力的作用线的平行移动来实现。

由力的可传递性原理可知，力可以沿其作用线移动而不改变它对刚体的作用效应。但是，力平行其作用线移动到另一位置，它对刚体的作用效应将发生改变。由图 3-6 可得出力的平移定理：**力 $F$ 由 $O$ 点平行移动到 $O_1$ 点，为了不改变力对刚体的作用效应，必须同时附加一力偶，其力偶矩等于原力 $F$ 对新作用点之矩。**

证明：欲将 $F$ 由 $O$ 点平移到 $O_1$ 点，如图 3-6a，可以通过以下过程：

1）在 $O_1$ 点施加大小与 $F$ 相等，作用线与 $F$ 平行的一对平衡力 $F'$，$F''$，不改变原力 $F$ 对刚体的作用效应。

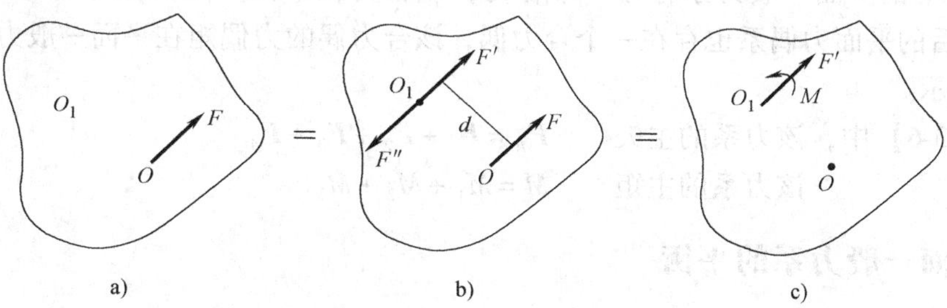


图　3-6

2）$F$，$F''$是一力偶，其力偶矩 $M=F\times d$，$d$ 是力 $F$ 平移的距离，如图 3-6b 所示。

3）$F'$，$F''$大小相等、方向相反，力 $F$ 由 $O$ 点平行移动到 $O_1$ 点，将平移后所得力偶矩

$M$ 标注在力 $\boldsymbol{F}$ 上，如图3-6c所示。所得的力 $\boldsymbol{F}'$ 与力偶矩 $M$ 对刚体的作用效应与原力 $\boldsymbol{F}$ 对刚体的效应相同。

应注意的问题：①由哪一个力平移后所附加的力偶矩就标在相应的力线上；②标注清楚附加力偶矩的方向。

由力的平移定理可以得出以下两点启示：①既然一个力可以简化为一个力和一个力偶，同理，一个力和一个力偶也可以合成一个力，这两个过程互逆；②一个力不能和一个力偶等效，但可以和一个与它平行的力和一个力偶等效。

**【例3-6】** 将图3-7a所示的平面力系向坐标原点简化。

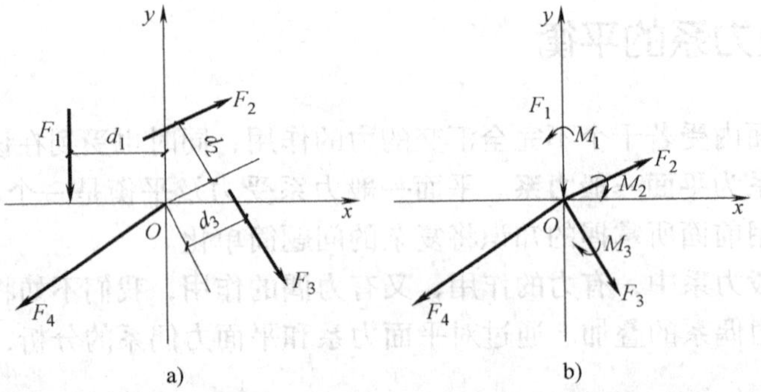


图 3-7

**解**：力系中作用四个力 $\boldsymbol{F}_1$、$\boldsymbol{F}_2$、$\boldsymbol{F}_3$、$\boldsymbol{F}_4$，除 $\boldsymbol{F}_4$ 以外，其余的力的作用线均不通过 $O$ 点。要使其汇交于原点，就必须将其他三个力平移，平移的距离分别为：$d_1$、$d_2$、$d_3$。

将 $\boldsymbol{F}_1$、$\boldsymbol{F}_2$、$\boldsymbol{F}_3$ 分别平移 $d_1$、$d_2$、$d_3$ 后，四个力汇交于 $O$ 点，并有三个附加力偶矩 $M_1$、$M_2$、$M_3$，标注在对应的力线上，如图3-7b所示。

$$M_1 = F_1 d_1 \qquad M_2 = -F_2 d_2 \qquad M_3 = -F_3 d_3$$

经过以上分析，**平面力系向平面汇交力系简化，简化后的力系为一平面汇交力系与一平面力偶系叠加而成的力系**。

这一结论对于解决平面一般力系问题提供了方便。从而可以推出两个结论：

1）可以通过分别求解平面汇交力系和平面力偶系来实现解决平面一般力系的问题。

2）简化后的平面一般力系存在一个合力，该合力在平面一般力系中称为主矢，用 $\boldsymbol{F}_R$ 表示。简化后的平面力偶系也存在一个合力偶，该合力偶的力偶矩在平面一般力系中称为主矩，用 $M$ 表示。

在【例3-6】中，该力系的主矢 $\boldsymbol{F}_R = \boldsymbol{F}_1 + \boldsymbol{F}_2 + \boldsymbol{F}_3 + \boldsymbol{F}_4$

该力系的主矩 $M = M_1 + M_2 + M_3$

### 3.4.2 平面一般力系的平衡

（1）平衡方程的一般形式

通过以上的分析可知，在平面一般力系中，存在力系的主矢 $\boldsymbol{F}_R$ 和主矩 $M$，依据平面力系平衡的基本条件，只要条件 $\sum \boldsymbol{F}_R = 0$、$\sum M = 0$ 成立，则力系平衡。由于力系中的主矢可以用 $x$、$y$ 两个方向的正交力来代替，所以得出平面一般力系的平衡方程：

$$\left.\begin{aligned}\sum F_x &= 0\\ \sum F_y &= 0\\ \sum M &= 0\end{aligned}\right\} \tag{3-5}$$

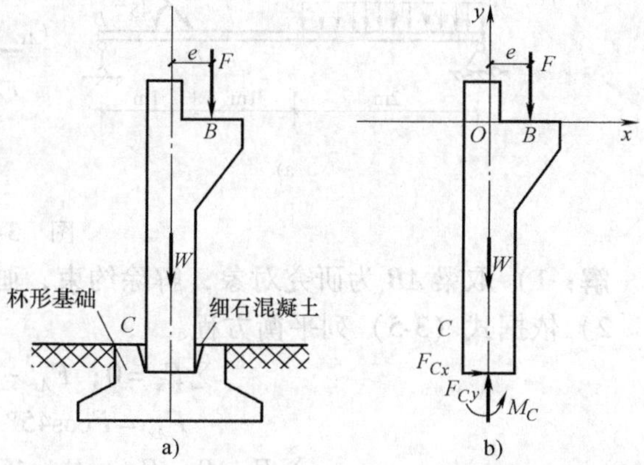

图 3-8

**【例3-7】** 如图3-8a所示，支撑吊车梁的牛腿柱子自重 $W=15\text{kN}$，受到吊车梁传来的荷载 $F=100\text{kN}$，其作用线离柱子轴线距离（偏心距）$e=400\text{mm}$，柱子在杯形基础口处用细石混凝土捣实。求柱子平衡时，基础 $C$ 处的约束力。

**分析：** $\boldsymbol{F}$ 和 $\boldsymbol{W}$ 构成一平面一般力系，力 $\boldsymbol{F}$ 的作用线距柱子的中心线为 $e$，$\boldsymbol{F}$ 的作用线平移到 $y$ 轴上时，必然要附加一力偶矩。所以，要解决该柱子的平衡问题，就需要将该一般力系简化为汇交力系和平面力偶系来求解。

**解：** 1）取柱子为研究对象，解除约束，画柱子的受力图，建立直角坐标系如图3-8b。

2）依据式（3-4）得力系平衡方程：

$$\sum F_x = 0;\ F_{Cx} = 0$$

$$\sum F_y = 0;\ F_{Cy} = -F - W = 115\text{kN}$$

$$\sum M = 0;\ M_C - Fe = 0 \qquad M_C = Fe = 40\text{kN}\cdot\text{m}$$

（2）平衡方程的其他形式

除了以上提到的形式外，平面一般力系的平衡方程还可以表达成其他两种形式：

1）二力矩式的平衡方程。二力矩式平衡方程是由一个投影方程和两个力矩方程所组成，可写成：

$$\left.\begin{aligned}\sum F_x &= 0\\ \sum M_A(\boldsymbol{F}) &= 0\\ \sum M_B(\boldsymbol{F}) &= 0\end{aligned}\right\} \tag{3-6}$$

式中 $A$、$B$ 两点的连线不能与 $x$ 轴垂直。

2）三力矩式平衡方程。

$$\left.\begin{aligned}\sum M_A(\boldsymbol{F}) &= 0\\ \sum M_B(\boldsymbol{F}) &= 0\\ \sum M_C(\boldsymbol{F}) &= 0\end{aligned}\right\} \tag{3-7}$$

式中 $A$、$B$、$C$ 三点不能共线。

**【例3-8】** 如图3-9a所示，简支梁 $AB$ 作用一集中荷载 $F=10\text{kN}$，同时受一均布荷载 $q=4\text{kN/m}$，不计梁的自重，试求支座 $A$、$B$ 的约束力。

**分析：** 简支梁所承受的约束是固定铰支座和链杆约束，均布荷载对梁的作用效应与在 $AC$ 中点上的一集中荷载等效，该集中荷载的大小等于 $AC$ 段的长度与均布荷载强度 $q$ 的乘积，方向与 $q$ 相同。两支座的约束力 $\boldsymbol{F}_{Ax}$、$\boldsymbol{F}_{Ay}$、$\boldsymbol{F}_B$ 与梁上的荷载不完全汇交。所以，该力系为平面一般力系。运用平面一般力系的平衡方程解决梁的平衡问题。

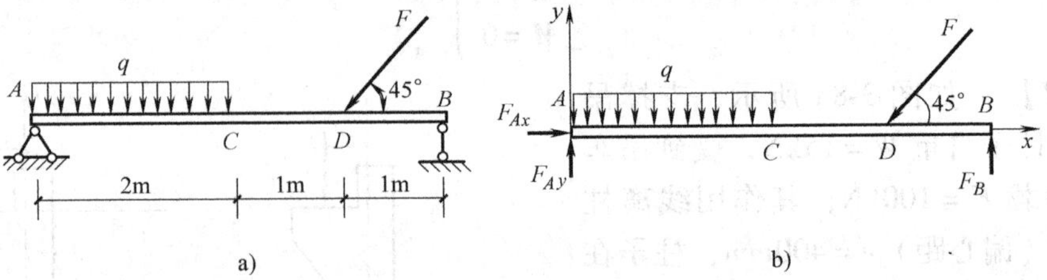


图 3-9

**解：** 1）取梁 $AB$ 为研究对象，解除约束，画受力图，取直角坐标系如图 3-9b 所示。

2）依据式（3-5）列平衡方程。

$$\sum F_x=0;\ F_{Ax}-F\cos45°=0$$

$$F_{Ax}=F\cos45°=7.07\text{kN}$$

$$\sum F_y=0;\ F_{Ay}-F\sin45°-q\times AC+F_B=0$$

$$\sum M_A(\boldsymbol{F})=0;\ -\frac{1}{2}q\times AC^2-F\sin45°\times(AC+CD)+F_B\times AB=0$$

联立解方程得：$F_B=7.3\text{kN}$，$F_{Ay}=7.77\text{kN}$

综上所述，解决平面一般力系的平衡问题的基本思路就是将力系分解为平面汇交力系和平面力偶系的问题来分别解决。但在具体计算时，平面力系的平衡方程要灵活运用，这样才可以使复杂的问题简单化。

式（3-5）、式（3-6）、式（3-7）是平面一般力系平衡方程的三种形式，但其本质是相同的。

### 3.4.3 平面平行力系的平衡

平面平行力系中，各力的作用线都相互平行，它是平面一般力系的一种特殊情况，所以其平衡方程可以从平面一般力系的平衡方程中推导出来。

取与平行力系力的作用线垂直的方向为 $x$ 轴建立如图 3-10 所示坐标系。从图中不难看出，各力的作用线均垂直于 $x$ 轴，也就是说 $\sum F_x\equiv0$，所以该方程恒成立，对力系没有约束作用，那么平行力系的方程就可以简化为：

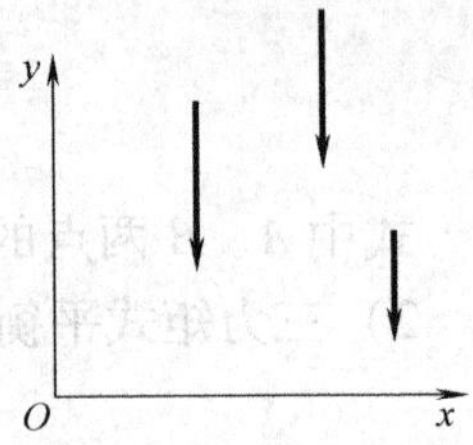


图 3-10

$$\left.\begin{aligned}\sum F_y=0\\ \sum M_O(\boldsymbol{F})=0\end{aligned}\right\}\quad(3\text{-}8)$$

所以，平行力系平衡的充分和必要条件为：**力系中所有各力的代数和等于零；力系中各力对任一点的力矩的代数和等于零。**

同理，由平面一般力系平衡方程的二力矩形式，可以导出平面平行力系二力矩式

$$\left.\begin{aligned}\sum M_A(\boldsymbol{F})=0\\ \sum M_B(\boldsymbol{F})=0\end{aligned}\right\}\quad(3\text{-}9)$$

式中 $A$、$B$ 两点的连线不与各力的作用线平行。

**【例 3-9】** 建筑工地用塔式起重机如图 3-11 所示，已知起重机自重 $W_1=250\text{kN}$，作用

线通过塔架的中心，起吊重物的位置距起重机中心线 $l_1=12\mathrm{m}$，轨道间距 $h=4\mathrm{m}$，平衡锤重量 $W_3=25\mathrm{kN}$，其作用线到塔架的中心线距离 $l_2=6\mathrm{m}$，试求：

1）在此条件下，起重机不致翻倒的最大起重量 $W_{2\max}$。

2）当 $W_2=50\mathrm{kN}$ 时，A、B 两点的约束力。

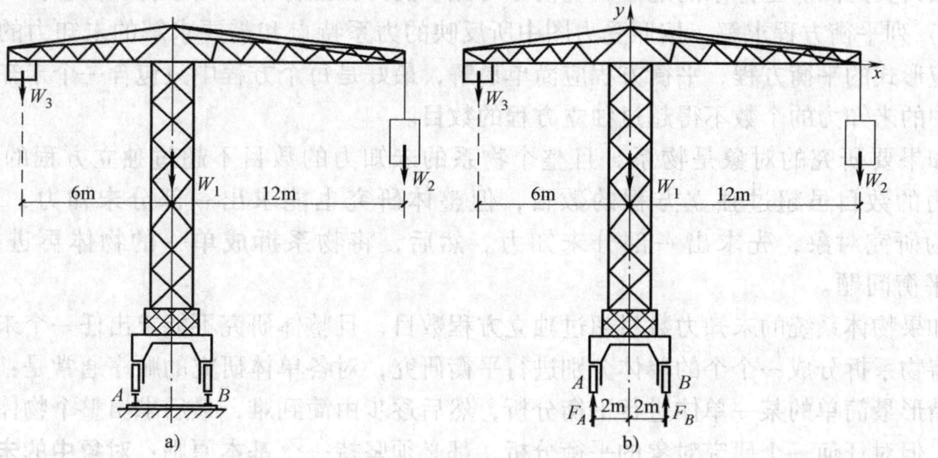


图　3-11

**分析：** 塔式起重机受三个荷载 $\boldsymbol{W}_1$、$\boldsymbol{W}_2$、$\boldsymbol{W}_3$，这三个力均为重力，力的作用线方位和力的方向已知，A、B 两点为光滑接触面约束，两约束力的作用线方位和力的方向已知，物体受一典型的平面一般力系作用（平面平行力系），塔式起重机不致倾翻即为平衡状态。从塔式起重机受力情况分析，塔式起重机的倾翻有两种可能性：第一种可能是 $W_3$ 太重而导致绕 A 点旋转向左下方倾翻，此时，$F_B=0$。第二种可能是 $W_2$ 超重而导致绕 B 点旋转向右下方倾翻，此时，$F_A=0$。

**解：** 1）求塔式起重机不致翻倒的最大起重量 $W_{2\max}$。

① 取塔式起重机整体为研究对象，解除约束，画受力图，建立坐标系如图 3-11b 所示。

② 依据式（3-8）列平衡方程。

$$\sum M_B(\boldsymbol{F})=0;\ W_3\times 8\mathrm{m}+W_1\times 2\mathrm{m}-W_{2\max}\times 10\mathrm{m}=0$$

$$W_{2\max}=70\mathrm{kN}$$

2）当 $W_2=50\mathrm{kN}$ 时，A、B 两点的约束力。

$$\sum M_B(\boldsymbol{F})=0;\ W_3\times 8\mathrm{m}+W_1\times 2\mathrm{m}-W_2\times 10\mathrm{m}-F_A\times 4\mathrm{m}=0$$

$$F_A=50\mathrm{kN}$$

$$\sum F_y=0;\ F_A+F_B-W_1-W_2-W_3=0$$

$$F_B=275\mathrm{kN}$$

### 3.4.4　平面一般力系平衡的一般步骤

通过以上实例分析，可以得出解决受平面一般力系作用的物体平衡问题的一般步骤。

1）选取研究对象。研究对象的选取，要依据题目所要研究的问题，研究对象应包含题目中所给定的所有已知条件和要求的未知量，并对给定的对象工作过程进行分析，确定其平衡时的各参数的状态。

2）解除约束，画受力图，建立坐标系。解除研究对象以外的所有约束，依据约束的形式，画其受力图。坐标系的建立，应使尽可能多的力在坐标系中处于特殊位置。

3）列平衡方程求解。按照受力图中所反映的力系特点和需要求解的未知力的数量，选择相应形式的平衡方程，平衡方程应简单易解，最好是每个方程中只包含一个未知力。整个对象中的未知力的个数不得超过独立方程的数目。

如果要研究的对象是物系，且整个物系的未知力的数目不超过独立方程的数目，或未知力的数目虽超过独立方程的数目，但整体研究也能求出一部分未知力，可先选择物系为研究对象，先求出一部分未知力。然后，将物系拆成单一的物体再进行研究其单体平衡问题。

如果物体系统的未知力数目超过独立方程数目，且整体研究不能求出任一个未知力，就必须将物系拆分成一个个的单体分别进行平衡研究，对各单体研究的顺序通常是：首先选择受力情形最简单的某一单体进行平衡分析，然后逐步由简到难，最后求出整个物体系统的约束力。但对任何一个研究对象的平衡分析，都必须坚持一个基本原则：**对象中的未知力的个数不得超过独立方程的数目**。

**【例 3-10】** 钢筋混凝土三角刚架受荷载如图 3-12a 所示，已知均布荷载 $q = 12\text{kN/m}$，集中荷载 $F = 12\text{kN}$，试求支座 $A$、$B$ 及顶铰 $C$ 处的约束力。

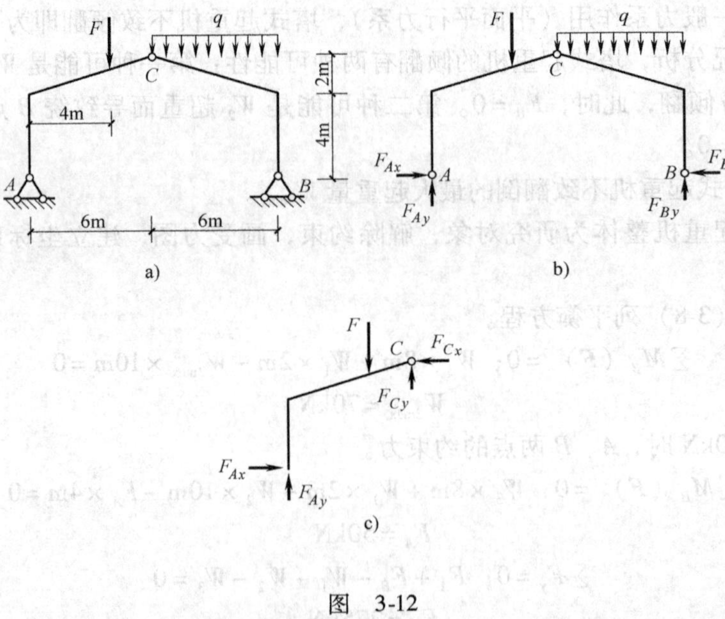


图 3-12

**分析：** 三铰刚架由左、右两半架构成，受一平面一般力系的作用。刚架整体所受的约束力有四个，未知力的个数不超过独立方程的数目。所以，可以通过对刚架的整体分析求出两个未知的约束力 $\boldsymbol{F}_{Ay}$，$\boldsymbol{F}_{By}$，如图 3-12b 所示。然后将刚架拆分成左、右两个半架，进行单体平衡研究，则问题就简单的多了。

**解**：1）先取刚架整体为研究对象，解除约束，画受力图如图3-12b所示。列出平衡方程。

$$\sum M_A(\boldsymbol{F})=0;\ F_{By}\times 12\text{m}-F\times 4\text{m}-q\times 6\text{m}\times 9\text{m}=0$$

$$F_{By}=58\text{kN}$$

$$\sum M_B(\boldsymbol{F})=0;\ -F_{Ay}\times 12\text{m}+F\times 8\text{m}+q\times 3\text{m}\times 6\text{m}=0$$

$$F_{Ay}=26\text{kN}$$

$$\sum F_x=0;\ F_{Ax}-F_{Bx}=0$$

$$F_{Ax}=F_{Bx}$$

2）取左半架为研究对象，解除约束，画受力图如图3-12c所示。列出平衡方程。

$$\sum M_C(\boldsymbol{F})=0;\ F_{Ax}\times 6\text{m}+F\times 2\text{m}-F_{Ay}\times 6\text{m}=0$$

$$F_{Ax}=22\text{kN}$$

$$\sum F_x=0;\ F_{Ax}-F_{Cx}=0$$

$$F_{Ax}=F_{Cx}=22\text{kN}$$

$$\sum F_y=0;\ F_{Cy}+F_{Ay}-F=0$$

$$F_{Cy}=-14\text{kN}$$

$$F_{Bx}=22\text{kN}$$

本题也可以取右半架为研究对象，研究过程与前相同。

## 小　　结

本章主要介绍平面力系的平衡问题，介绍了不同形式的平面力系的平衡方程及应用，重点介绍了平面汇交力系的平衡分析与平衡计算，由此引出平面一般力系及平面力偶系的平衡问题，介绍平面一般力系的简化的基本思路和过程。

1. 平面一般力系的简化

（1）力的平移定理

当一个力平行移动时，必须附加一个力偶，才能与原力对物体的作用等效。附加力偶的力偶矩等于原力对移动后新的作用点之矩。

（2）平面一般力系的简化。

力的平行移动定理是平面一般力系简化的依据；力系中的力向平面内一点简化是平面一般力系简化的过程；**平面一般力系简化的结果是一个汇交力系加一个力偶系。**

2. 平面一般力系的合成

平面一般力系的合成就是将所得的汇交力系和力偶系分别合成，平面汇交力系合成后得一合力，称为力系的主矢 $\boldsymbol{F}_\text{R}=\sum \boldsymbol{F}$。平面力偶系合成后得一合力偶，称为力系的主矩 $M=\sum M_O(\boldsymbol{F})$。所以说，**平面一般力系合成的最后结果得一主矢和主矩。主矢与简化中心无关，主矩与简化中心有关。如果主矢与主矩均等于零，则为平衡力系。**

也就是说，平面汇交力系和平面力偶系都是平面一般力系的特殊形式，当 $M_O=0$ 时，力系为平面汇交力系；当 $\boldsymbol{F}_\text{R}=0$ 时，力系为平面力偶系。

平面力系简化与合成过程可以用下图表示：

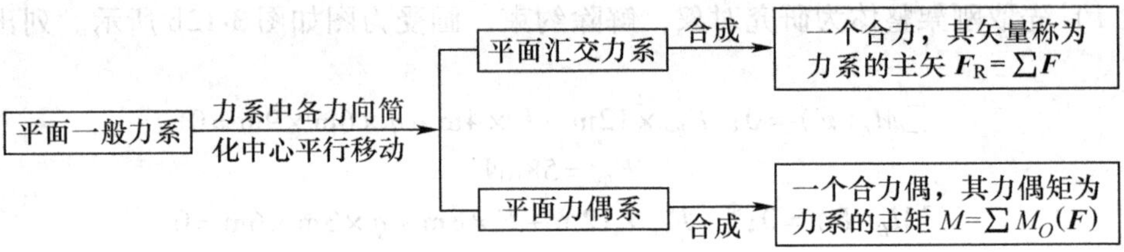


3. 平面力系的平衡

(1) 平面力系平衡的充要条件

力系中的主矢和主矩都等于零。即

$$\boldsymbol{F}_{\mathrm{R}}=\sum \boldsymbol{F}=0 \qquad M=\sum M_O(\boldsymbol{F})=0$$

(2) 平面力系的平衡方程

由平面力系平衡的充要条件推出平面力系平衡的方程的不同形式见表 3-1：

**表 3-1 平面力系平衡方程**

| 力系类别 | 平衡方程 | 限制条件 |
|---|---|---|
| 汇交力系 | $\sum F_x=0$；$\sum F_y=0$； | |
| 力偶系 | $M=\sum M_O(\boldsymbol{F})=0$ | |
| 一般力系 | 基本形式<br>$\sum F_x=0$；$\sum F_y=0$；<br>$\sum M_O(\boldsymbol{F})=0$ | |
| | 二力矩形式<br>$\sum F_x=0$；$\sum M_A(\boldsymbol{F})=0$；<br>$\sum M_B(\boldsymbol{F})=0$ | $x$（$y$）轴不垂直于 $AB$ 的连线 |
| | 三力矩形式<br>$\sum M_A(\boldsymbol{F})=0$；$\sum M_B(\boldsymbol{F})=0$；<br>$\sum M_C(\boldsymbol{F})=0$ | $A$、$B$、$C$ 三点不共线 |

## 习 题

1. 如图 3-13 所示，如何在不改变原力对物体的作用效应的前提下，将力 $\boldsymbol{F}$ 的作用线由 $O$ 点平行移动到 $A$ 点。

2. 如图 3-14 所示，两轮的半径都为 $r$，在 a、b 两种情况下，力对轮的作用有何不同？

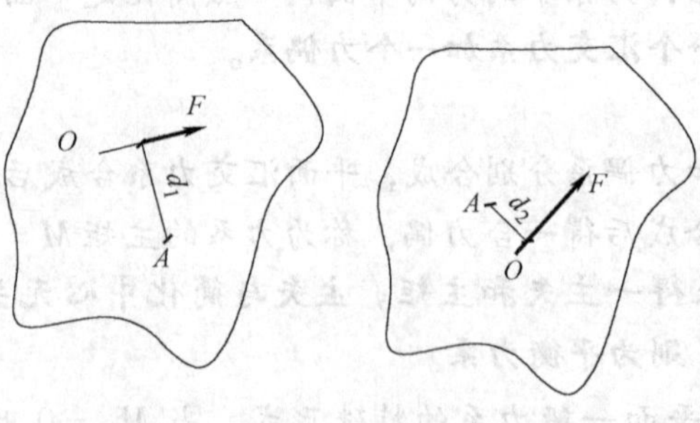


图 3-13

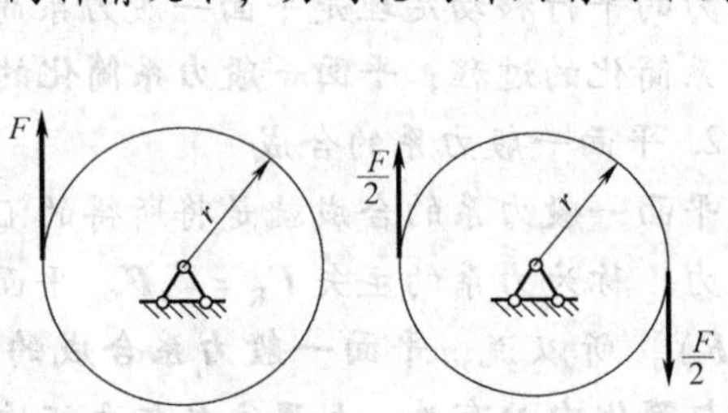


图 3-14

3. 平面力系向 $O$ 点简化，得到的主矢 $\boldsymbol{F}'_R$ 和主矩 $M'_O$，（$\boldsymbol{F}'_R$ 的作用线和 $M'_O$ 的方向如图 3-15 所示），试分别确定在图中各种情况下，合力 $\boldsymbol{F}_R$ 的作用线方位。

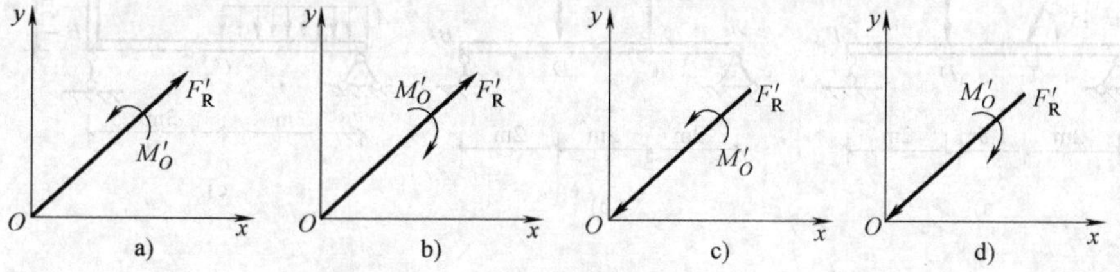


图　3-15

4. 分别作用于物体同一平面 $A$、$B$、$C$、$D$ 四点的四个力 $\boldsymbol{F}_1$、$\boldsymbol{F}_2$、$\boldsymbol{F}_3$、$\boldsymbol{F}_4$ 构成的多边形刚好首尾相接封闭，如图 3-16 所示。此力系简化的结果是什么？

5. 梁 $AB$ 在 $C$ 点受力 $\boldsymbol{F}$ 作用，如图 3-17 所示。已知：$F=50\text{kN}$，梁的自重不计，求支座 $A$、$B$ 的约束力。

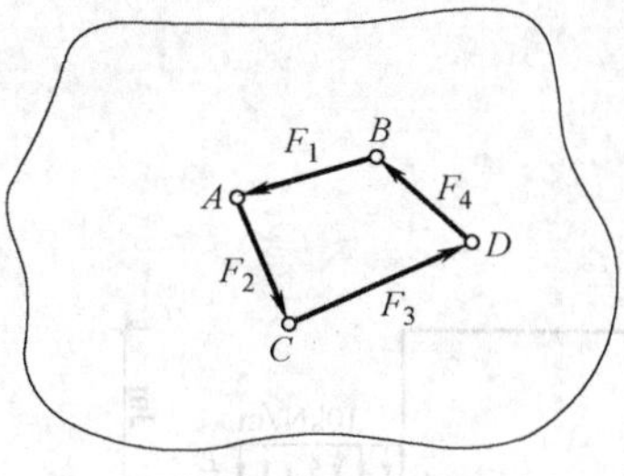


图　3-16

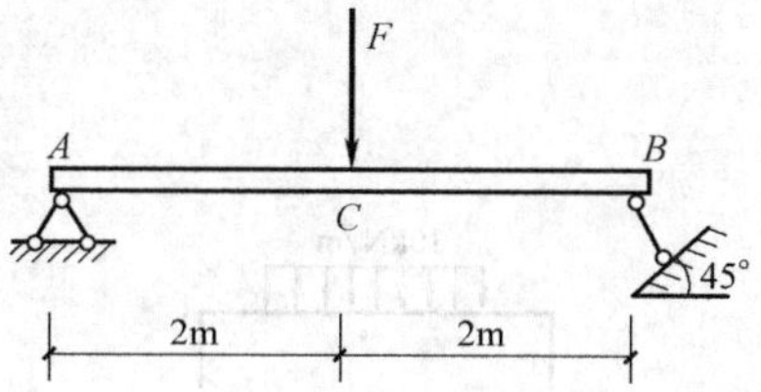


图　3-17

6. 由杆 $AB$、$BC$ 组成四种不同形式的支架，如图 3-18 所示，$B$ 处是铰链连接，$A$、$C$ 处为固定铰支座，在 $B$ 点作用一力 $\boldsymbol{F}$，试求在图示情况下，杆 $AB$ 和 $BC$ 是何种受力体，所受力的大小，并说明是拉力还是压力。

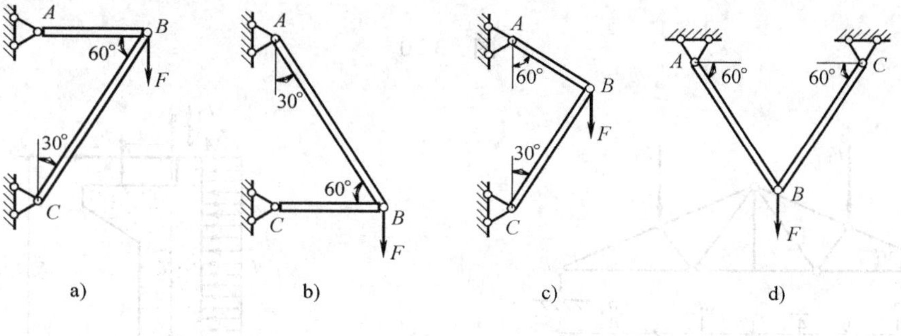


图　3-18

7. 求图 3-19 所示各梁的约束力。

8. 求图 3-20 所示刚架的约束力。

9. 一木屋架如图 3-21 所示，$A$、$B$ 两端分别为固定和可动铰支座，已知荷载 $F_1=F_2=10\text{kN}$，屋架的跨度为 $a=6\text{m}$，试求支座 $A$、$B$ 的约束力。

10. 某厂房柱高 9m，受力如图 3-22 所示。已知：$F_1=20\text{kN}$，$F_2=40\text{kN}$，$F_3=6\text{kN}$，$q=4\text{kN/m}$，$e_1=0.15\text{m}$，$e_2=0.25\text{m}$ 试求固定端支座 $A$ 处的约束力。

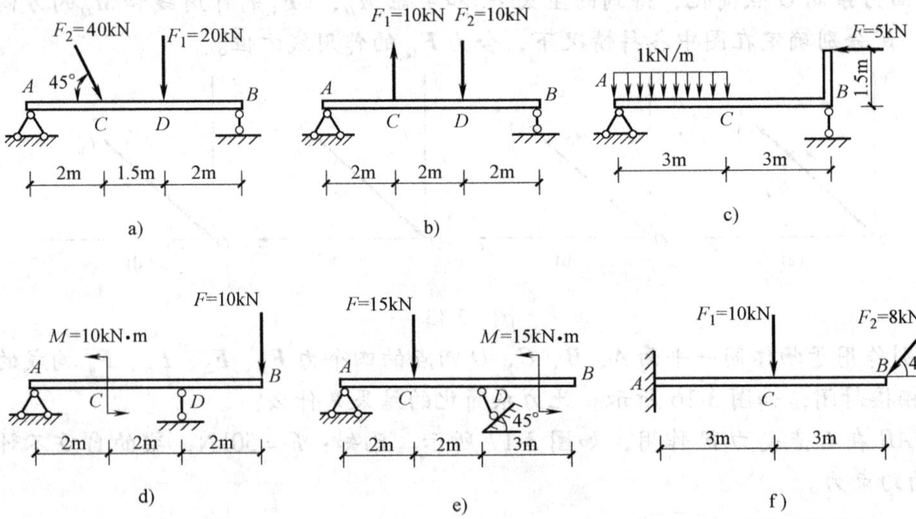


图 3-19

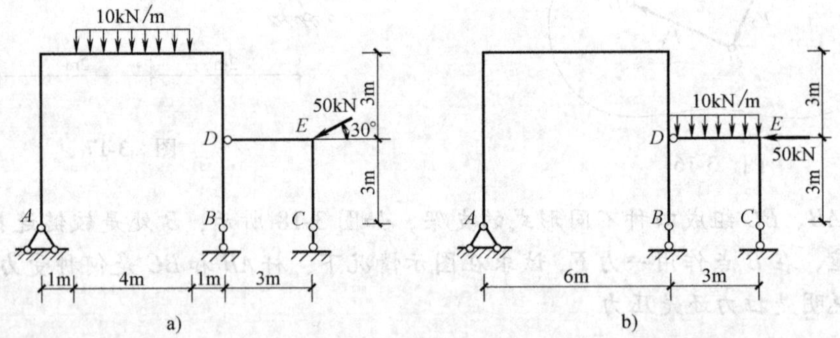


图 3-20

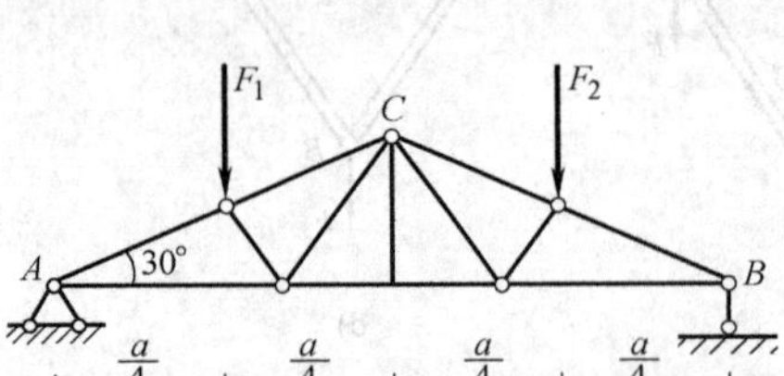


图 3-21

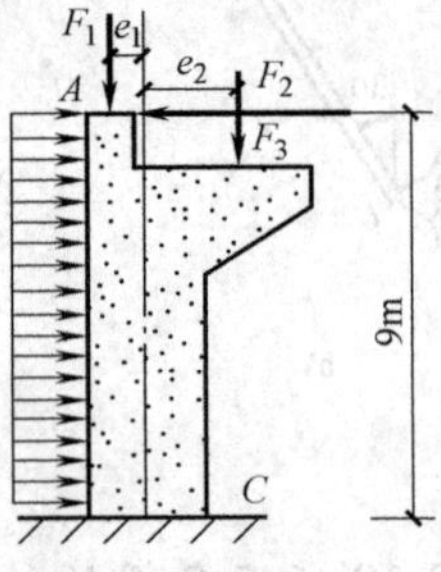


图 3-22

11. 如图 3-23 所示，两根外径 $d = 250\text{mm}$ 的管道搁置在 T 形支架上，已知管道的重量 $W_1 = 1.48\text{kN}$，支架自重 $W_2 = 12\text{kN}$。柱与基础之间用细石混凝土填实，求柱脚 $C$ 处的约束力。

12. 求图 3-24 支座 $A$、$B$ 处的约束力。

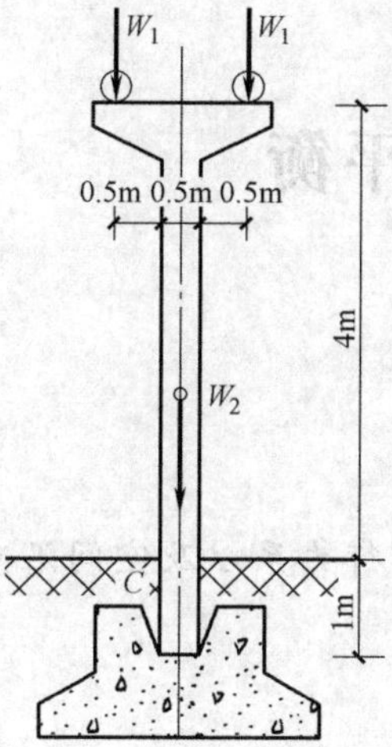


图　3-23

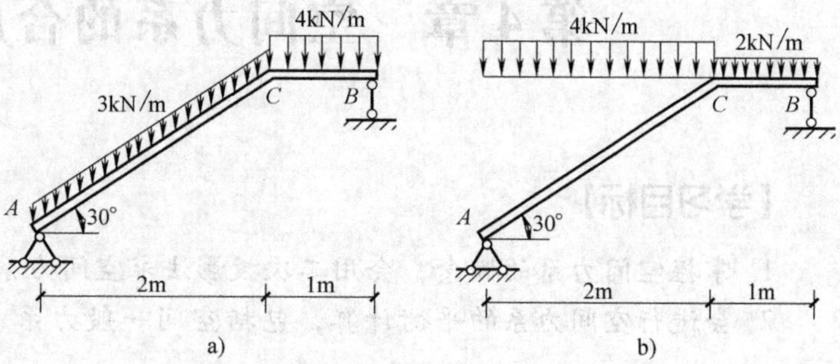


图　3-24

13. 在匀质梁上铺设有起重机轨道，起重机重 $W_1 = 50\text{kN}$，其重心位置如图 3-25 所示，重物的重量 $W_2 = 10\text{kN}$，梁自重 $W_3 = 30\text{kN}$，求起重机的伸臂和梁在同一铅垂面内时，支座 A、B 的约束力。

14. 如图 3-26 所示三拱桥，求支座 A、B 的约束力及铰接 C 处的约束力。

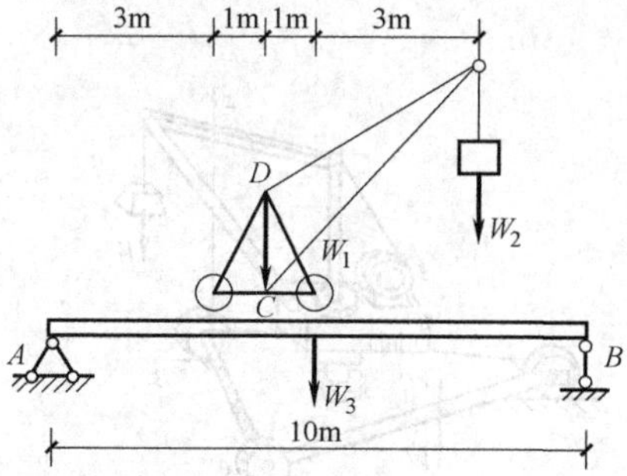


图　3-25

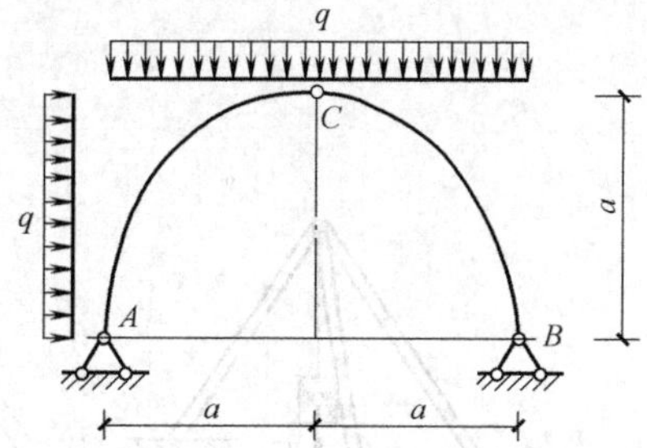


图　3-26

15. 混凝土坝截面如图 3-27 所示，坝高 50m，底宽 44m，设 1m 长的坝受到的水压力 $F = 9000\text{kN}$，混凝土的重度 $\gamma = 22\text{kN/m}^3$，坝与地面的静摩擦系数 $f = 0.6$。

问：1）此坝是否会滑动？

2）此坝是否会绕 B 点倾倒？

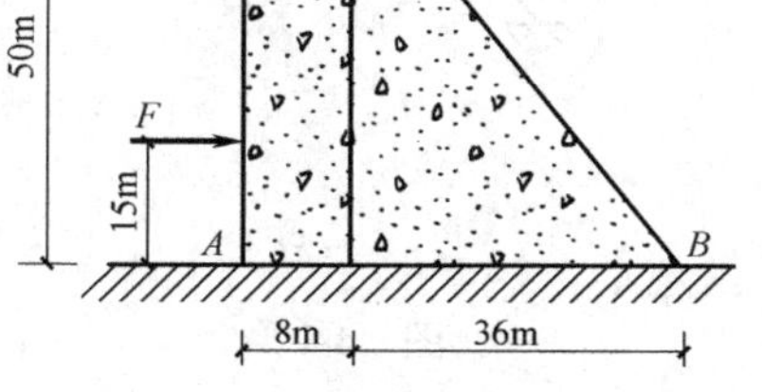


图　3-27

# 第 4 章　空间力系的合成及平衡

【学习目标】

1. 掌握空间力系的概念，会用二次投影法求空间力系合力。

2. 会进行空间力系的平衡计算，包括空间一般力系、空间平行力系以及空间汇交力系。

## 4.1　空间力系的合成

### 4.1.1　空间力系的概念及分类

空间力系的概念及分类在前面章节已经介绍过，图 4-1a、b 表示空间汇交力系；图 4-1c、d 表示空间平行力系；图 4-1e、f 表示空间一般力系。

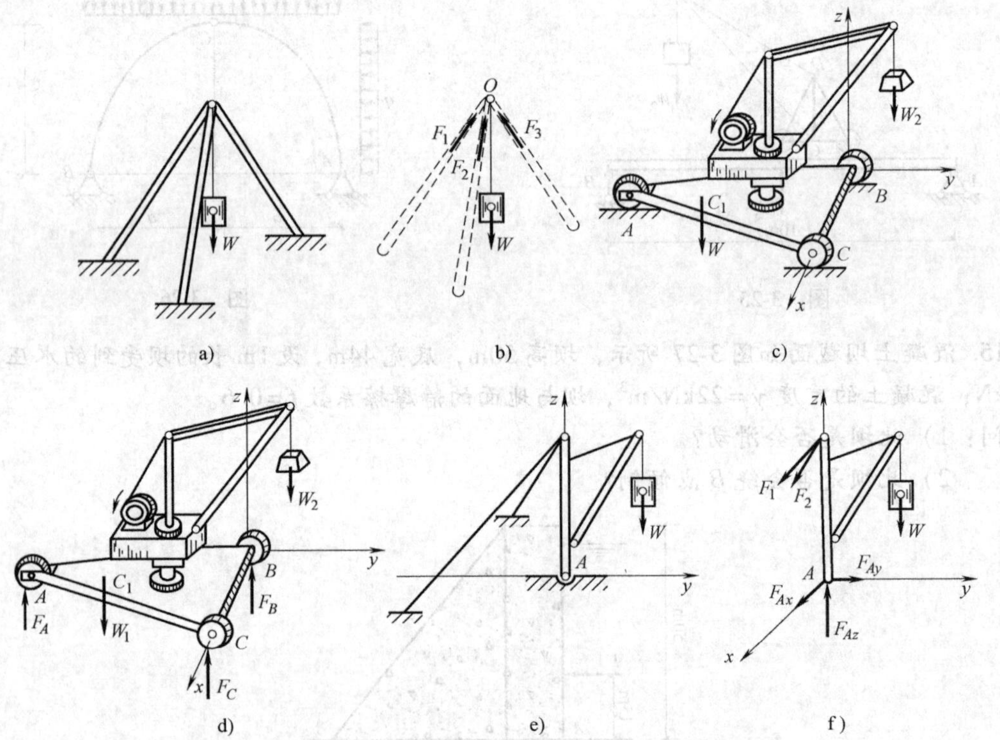


图　4-1

### 4.1.2　解析法求解空间力系的合力

（1）力沿空间直角坐标轴的投影

在研究空间力系问题时，常用的方法是将力投影到空间直角坐标轴上，常用的是二次投影法。

设有一个由三根互相垂直相交的轴构成的坐标系，称为空间直角坐标系。该空间直角坐标系构成三个互相垂直相交的平面，当力的作用线不在这三个平面中的任一平面内时，该力在空间直角坐标系的三根轴上均有投影，且力在轴上的投影不能一次完成，就需要进行**二次投影**。

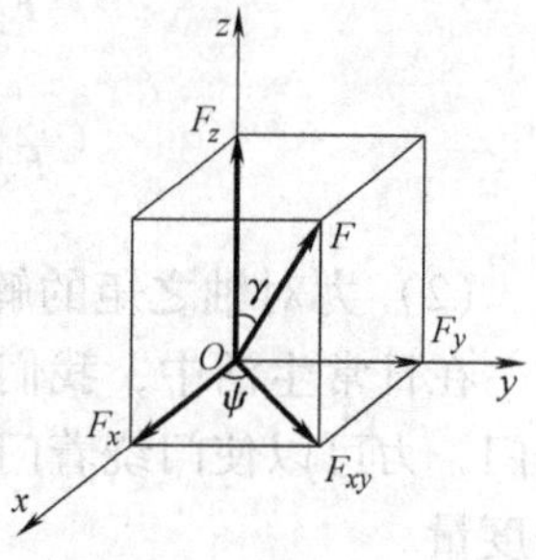

图　4-2

力 $\boldsymbol{F}$ 与空间直角坐标系的位置如图 4-2 所示，$\boldsymbol{F}$ 与 $z$ 轴所夹的锐角为 $\gamma$，$F_{xy}$与 $x$ 轴所夹锐角为 $\psi$。解决这一类问题的思路是：

1）$\boldsymbol{F}$ 与 $z$ 轴所夹的锐角 $\gamma$ 已知，所以，$\boldsymbol{F}$ 在 $z$ 轴上的投影可以一次完成，$F_z = F\cos\gamma$。

2）$\boldsymbol{F}$ 在 $x$、$y$ 轴上的投影不能一次完成，可先将 $\boldsymbol{F}$ 向 $xOy$ 平面上投影，得 $F_{xy}$，然后利用已知的 $F_{xy}$ 与 $x$ 轴的夹角 $\psi$ 对 $F_{xy}$ 在 $x$、$y$ 轴上进行二次投影，得 $F_x = F_{xy}\cos\psi$、$F_y = F_{xy}\sin\psi$。所以：

$\boldsymbol{F}$ 的第一次投影：$F_{xy} = F\sin\gamma$

$\boldsymbol{F}$ 的第二次投影：$F_x = F\sin\gamma\cos\psi$，$F_y = F\sin\gamma\sin\psi$

二次投影法对投影指向的规定与一次投影法相同。所以，力的二次投影法计算公式为：

$$\left.\begin{aligned} F_x &= F\sin\gamma\cos\psi \\ F_y &= F\sin\gamma\sin\psi \\ F_z &= F\cos\gamma \end{aligned}\right\} \tag{4-1}$$

**【例 4-1】**　在一立方体上作用有三个力 $\boldsymbol{F}_1$、$\boldsymbol{F}_2$、$\boldsymbol{F}_3$，如图 4-3 所示。已知 $F_1 = 10\text{kN}$、$F_2 = 4\text{kN}$、$F_3 = 10\text{kN}$，试分别计算这三个力在坐标轴 $z$、$y$、$z$ 上的投影。

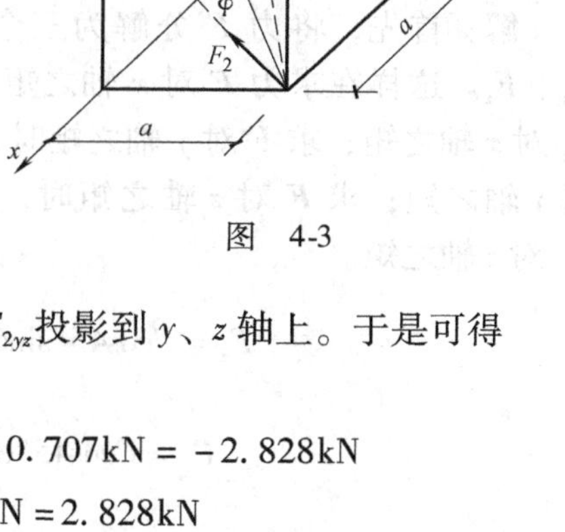

图　4-3

**解：** 力 $\boldsymbol{F}_1$ 的作用线与 $x$ 轴平行，与坐标面 $yOz$ 垂直，与 $y$、$z$ 轴也垂直，根据力在轴上投影的定义可得

$$F_{1x} = -F_1 = -10\text{kN}$$
$$F_{1y} = 0$$
$$F_{1z} = 0$$

力 $\boldsymbol{F}_2$ 的作用线与坐标面 $yOz$ 平行，与 $x$ 轴垂直，现将此力投影在 $x$ 轴和 $yOz$ 平面上，在 $x$ 轴上投影为零，在 $yOz$ 平面上投影 $F_{2yz}$就等于此力本身；然后再将 $F_{2yz}$投影到 $y$、$z$ 轴上。于是可得

$$F_{2x} = 0$$
$$F_{2y} = -F_{2yz}\cos45° = -F_2\cos45° = -4\times0.707\text{kN} = -2.828\text{kN}$$
$$F_{2z} = F_{2yz}\sin45° = F_2\cos45° = 2\times0.707\text{kN} = 2.828\text{kN}$$

设力 $F_3$ 与 $z$ 轴的夹角为 $\gamma$，它在 $xOy$ 平面上的投影与 $x$ 轴的夹角为 $\varphi$，则应用二次投影法可得

$$F_{3x}=F_3\sin\gamma\cos\varphi=F_3\frac{\sqrt{2}a}{\sqrt{3}a}\frac{a}{\sqrt{2}a}=\frac{10}{\sqrt{3}}\text{kN}=5.78\text{kN}$$

$$F_{3y}=F_3\sin\gamma\sin\varphi=F_3\frac{\sqrt{2}a}{\sqrt{3}a}\frac{a}{\sqrt{2}a}=\frac{10}{\sqrt{3}}\text{kN}=5.78\text{kN}$$

$$F_{3z}=-F_3\cos\gamma=-F_3\frac{a}{\sqrt{3}a}=-\frac{10}{\sqrt{3}}\text{kN}=-5.78\text{kN}$$

（2）力对轴之矩的解析法应用

在日常生活中，我们凭生活经验可以感受到力可以使物体绕着某个定轴产生转动。例如开门，力可以使门绕着门轴产生转动效应。力使物体绕某定轴转动的效应，用力对该轴之矩来度量。

假设门轴的方向为 $z$ 轴，如果施加给门轴的力平行于 $z$ 轴或者与 $z$ 轴相交，生活经验可以告诉我们，不管力的大小如何，都不可能把门打开，也就是说力对门的转动效应为零。

如果力 $\boldsymbol{F}$ 作用在垂直于 $z$ 轴的平面内，则力 $\boldsymbol{F}$ 对 $z$ 轴产生的转动效应可以用力对轴之矩来衡量。

$$\sum M_z(\boldsymbol{F})=\pm F\times d \qquad (4\text{-}2)$$

式中 $d$ 表示空间力到转动轴之间的垂直距离。其中正负号表示力使物体绕轴转动的方向，用右手法则确定：右手四指表示物体绕 $z$ 轴转动的方向，若拇指指向与 $z$ 轴正向相同，则为正号：反之为负号，由此可见力对轴的矩为代数量。

但是，通常状况，力 $\boldsymbol{F}$ 不作用在垂直于 $z$ 轴的平面内，也不与 $z$ 轴垂直或者相交。为了方便的确定力 $\boldsymbol{F}$ 对 $z$ 轴产生的转动效应，可以参考平面力系中力对点之矩的思路。**空间力系若有合力，则合力对某轴的矩等于各分力对该轴的矩的代数和**。也就是说，将力分解为两个分力：$\boldsymbol{F}_z$、$\boldsymbol{F}_{xy}$，其中 $\boldsymbol{F}_z$ 与 $z$ 轴平行，对其之矩为零；所以力 $\boldsymbol{F}$ 对 $z$ 轴产生的转动效应完全由 $\boldsymbol{F}_{xy}$ 决定。

**【例 4-2】** 托架 $OC$ 套在转轴 $z$ 上，在 $C$ 点作用一力 $F=1000\text{N}$，方向如图 4-4 所示。图中 $C$ 点在 $xOy$ 平面内，试求力 $\boldsymbol{F}$ 对三个坐标轴之矩。

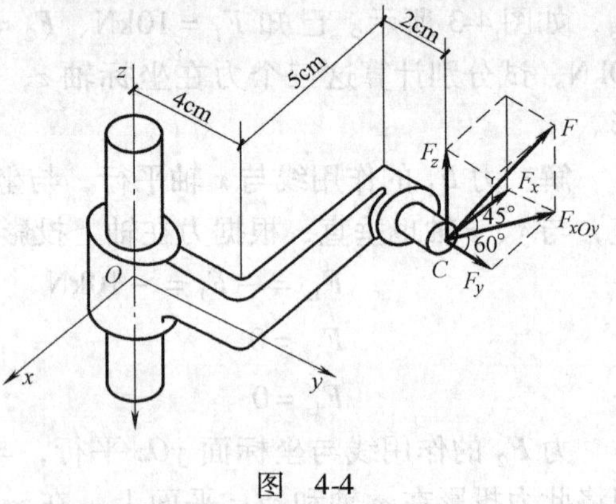


图 4-4

**解：**首先，将力 $\boldsymbol{F}$ 分解为三个分力，$\boldsymbol{F}_x$、$\boldsymbol{F}_y$、$\boldsymbol{F}_z$。这样在求力 $\boldsymbol{F}$ 对 $x$ 轴之矩时，只考虑 $\boldsymbol{F}_z$ 对 $x$ 轴之矩；求 $\boldsymbol{F}$ 对 $y$ 轴之矩时，只考虑 $\boldsymbol{F}_z$ 对 $y$ 轴之矩；求 $\boldsymbol{F}$ 对 $z$ 轴之矩时，只考虑 $\boldsymbol{F}_x$、$\boldsymbol{F}_y$ 对 $z$ 轴之矩。

$$F_x=F\cos45°\sin60°=-1000\times\frac{\sqrt{2}}{2}\times\frac{\sqrt{3}}{2}\text{N}=-612.37\text{N}$$

$$F_y=F\cos45°\cos60°=1000\times\frac{\sqrt{2}}{2}\times\frac{1}{2}\text{N}=353.55\text{N}$$

$$F_z = F\sin45° = 1000 \times \frac{\sqrt{2}}{2}\text{N} = 707.1\text{N}$$

根据以上分析，力 $\boldsymbol{F}$ 对三个坐标轴之矩分别为

$$M_x(\boldsymbol{F}) = M_x(\boldsymbol{F}_z) = F_z \times 0.06 = 707.1 \times 0.06\text{N}\cdot\text{m} = 42.43\text{N}\cdot\text{m}$$

$$M_y(\boldsymbol{F}) = M_y(\boldsymbol{F}_z) = F_z \times 0.05 = 707.1 \times 0.05\text{N}\cdot\text{m} = 35.36\text{N}\cdot\text{m}$$

$$M_z(\boldsymbol{F}) = M_z(\boldsymbol{F}_x) + M_z(\boldsymbol{F}_y) = (612.37 \times 0.06 - 353.55 \times 0.05)\text{N}\cdot\text{m} = 19.06\text{N}\cdot\text{m}$$

## 4.2　空间力系的平衡方程

### 4.2.1　空间一般力系的合成与平衡

空间一般力系的平衡方程可以通过对力系简化后分析导出。与平面一般力系一样，对空间一般力系也可根据力的平移定理将力系中的各力向任一点简化，最后可得到原力系的主矢和主矩。

$$\left.\begin{aligned} &F_{Rx} = \sum F_x F_{Ry} = \sum F_y F_{Rz} = \sum F_z \\ &F_R = \sqrt{F_{Rx}^2 + F_{Ry}^2 + F_{Rz}^2} \\ &\sum M_z(\boldsymbol{F}_R) = M_z(\boldsymbol{F}_x) + M_z(\boldsymbol{F}_y) \\ &\sum M_x(\boldsymbol{F}_R) = M_x(\boldsymbol{F}_y) + M_z(\boldsymbol{F}_z) \\ &\sum M_y(\boldsymbol{F}_R) = M_y(\boldsymbol{F}_x) + M_y(\boldsymbol{F}_z) \end{aligned}\right\} \tag{4-3}$$

如果力系平衡，则所得的主矢和主矩都等于零；反之，如果力系的主矢和主矩都等于零，则该空间一般力系必定平衡，则空间一般力系的平衡方程为

$$\left.\begin{aligned} &\sum F_x = 0 \\ &\sum F_y = 0 \\ &\sum F_z = 0 \\ &\sum M_x(\boldsymbol{F}) = 0 \\ &\sum M_y(\boldsymbol{F}) = 0 \\ &\sum M_z(\boldsymbol{F}) = 0 \end{aligned}\right\} \tag{4-4}$$

上式表明，**空间一般力系平衡的必要和充分条件是：力系中的各力在三个坐标轴上的投影的代数和分别等于零，同时各力对这三个轴之矩的代数和也分别等于零。**

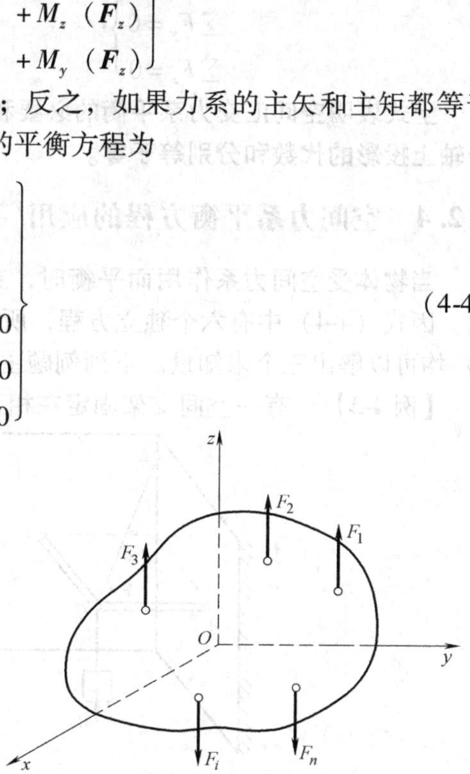


图　4-5

### 4.2.2　空间平行力系的平衡方程

空间平行力系是空间一般力系的一种特殊情况，其平衡方程可以从空间一般力系的方程中推导出来。如图 4-5 所示，一物体受空间平行力系作用，取 $z$ 轴与各力作用线平行，则各力对 $z$ 轴之矩

都等于零；又由于各力都垂直于 $xOy$ 坐标平面，所以各力在 $x$ 和 $y$ 轴上的投影都等于零。从式（4-4）中可以看出，$\sum F_x=0$，$\sum F_y=0$，$\sum M_z(\boldsymbol{F})=0$ 都称为恒等式而可以舍弃。因此空间平行力系的平衡方程为

$$\left.\begin{aligned}\sum F_z&=0\\ \sum M_x(\boldsymbol{F})&=0\\ \sum M_y(\boldsymbol{F})&=0\end{aligned}\right\}\tag{4-5}$$

上式表明**空间平行力系平衡的必要和充分条件是：力系中各力在与力的作用线平行的坐标轴上的投影的代数和等于零，同时各力对两个与力的作用线相垂直的轴之矩的代数和分别等于零。**

### 4.2.3 空间汇交力系的平衡方程

如图 4-6 所示的一受空间汇交力系作用的物体，取各力的汇交点 $O$ 为空间直角坐标系 $Oxyz$ 的原点。因为各力的作用线都与坐标轴 $x$，$y$，$z$ 相交，所以式（4-4）中的 $\sum M_x(\boldsymbol{F})=0$；$\sum M_y(\boldsymbol{F})=0$；$\sum M_z(\boldsymbol{F})=0$ 都称为恒等式而可以舍弃。因此空间汇交力系的平衡方程为

$$\left.\begin{aligned}\sum F_x&=0\\ \sum F_y&=0\\ \sum F_z&=0\end{aligned}\right\}\tag{4-6}$$

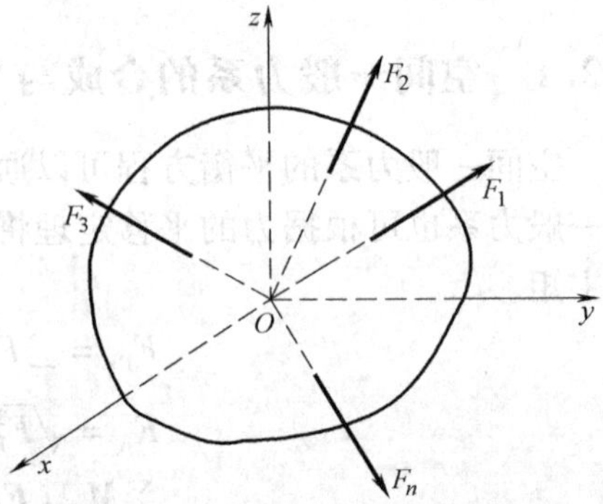

图 4-6

上式表明**空间汇交力系平衡的必要和充分条件是：力系中所有各力在三个坐标轴中每一个轴上投影的代数和分别等于零。**

### 4.2.4 空间力系平衡方程的应用

当物体受空间力系作用而平衡时，在给定荷载后，应用上述平衡方程可求出某些未知量。因式（4-4）中有六个独立方程，所以可以解出六个未知量，同理，式（4-5）和式（4-6）均可以解出三个未知量。下列例题主要讲解空间力系平衡方程的应用。

**【例 4-3】** 有一空间支架固定在相互垂直的墙上，如图 4-7a 所示。直角由分别垂直于

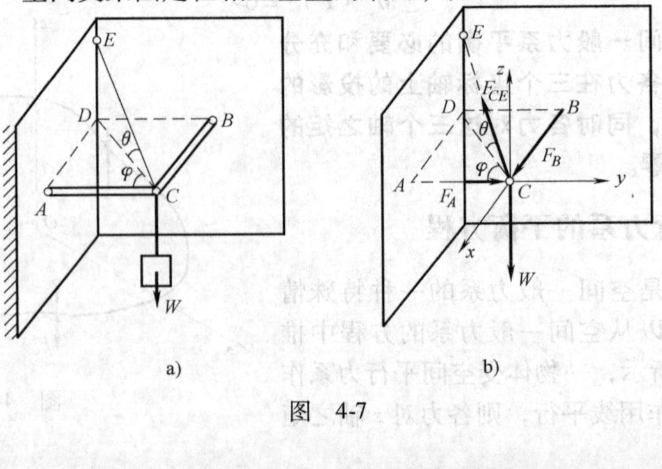

图 4-7

两墙的光滑铰接二力杆 $AC$、$BC$ 和钢绳 $CE$ 组成，且 $E$ 在两墙的交线上。已知 $\theta=30°$，$\varphi=60°$，铰链 $C$ 处吊一重物 $W=12\text{kN}$，试求两杆和钢绳所受的力。图中 $A$、$B$、$C$、$D$ 四点都在同一水平面上，杆和绳重略去不计。

**解**：取铰链 $C$ 为研究对象，其受力图如图 4-7b 所示。铰链 $C$ 受到的力有铅垂向下的拉力 $W$；沿 $CE$ 方向的拉力 $\boldsymbol{F}_{CE}$；杆 $AC$、$BC$ 都是二力杆，它们给铰链 $C$ 的作用力 $\boldsymbol{F}_A$、$\boldsymbol{F}_B$ 分别沿杆 $AC$、$BC$ 轴线作用。作用在铰链 $C$ 上各力组成一空间汇交力系。

取坐标系如图 4-7b 所示，列出平衡方程

$$\sum F_x=0;\ F_B-F_{CE}\cos\theta\sin\varphi=0$$
$$\sum F_y=0;\ F_A-F_{CE}\cos\theta\cos\varphi=0$$
$$\sum F_z=0;\ F_{CE}\sin\theta-W=0$$
$$F_{CE}=\frac{W}{\sin30°}=\frac{12}{0.5}\text{kN}=24\text{kN}$$

将 $F_{CE}$ 的值分别代入平衡方程，得

$$F_A=F_{CE}\cos\theta\cos\varphi=24\text{kN}\cos30°\cos60°=10.4\text{kN}$$
$$F_B=F_{CE}\cos\theta\sin\varphi=24\text{kN}\cos30°\sin60°=18\text{kN}$$

以上值均为正值，说明原假设方向正确，即两根杆件均受压力作用。

**【例 4-4】**　三轮起重车可简化为如图 4-8a 所示。已知车身重 $W_1=125\text{kN}$，重力的作用线通过 $ABC$ 平面内的 $C_1$ 点，$A$ 点与 $C_1$ 点的连线延长后垂直平分线段 $BC$。起吊物重 $W_2=50\text{kN}$，重力的作用线通过 $ABC$ 平面内的 $E$ 点。试求地面对起重车各轮的约束力。

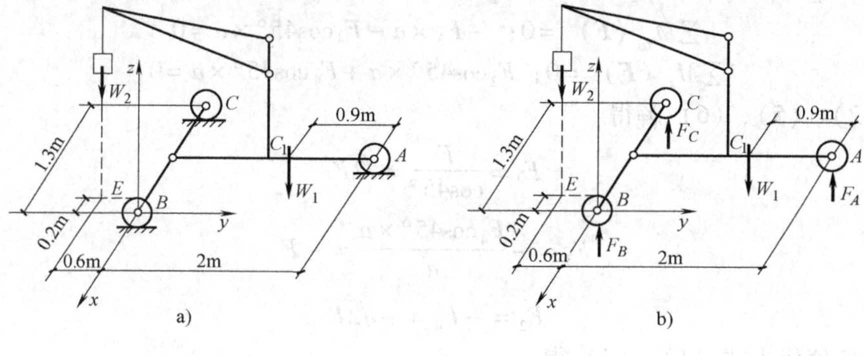


图　4-8

**解**：取整个起重车为研究对象，受力图如图 4-8b 所示。起重车受重力 $\boldsymbol{W}_1$、$\boldsymbol{W}_2$ 和约束力 $\boldsymbol{F}_A$、$\boldsymbol{F}_B$、$\boldsymbol{F}_C$ 作用而处于平衡，这五个力组成一空间平行力系。

取坐标系如图 4-8b 所示，列出平衡方程

$$\sum F_z=0;\ -W_1-W_2+F_A+F_B+F_C=0$$
$$\sum M_x(\boldsymbol{F})=0;\ -W_1\times1.1\text{m}+W_2\times0.6\text{m}+F_A\times2\text{m}=0$$
$$\sum M_y(\boldsymbol{F})=0;\ -W_1\times\frac{1.3}{2}\text{m}-W_2\times0.2\text{m}+F_A\times\frac{1.3}{2}\text{m}+F_C\times1.3\text{m}=0$$

由以上方程得

$$F_A=\frac{W_1\times1.1\text{m}-W_2\times0.6\text{m}}{2\text{m}}=\frac{125\times1.1-50\times0.6}{2}\text{kN}=53.75\text{kN}$$

因此，$F_C=43.32\text{kN}$，$F_B=77.93\text{kN}$

【例4-5】　正方形板$ABCD$由六根杆支承，如图4-9a所示，在板上的$A$点沿$AD$边作用有一水平力$\boldsymbol{F}$。板和各杆的重量不计，尺寸如图，试求各杆所受的力。

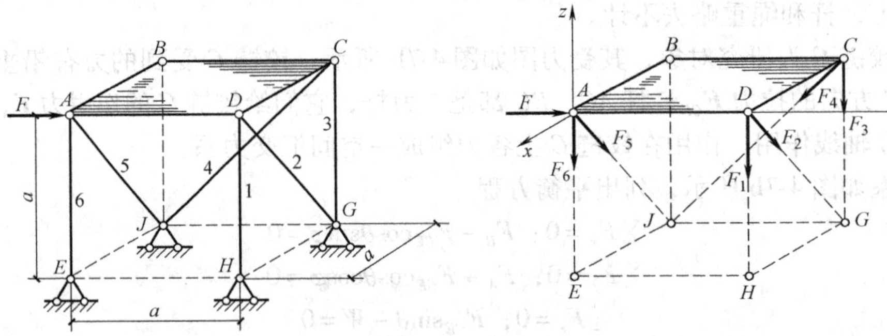


a)　　b)

图　4-9

**解**：取板$ABCD$为研究对象，由题意可知各杆均为二力杆，故各杆对板的作用力沿各杆轴线，设各杆均受拉力，画出板的受力图如图4-9b所示。板所受各力组成一空间一般力系。取坐标系如图4-9b所示，建立平衡方程

$$\sum F_x=0;\ -F_2\cos45°-F_5\cos45°=0 \tag{1}$$

$$\sum F_y=0;\ F-F_4\cos45°=0 \tag{2}$$

$$\sum F_z=0;\ -F_1-F_3-F_6-F_2\cos45°-F_4\cos45°-F_5\cos45°=0 \tag{3}$$

$$\sum M_x(\boldsymbol{F})=0;\ -F_1a-F_2\cos45°\times a-F_3\times a-F_4\cos45°\times a=0 \tag{4}$$

$$\sum M_y(\boldsymbol{F})=0;\ -F_3\times a-F_4\cos45°\times a=0 \tag{5}$$

$$\sum M_z(\boldsymbol{F})=0;\ F_2\cos45°\times a+F_4\cos45°\times a=0 \tag{6}$$

联立（2）、（5）、（6）解得

$$F_4=\frac{F}{\cos45°}=\sqrt{2}F$$

$$F_3=-\frac{F_4\cos45°\times a}{a}=-F$$

$$F_2=-F_4=-\sqrt{2}F$$

将上面各值代入式（1）、（4）得

$$\begin{aligned}F_1&=-\frac{F_2\cos45°\times a+F_3a+F_4\cos45°\times a}{a}\\&=-(F_2\cos45°+F_3+F_4\cos45°)\\&=-F_3\\&=F\end{aligned}$$

$$F_5=-F_2=\sqrt{2}F$$

最后由式（3）得

$$\begin{aligned}F_6&=-F_1-F_3-F_2\cos45°-F_4\cos45°-F_5\cos45°\\&=-F+F+\sqrt{2}F\times\frac{\sqrt{2}}{2}-\sqrt{2}F\times\frac{\sqrt{2}}{2}-\sqrt{2}F\times\frac{\sqrt{2}}{2}\\&=-F\end{aligned}$$

## 小　结

本章主要介绍了空间力系的合成与平衡的问题，在合成中主要介绍了利用二次投影法进行的合成。平衡中介绍了空间一般力系、空间平行力系、平面汇交力系的平衡以及平衡方程的应用。

1. 空间力系的投影与合成

(1) 二次投影法

(2) 力对轴之矩

$$\sum M_z(\boldsymbol{F}) = \pm F \times d$$

2. 空间力系的平衡方程

(1) 空间一般力系

$$\left.\begin{aligned}\sum F_x &= 0\\ \sum F_y &= 0\\ \sum F_z &= 0\\ \sum M_x(\boldsymbol{F}) &= 0\\ \sum M_y(\boldsymbol{F}) &= 0\\ \sum M_z(\boldsymbol{F}) &= 0\end{aligned}\right\}$$

(2) 空间平行力系

$$\left.\begin{aligned}\sum F_z &= 0\\ \sum M_x(\boldsymbol{F}) &= 0\\ \sum M_y(\boldsymbol{F}) &= 0\end{aligned}\right\}$$

(3) 空间汇交力系

$$\left.\begin{aligned}\sum F_x &= 0\\ \sum F_y &= 0\\ \sum F_z &= 0\end{aligned}\right\}$$

## 习　题

1. 如图 4-10 所示，已知 $F_1=50\text{N}$，$F_2=100\text{N}$，$F_3=40\text{N}$。试求各力在坐标轴上的投影。

2. 立方体的各边长和作用在这物体上各力的方向如图 4-11 所示，各力大小：$F_1=50\text{N}$，$F_2=100\text{N}$，$F_3=70\text{N}$。试分别计算这三个力在 $x$，$y$，$z$ 轴上的投影。

3. 如图 4-12 所示，已知 $F_1=100\text{N}$，$F_2=150\text{N}$，$F_3=200\text{N}$，试求各力在三个坐标轴上的投影。

4. 已知 $F_1=240\text{N}$，$F_2=300\text{N}$，$F_3=140\text{N}$，各力的作用线如图 4-13 所示。试求所有力对图示三个坐标轴之矩的代数和。

5. 图 4-14 所示空间构架由三根直杆组成。在 $D$ 端用球铰（可看作空间圆柱铰链）连接。$A$、$B$、$C$ 端则用铰链固定在水平地面上，如果挂在 $D$ 端的物体重 $W=10\text{kN}$，试求铰链

A、B、C 处的约束力。

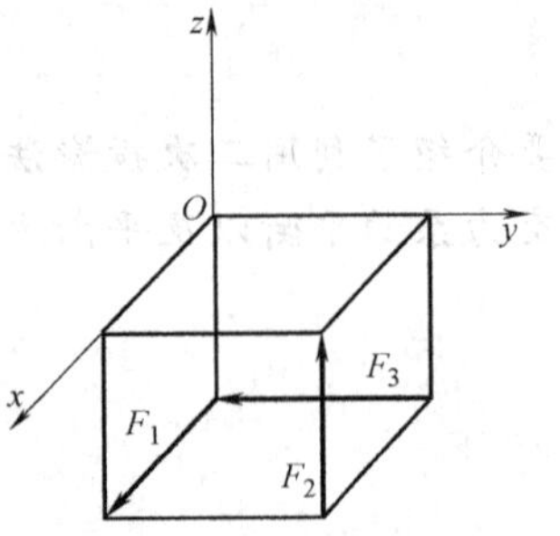

图 4-10

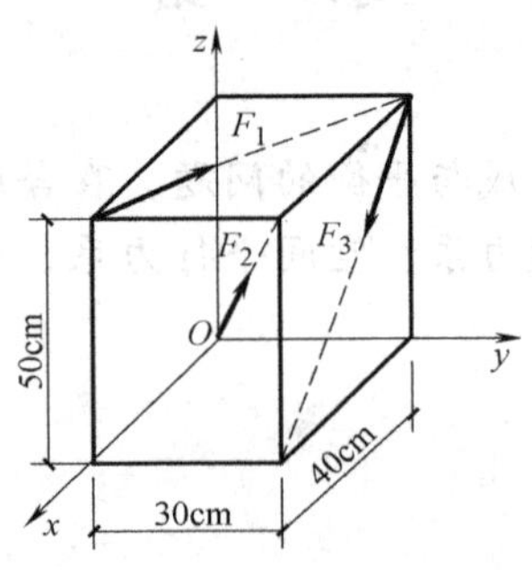

图 4-11

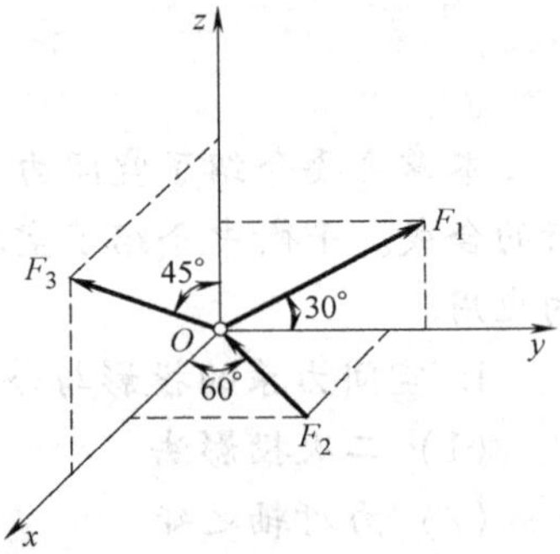

图 4-12

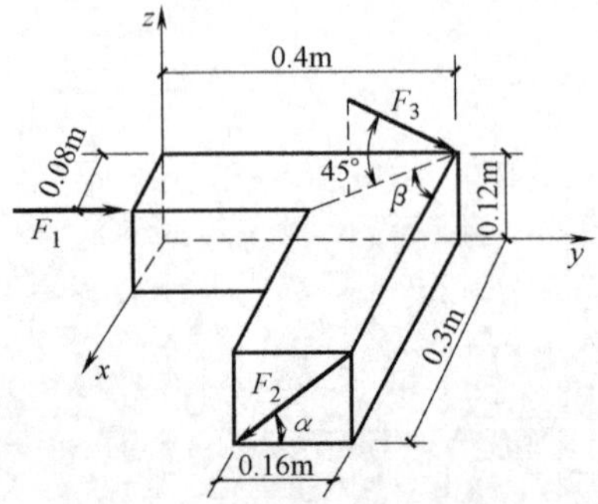

图 4-13

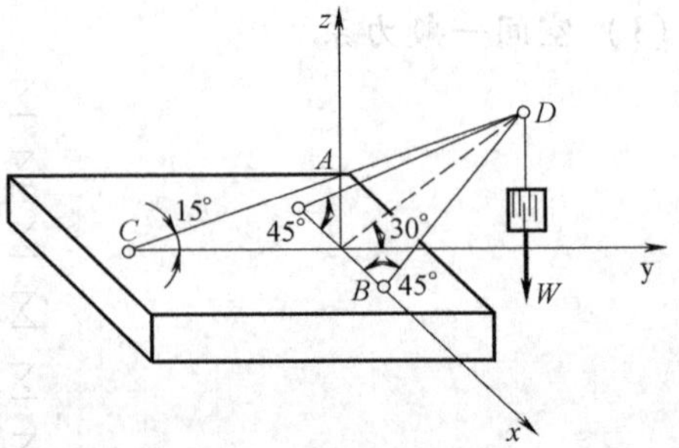

图 4-14

6. 图 4-15 所示悬臂钢架上，有分别平行于 $AB$、$CD$ 的力 $\boldsymbol{F}_1$，$\boldsymbol{F}_2$ 作用，已知 $F_1=5\text{kN}$，$F_2=4\text{kN}$，试求固定端 $O$ 处的约束力。

7. 如图 4-16 所示三轮车连同上面的货物重 $W=3000\text{N}$，重力作用线通过点 $O$，求车子静止时各轮对水平地面的压力。

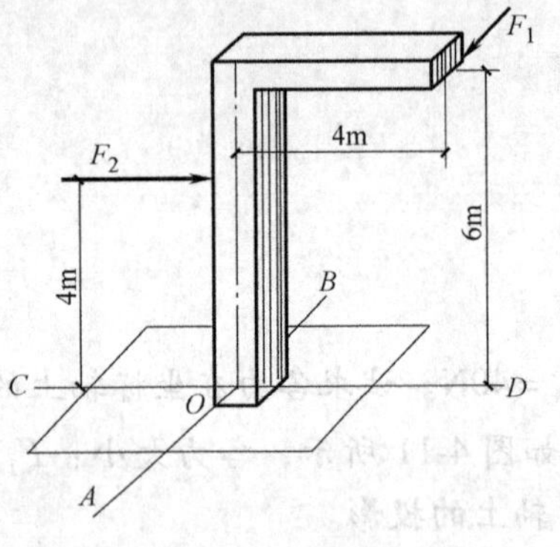

图 4-15

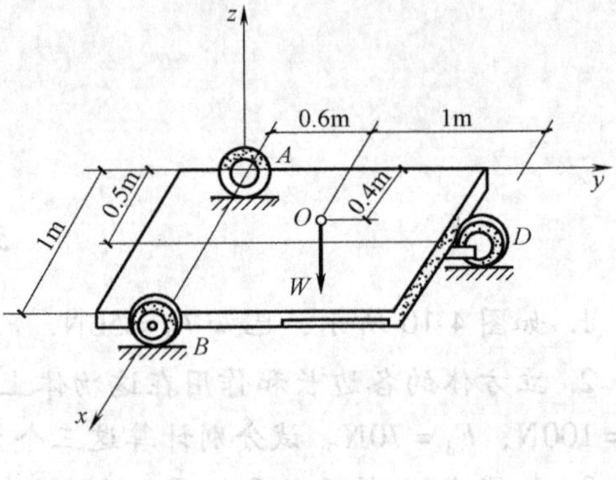

图 4-16

# 第二篇 材料力学

第一篇静力学在研究作用于物体上的各种力系的合成与平衡时，将物体看成是刚体，忽略了物体所产生的变形。然而在工程实际中，物体在力的作用下或多或少会产生一定的变形。本篇将在第一篇的基础上，进一步研究物体在力作用下的变形和破坏规律，在研究变形时不能将物体视为刚体，必须将物体视为变形体。在建筑物中，承担荷载并起骨架作用的部分称为**结构**。组成结构的各个单元称为**构件**，如梁、柱等。

为了保证建筑结构能安全、正常地工作，必须保证组成结构的各个构件都安全可靠，能够承担相应的荷载，即构件满足承载能力的要求。材料力学便是研究构件承载能力的学科。**构件的承载能力**，是指构件在荷载作用下，能够满足强度、刚度和稳定性的能力。

**强度**，指构件抵抗破坏的能力。构件能安全地承受荷载而不被破坏，就认为满足了强度要求。

**刚度**，指构件抵抗变形的能力。任何构件，在外力的作用下都会产生变形。在一定荷载作用下，刚度越小的构件，变形就越大。工程上根据用途不同，对各种构件的变形都给予一定的限制。构件的变形被限制在允许的范围内，就认为满足了刚度要求。

**稳定性**，指构件保持原有平衡状态的能力。

在设计构件的时候，除应满足上述强度、刚度和稳定性的要求外，还必须尽可能合理利用材料和节省材料，以降低成本并减轻构件的重量。为了安全可靠，往往要求选用优质材料与较大的截面尺寸，而这样一来，可能造成材料浪费和结构笨重。由此可见，安全与经济以及安全与重量之间存在矛盾。材料力学的任务就是研究构件在荷载作用下变形、受力和破坏的规律，为设计既经济又安全的构件，提供有关的强度、刚度与稳定性分析的基本理论和计算方法。**构件的强度、刚度和稳定性问题是材料力学要研究的主要内容。**

研究构件的强度、刚度与稳定性时，应了解材料在荷载作用下表现出的变形和破坏等方面的性能，即材料的力学性能，材料的力学性能只能通过试验来测定。此外，那些经过简化得出的理论是否可靠，也要借助于试验来验证。所以，试验分析和理论研究同是材料力学解决问题的方法。

# 第5章　材料力学的基本概念

【学习目标】

1. 掌握荷载的概念、荷载的分类。

2. 理解变形固体的概念及其基本假设，固体变形的基本形式以及变形与荷载之间的关系。

3. 掌握杆件截面的几何性质，学会计算矩形、圆形截面的形心、静矩、惯性矩、极惯性矩和抗弯截面系数。

4. 了解杆件变形的基本形式及其受力特点。

5. 了解内力、应力与应变之间的联系与区别。

6. 熟练掌握计算内力的基本方法——截面法。

7. 理解建筑结构设计时荷载的一些代表值及其设计指标值。

## 5.1　荷载及其代表值

### 5.1.1　荷载的概念及其分类

**荷载**是主动作用在结构上的外力，如结构自重、人的重量、风压力等。荷载对结构的作用结果会使结构产生内力和变形，因此从广义上说，使结构产生内力和变形的其他因素，如温度变化、沉降、材料的收缩也可称为荷载。

根据荷载的特征不同，荷载可分为以下几类：

1）根据荷载作用时间的长短，荷载可分为**恒荷载**和**活荷载**（可变荷载）。**恒荷载**是长期作用在结构上的大小和方向不变的荷载，如结构自重等；**活荷载**是随着时间的变化，其大小、方向或作用位置发生变化的荷载，如雪荷载、风荷载、人的自重等。

2）根据荷载的分布范围，荷载可分为**集中荷载**和**分布荷载**。**集中荷载**是指分布面积远小于结构尺寸的荷载，如吊车的轮压。由于这种荷载的作用面积较集中，因此在计算简图中可以把这种荷载简化为作用于结构上的某一点处。**分布荷载**是指连续分布在结构上的荷载，当荷载分布在结构内部各点上时称作体分布荷载，当连续分布在结构表面上时称作面分布荷载，当沿着某条线连续分布时称作线分布荷载，当为均匀分布时称作均布荷载。

3）根据荷载位置的变化情况，荷载可分为**固定荷载**和**移动荷载**。**固定荷载**是指荷载的作用位置固定不变的荷载，如所有的恒载、风载、雪载等；移动荷载是指在荷载作用期间，其位置不断变化的荷载，如吊车梁上的吊车荷载、钢轨上的火车荷载等。

4）根据荷载的作用性质，荷载可分为**静力荷载**和**动力荷载**。**静力荷载**的数量、方向和位置不随着时间变化或变化极为缓慢，因而不使结构发生明显的运动，例如结构的自重。**动**

**力荷载**是随时间迅速变化的荷载，使结构产生显著的运动，例如锤头锤击时的冲击荷载、地震作用等。在材料力学中，我们主要研究的是静力荷载。

### 5.1.2　荷载的代表值

结构计算时，需要根据不同的设计要求采用不同的荷载数值，称为**荷载代表值**。建筑结构相关规范给出三种代表值：荷载标准值、可变荷载准永久值和可变荷载组合值。

1）荷载标准值指结构在使用期间，在正常使用情况下出现的最大荷载值。这种荷载标准值是结构计算时采用的荷载基本代表值。

2）可变荷载准永久值指经常作用于结构上的可变荷载，当验算结构构件的变形和裂缝时，要考虑荷载的长期作用。此时，永久荷载应取标准值，可变荷载因不可能以最大荷载值（即标准值）长期作用于结构构件，所以应取经常作用于结构的那部分荷载，它的性质类似于永久荷载的作用，故称为准永久值。显然，可变荷载的准永久值小于可变荷载标准值。

3）可变荷载组合值是指当结构同时承受两种或两种以上荷载时，由于各种荷载同时达到其最大值的可能性较小，因此，除主导荷载（产生荷载效应最大的荷载）仍以其标准值为代表外，其他伴随荷载的代表值应小于其标准值，此代表值称为可变荷载组合值。

## 5.2　变形固体及其基本假设

### 5.2.1　变形固体

材料力学所研究的构件，其材料组成和性质虽然不同，但它们有一个共同的特点，即都是固体，而且在荷载的作用下会产生变形，故称为**变形固体**。

### 5.2.2　变形固体的基本假设

由于变形固体的性质是多方面的，而且很复杂，为了便于进行强度、刚度和稳定性的理论分析，通常省略一些次要因素，将它们抽象为理想化的材料，然后进行分析计算。现对变形固体作以下假设：

（1）连续性假设

认为组成固体的物质毫无间隙地充满了固体的几何空间。实际的固体物质，就其结构来说，组成固体的粒子并不连续。但是它们之间所存在的空隙与构件的尺寸相比，极其微小，可以忽略不计。

（2）均匀性假设

认为在固体的体积内，各处的力学性质完全相同。对金属材料来说，其各个晶粒的力学性质，并不完全相同，但因在构件或构件的某一部分中，包含的晶粒为数极多，而且是无规则排列的，其力学性能是所有各晶粒的性质的统计平均值，所以可以认为构件内各部分的性质是均匀的。对于混凝土也有类似的情况，如果只考虑个别的石块、砂砾或水泥小块，它们的性质是不相同的，但在混凝土中，大量的石块、砂砾和水泥混杂地固结在一起，可以认为其各部分的性质是均匀的。

（3）各向同性假设

认为固体在各个方向上的力学性能完全相同，具备这种属性的材料称为各向同性材料。就金属的单一晶粒来说，沿不同方向，其力学性能是不一样的。但构件包含数量极多的晶粒，且杂乱无章地排列。从宏观来看，沿各个方向的力学性能就接近相同了。这种材料还有铸铁、铸钢、玻璃等。沿不同方向力学性能不同的材料，称为各向异性材料，如木材、胶合板等。

## 5.3 截面的几何性质

材料在力作用下的变形，与其横截面的形状及尺寸有关。例如，拉压杆的变形与横截面的面积有关，圆轴扭转变形与横截面的极惯性矩有关，梁的弯曲变形则与截面的形心位置及惯性矩有关。此类与截面形状尺寸有关的几何量，统称为**截面的几何性质**。

### 5.3.1 重心与形心

(1) 重心

地球上的任何物体都要受到地球的引力作用，如果把物体看成是由许多微小部分组成的，则所有这些微小部分受到的地球引力就组成一个汇交于地球中心的空间汇交力系。但由于物体的尺寸远比地球的半径小得多，所以这个空间汇交力系可以近似地看成空间平行力系。

如图 5-1 所示，设有一重为 $W$ 的物体，将它分成许多微小部分，若各微小部分所受的重力分别用 $\Delta W_1$，$\Delta W_2$，…，$\Delta W_n$ 表示，则有

$$W = \Delta W_1 + \Delta W_2 + \cdots + \Delta W_n$$

$$W = \sum \Delta W$$

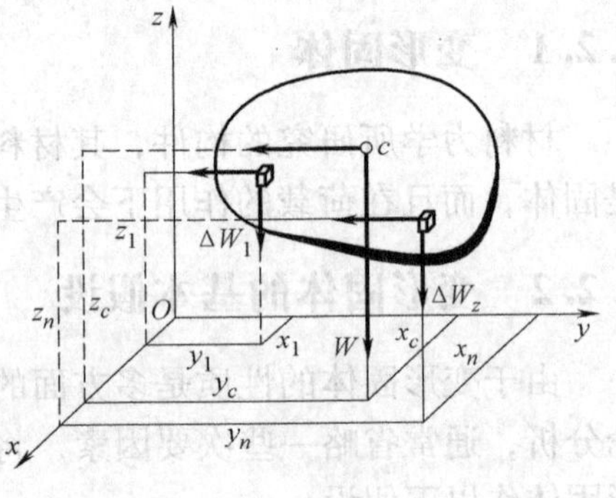

图 5-1

取空间直角坐标系 $Oxyz$，设各微小部分重力作用点的坐标分别为（$x_1$、$y_1$、$z_1$）、（$x_2$、$y_2$、$z_2$）、…、（$x_n$、$y_n$、$z_n$），物体重心 $c$ 点的坐标为（$x_c$、$y_c$、$z_c$）。对 $y$ 轴应用合力矩定理有

$$M_y(W) = \sum M_y(\Delta W)$$

即

$$Wx_c = \Delta W_1 x_1 + \Delta W_2 x_2 + \cdots + \Delta W_n x_n$$

故

$$x_c = \frac{\sum \Delta W x}{W}$$

同理对 $x$ 轴取矩可得

$$y_c = \frac{\sum \Delta W y}{W}$$

将物体连同坐标转动 90°，使坐标平面 $xOy$ 称为水平面，由重心的概念可知，此时物体的重心位置不变。再对 $x$ 轴应用合力矩定理，可得

$$z_c = \frac{\sum \Delta W z}{W}$$

因此，一般物体重心的坐标公式为

$$\left.\begin{aligned} x_c &= \frac{\sum \Delta W x}{W} \\ y_c &= \frac{\sum \Delta W y}{W} \\ z_c &= \frac{\sum \Delta W z}{W} \end{aligned}\right\} \tag{5-1}$$

（2）形心

若物体是匀质的，即物体每单位体积的重量 $\gamma$ 是常量。设匀质物体各微小部分的体积分别为 $\Delta V_1$，$\Delta V_2$，…，$\Delta V_n$，整个物体的体积为 $V$，则有

$$W = \gamma V$$

$$\Delta W_1 = \gamma \Delta V_1,\ \Delta W_2 = \gamma \Delta V_2,\ \cdots,\ \Delta W_n = \gamma \Delta V_n$$

将上述关系代入（5-1）并消去 $\gamma$ 后得

$$\left.\begin{aligned} x_c &= \frac{\sum \Delta V x}{V} \\ y_c &= \frac{\sum \Delta V y}{V} \\ z_c &= \frac{\sum \Delta V z}{V} \end{aligned}\right\} \tag{5-2}$$

式（5-2）表明，匀质物体的重心位置完全取决于物体的几何形状，而与物体的重量无关。因此，**匀质物体的重心也称为形心**。对于匀质物体来说，重心和形心是重合的。

若物体是匀质等厚的平板，如图 5-2 所示，设板及其各微小部分的面积分别为 $A$ 和 $\Delta A_1$，$\Delta A_2$，…，$\Delta A_n$，板的厚度为 $d$，则板及其各微小部分的体积分别为

$$V = Ad$$

$$\Delta V_1 = \Delta A_1 d,\ \Delta V_2 = \Delta A_2 d,\ \cdots,\ \Delta V_n = \Delta A_n d$$

取坐标平面 $xOy$ 如图 5-2，则 $z_c = 0$，将上述关系代入式（5-2）中，消去 $d$ 后得

$$\left.\begin{aligned} x_c &= \frac{\sum \Delta A x}{A} \\ y_c &= \frac{\sum \Delta A y}{A} \end{aligned}\right\} \tag{5-3}$$

由式（5-3）所确定的 $c$ 点称为薄板或者平面图形的形心。

（3）确定物体形心的几种方法

1）利用对称性求物体的形心。对于具有对称面、对称轴或对称中心的匀质物体，可以利用对称性确定其形心的位置。这种物体的形心必在其对称面、对称轴或对称中心上。如图 5-3 所示，圆球的形心在其对称中心（球心）上，T 字形薄板的形心在其对称轴上。

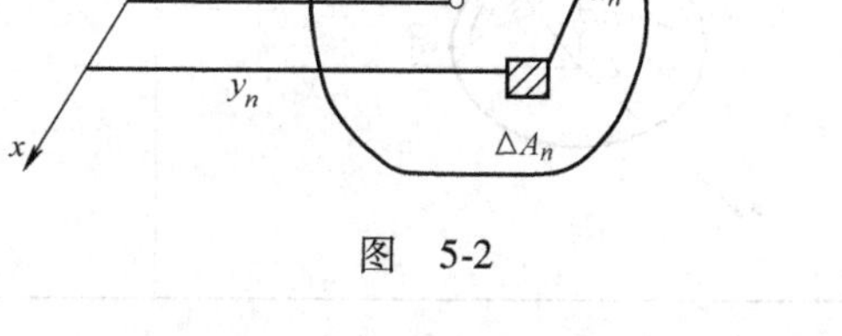


图　5-2

2）利用积分法求物体的形心。对于形状规

则的物体，可用积分法求形心。利用积分法时，应根据物体的几何形状，合理地建立坐标系，并选取微元体，定出微元体的坐标，再利用形心的坐标公式，进行积分就可求出形心的位置。

3）利用组合法求物体的形心。工程中常见的物体往往是由一些简单形体组成的组合形体；求组合形体的形心一般采用**组合法**，这些简单形体的形心通常是已知的或易求的。

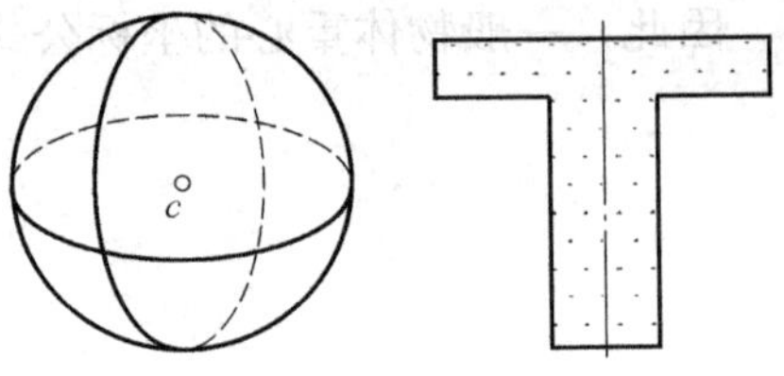


图 5-3

组合法可以分为以下两种方法：

① 分割法。将组合图形分割为若干简单的形体，找出或计算出各简单形体的形心，则整个组合体的形心即可由形心坐标公式求出。

② 负面积法。有些组合形体，可以看做是从某个简单形体中挖去另一简单形体而成的，其形心仍可用与分割法相同的公式求得，只是应将切取部分的重量、体积、面积取为负值。

表 5-1 给出了几种常见的简单形体的形心位置，以便在求组合形体的形心时使用。

**表 5-1 几种常见图形的形心**

| 图 形 | 形心位置 | 面积或体积 |
|---|---|---|
| 直角三角形 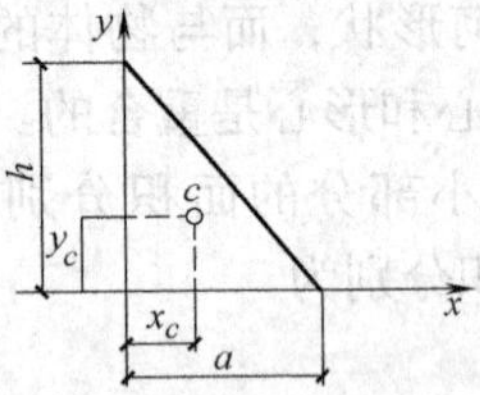 | $x_c = \frac{a}{3}$<br>$y_c = \frac{h}{3}$ | $A = \frac{ah}{2}$ |
| 三角形 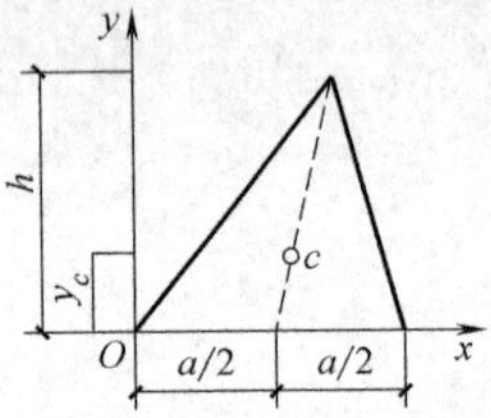 | 在三中线的交点<br>$y_c = \frac{h}{3}$ | $A = \frac{ah}{2}$ |
| 半球形 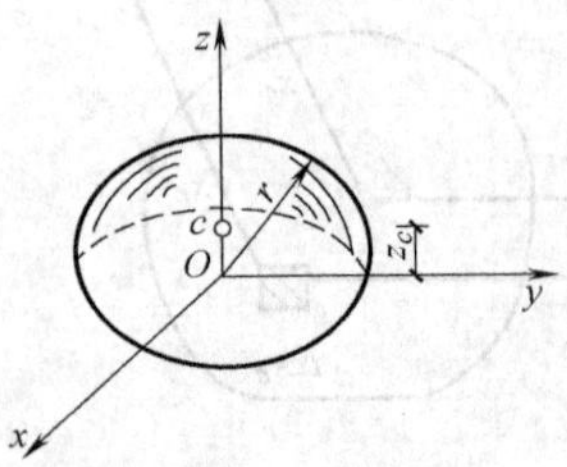 | $z_c = \frac{r}{8}$ | $V = \frac{2}{3}\pi r^3$ |

（续）

| 图　形 | 形心位置 | 面积或体积 |
|---|---|---|
| 正锥体（圆锥、棱锥）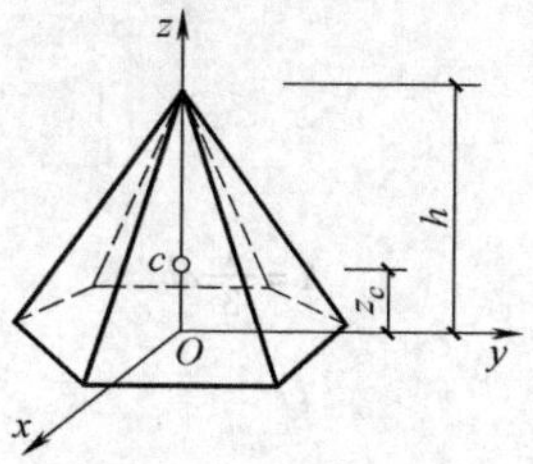 | $z_c = \frac{h}{4}$ | $V = \frac{1}{3}hA$ |
| 梯形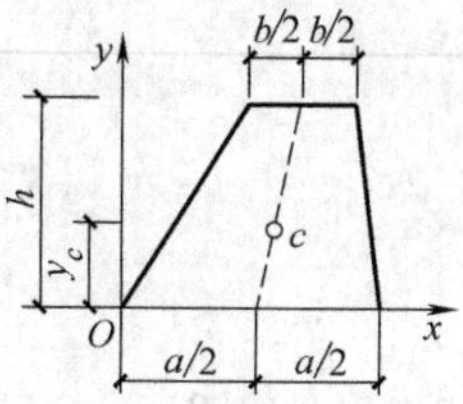 | 在上、下中点的连线上 $y_c = \frac{h}{3} \cdot \frac{a+2b}{a+b}$ | $A = \frac{h}{2}(a+b)$ |
| 半圆形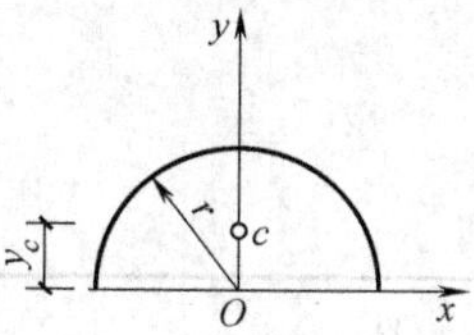 | $y_c = \frac{4r}{3\pi}$ | $A = \frac{\pi r^2}{2}$ |
| 扇形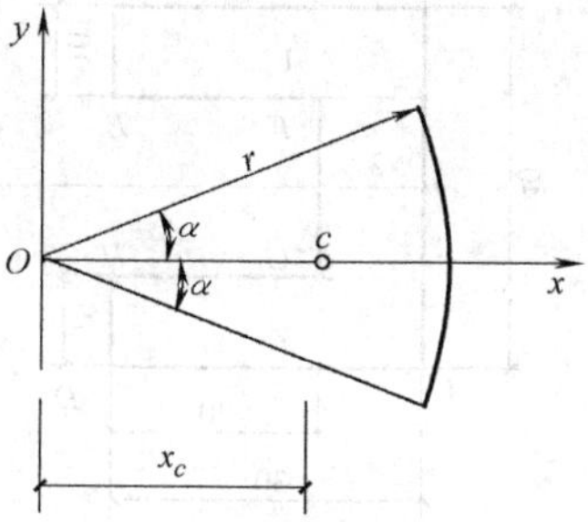 | $x_c = \frac{2}{3} \cdot \frac{r\sin\alpha}{\alpha}$ | $A = \alpha r^2$ |
| 弓形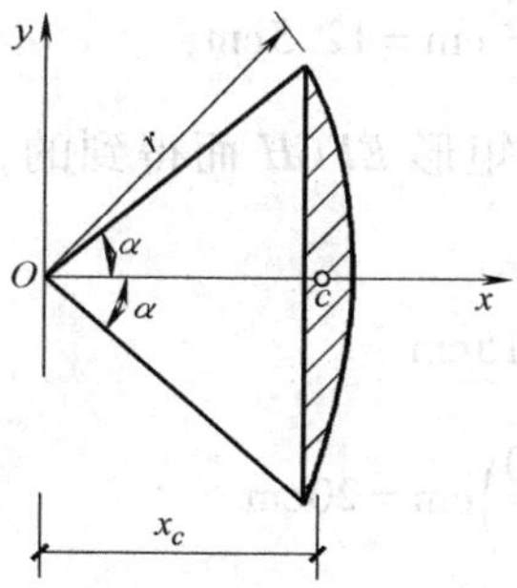 | $x_c = \frac{2}{3} \cdot \frac{r^2\sin^3\alpha}{A}$ | $A = \frac{r^2(2\alpha - \sin 2\alpha)}{2}$ |

（续）

| 图　形 | 形心位置 | 面积或体积 |
| --- | --- | --- |
| 二次抛物线(1)<br>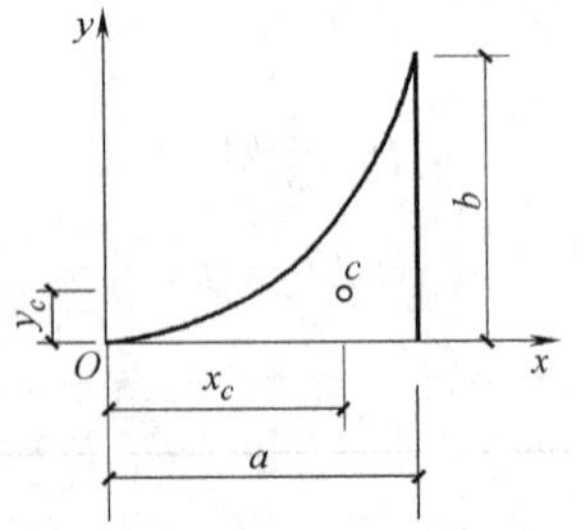<br> | $x_c=\frac{3}{4}a$<br>$y_c=\frac{3}{10}b$ | $A=\frac{1}{3}ab$ |
| 二次抛物线(2)<br>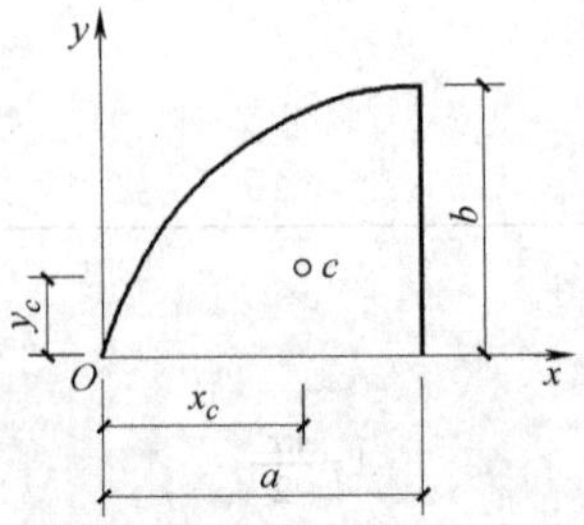<br> | $x_c=\frac{3}{5}a$<br>$y_c=\frac{3}{8}b$ | $A=\frac{2}{3}ab$ |

**【例 5-1】** 试求图 5-4 所示的均质凹形截面形心的位置，尺寸如图所示（单位为 cm）。

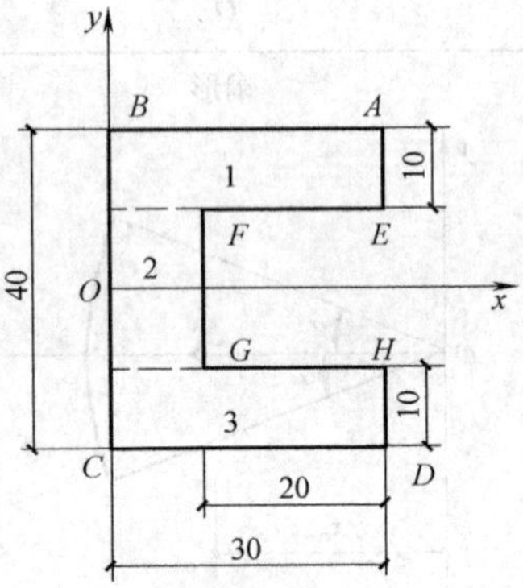


图　5-4

**解**　1）采用组合法。认为整个图形由 3 个矩形组成，取坐标系如图，由于该图形关于 $x$ 轴对称，形心必在此轴上，即 $y_c=0$；每一个矩形的面积及形心坐标为

矩形 1：$S_1=30\times10\text{cm}^2=300\text{cm}^2$　　$x_1=\frac{30}{2}\text{cm}=15\text{cm}$

矩形 2：$S_2=20\times10\text{cm}^2=200\text{cm}^2$　　$x_2=\frac{10}{2}\text{cm}=5\text{cm}$

矩形 3：$S_3=S_1=300\text{cm}^2$　　$x_3=15\text{cm}$

则
$$x_c=\frac{S_1x_1+S_2x_2+S_3x_3}{S_1+S_2+S_3}=\frac{300\times15+200\times5+300\times15}{300+200+300}\text{cm}=12.5\text{cm}$$

2）采用负面积法，即认为原图形是由大矩形 $ABCD$ 减去小矩形 $EFGH$ 而得到的，使用公式时挖去面积部分的计算可看成是负值。

矩形 $ABCD$：$S_1=30\times40\text{cm}^2=1200\text{cm}^2$　　$x_1=\frac{30}{2}\text{cm}=15\text{cm}$

矩形 $EFGH$：$S_2=20\times20\text{cm}^2=400\text{cm}^2$　　$x_2=\left(30-\frac{20}{2}\right)\text{cm}=20\text{cm}$

则组合体的形心坐标为

$$x_c = \frac{S_1x_1 - S_2x_2}{S_1 - S_2} = \frac{1200 \times 15 - 400 \times 20}{1200 - 400}\text{cm} = 12.5\text{cm}$$

两种方法计算结果相同。

**【例 5-2】**　试求图 5-5 所示振动打桩机中偏心块的形心位置。已知 $R = 10\text{cm}$，$r = 1.7\text{cm}$，$b = 1.3\text{cm}$。

**解**：取坐标系如图 5-5 所示，由对称性可知，偏心块的形心必在 $y$ 轴上，因此：$x_c = 0$

将偏心块分割成三部分：半径为 $R$ 的大半圆 $A_1$，半径为 $r+b$ 的小半圆 $A_2$ 和小圆 $A_3$。因为 $A_3$ 是挖去的部分，所以面积为负值。

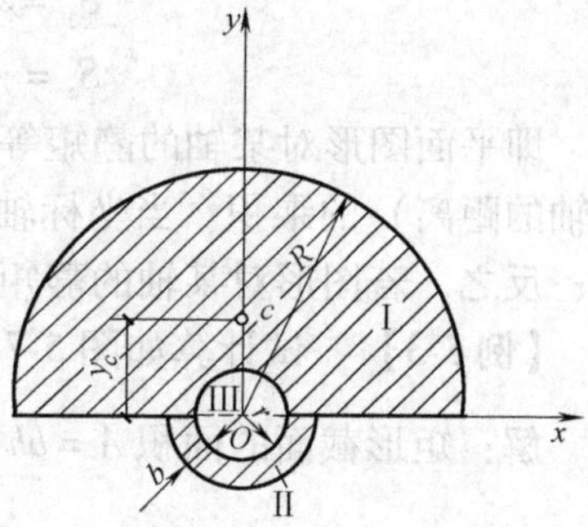


图　5-5

$$A_1 = \frac{\pi}{2}R^2 = \frac{\pi}{2} \times 10^2\text{cm}^2 = 157\text{cm}^2$$

$$A_2 = \frac{\pi}{2}(r+b)^2 = \frac{\pi}{2} \times (1.7 + 1.3)^2\text{cm}^2 = 14.1\text{cm}^2$$

$$A_3 = -\pi r^2 = -\pi \times 1.7^2\text{cm}^2 = -9.07\text{cm}^2$$

$$y_1 = \frac{4R}{3\pi} = \frac{4 \times 10}{3\pi}\text{cm} = 4.25\text{cm}$$

$$y_2 = -\frac{4(r+b)}{3\pi} = -\frac{4 \times (1.7 + 1.3)}{3\pi}\text{cm} = -1.27\text{cm}$$

$$y_3 = 0$$

由式（5-3）可得

$$y_c = \frac{A_1y_1 + A_2y_2 + A_3y_3}{A_1 + A_2 + A_3} = \frac{157 \times 4.25 + 14.1 \times (-1.27)}{157 + 14.1 + (-9.07)}\text{cm} = 4\text{cm}$$

所以，偏心块的形心位置为　$x_c = 0$，$y_c = 4\text{cm}$

### 5.3.2　静矩

任意截面的图形如图 5-6 所示，其面积为 $A$，取坐标系如图 5-6 所示。取微面积 $\text{d}A$，其坐标分别为 $y$ 和 $z$，则 $y\text{d}A$、$z\text{d}A$ 分别为**微面积** $\text{d}A$ 对于 $z$ 轴和 $y$ 轴的静矩。它们对整个平面图形面积的定积分分别称为整个平面图形对于 $z$ 轴和 $y$ 轴的静矩。

$$\left.\begin{aligned} S_z &= \int_A y\text{d}A \\ S_y &= \int_A z\text{d}A \end{aligned}\right\} \tag{5-4}$$

平面图形的静矩是对某一坐标系而言的，同一平面图形对不同坐标轴，具有不同的静矩。静距是代数量，可能为正，也可能为负或者零。常用单位为 $\text{m}^3$ 或 $\text{mm}^3$。

（1）简单图形静矩的计算

前面我们学过关于形心的计算公式

$$y_c = \frac{\sum \Delta A y}{A} = \frac{\int_A y\text{d}A}{A} = \frac{S_z}{A}$$

$$z_c = \frac{\sum \Delta A z}{A} = \frac{\int_A z \mathrm{d}A}{A} = \frac{S_y}{A}$$

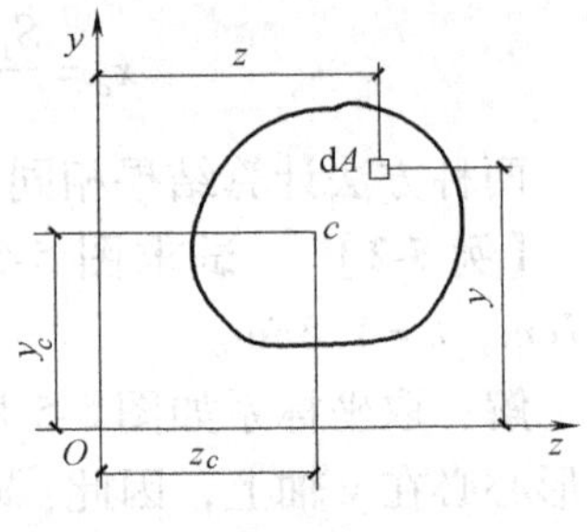


图 5-6

将静矩计算公式带入形心计算公式，可得平面图形的静矩为

$$\left.\begin{aligned} S_y &= z_c A \\ S_z &= y_c A \end{aligned}\right\} \tag{5-5}$$

即平面图形对某轴的静矩等于其面积与形心坐标（形心至该轴的距离）的乘积。当坐标轴通过图形的形心时，其静矩为零；反之，若图形对某轴的静矩为零，则该轴必通过图形的形心。

**【例 5-3】** 试计算如图 5-7 所示矩形截面对于 $z$ 轴和 $y$ 轴的静矩。

**解：** 矩形截面的面积 $A = bh$，其形心坐标 $y_c = \frac{h}{2}$，$z_c = \frac{b}{2}$。由式（5-5）得

$$S_y = z_c A = \frac{b}{2} \times bh = \frac{b^2 h}{2}$$

$$S_z = y_c A = \frac{h}{2} \times bh = \frac{bh^2}{2}$$

（2）组合图形的静矩计算

工程实际中，有些构件的截面是由矩形、圆形等简单图形组合而成的，这些图形称为**组合图形**。根据图形静矩的定义，组合图形对某轴的静矩等于各个简单图形对同一轴静矩的代数和，即

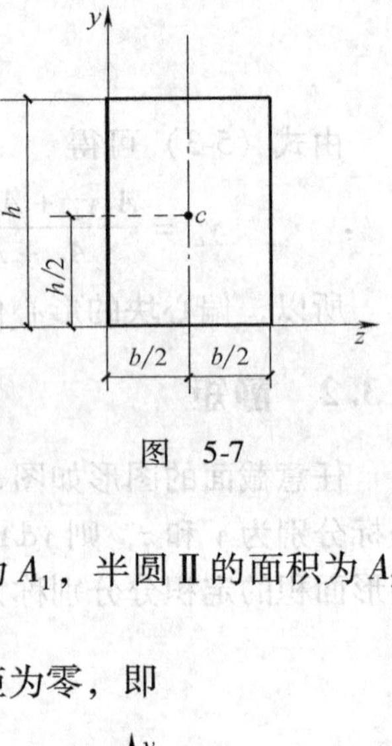


图 5-7

$$\left.\begin{aligned} S_y &= z_{c1}A_1 + z_{c2}A_2 + \cdots + z_{cn}A_n = \sum_{i=1}^{n} z_{ci}A_i \\ S_z &= y_{c1}A_1 + y_{c2}A_2 + \cdots + y_{cn}A_n = \sum_{i=1}^{n} y_{ci}A_i \end{aligned}\right\} \tag{5-6}$$

**【例 5-4】** 试计算如图 5-8 所示图形对 $z$ 轴和 $y$ 轴的静矩。已知 $a = 80\text{mm}$。

**解：** 图示截面可看成由矩形Ⅰ减去半圆Ⅱ。设矩形Ⅰ的面积为 $A_1$，半圆Ⅱ的面积为 $A_2$，由于 $A_2$ 是要被减去的，所以面积为负。

由于 $y$ 轴是对称轴，通过截面形心，所以该截面对 $y$ 轴的静矩为零，即

$$S_z = 0;$$

下面计算该截面对 $z$ 轴的静矩。

$$A_1 = 4a \times 2a = 8a^2$$

$$y_{c1} = a$$

$$A_2 = -\frac{1}{2}\pi a^2$$

$$y_{c2} = \frac{4a}{3\pi}$$

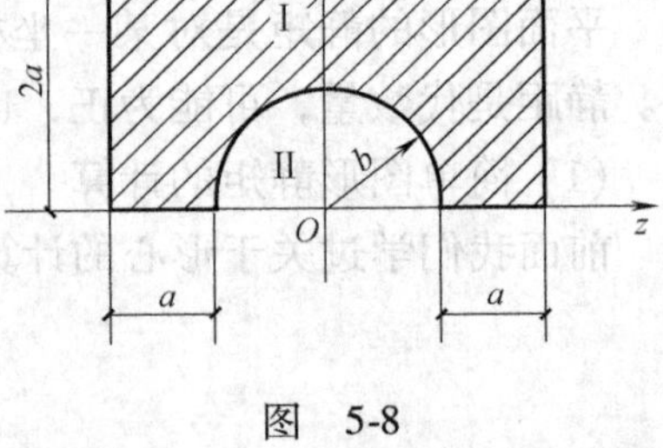


图 5-8

由式（5-6）得

$$S_z = \sum_{i=1}^{n} y_{ci}A_i = y_{c1}A_1 + y_{c2}A_2 = 8a^2 \times a + \left(-\frac{1}{2}\pi a^2\right)\frac{4a}{3\pi} = 3.75 \times 10^6 \text{mm}^3$$

## 5.3.3　惯性矩和惯性半径

(1) 惯性矩的定义

如图 5-9 所示，在平面图形上取一微面积 d$A$，d$A$ 与其坐标平方的乘积 $y^2$d$A$、$z^2$d$A$ 分别称为**微面积 d$A$ 对 $z$ 轴和 $y$ 轴的惯性矩**，它们在整个图形范围内的定积分分别称为**整个平面图形对 $z$ 轴和 $y$ 轴的惯性矩。**

$$\left.\begin{aligned} I_z &= \int_A y^2 \mathrm{d}A \\ I_y &= \int_A z^2 \mathrm{d}A \end{aligned}\right\} \tag{5-7}$$

惯性矩是平面图形对其平面内的一定轴而言的，同一平面图形对于不同的轴，惯性矩不同。由定义可知，惯性矩值为正值，常用单位为 $\text{m}^4$ 或者 $\text{mm}^4$。

微面积 d$A$ 与它到坐标原点距离的平方的乘积 $\rho^2$d$A$，在整个图形范围内的定积分称为**平面图形对坐标原点的极惯性矩**。

$$I_\rho = \int_A \rho^2 \mathrm{d}A \tag{5-8}$$

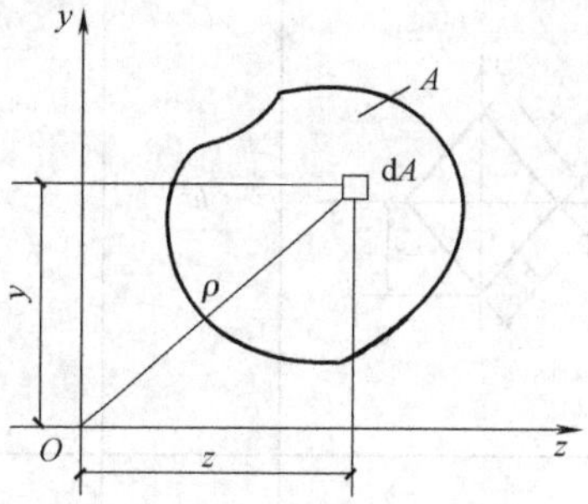

图　5-9

由图 5-9 可知

$$\rho^2 = z^2 + y^2$$

则

$$I_\rho = \int_A \rho^2 \mathrm{d}A = \int_A (z^2 + y^2)\mathrm{d}A = \int_A z^2 \mathrm{d}A + \int_A y^2 \mathrm{d}A$$

即

$$I_\rho = I_y + I_z \tag{5-9}$$

上式表明，平面图形对任一点的极惯性矩，等于图形对以该点为原点的任意两正交坐标轴的惯性矩之和。

简单图形的惯性矩，可直接用公式求得，下面举例说明。

**【例 5-5】**　如图 5-10 所示圆形截面的半径为 $R$，直径为 $D$，试计算它对形心轴（即直径轴）的惯性矩。

**解：** 取平行 $z$ 轴的微面积

$$\mathrm{d}A = 2\sqrt{R^2 - y^2}\mathrm{d}y$$

$$I_z = \int_A y^2 \mathrm{d}A = 2\int_{-R}^{+R} y^2 \sqrt{R^2 - y^2}\mathrm{d}y = \frac{\pi D^4}{64}$$

由于对称，圆形截面对任一形心轴的惯性矩都等于 $\frac{\pi D^4}{64}$。

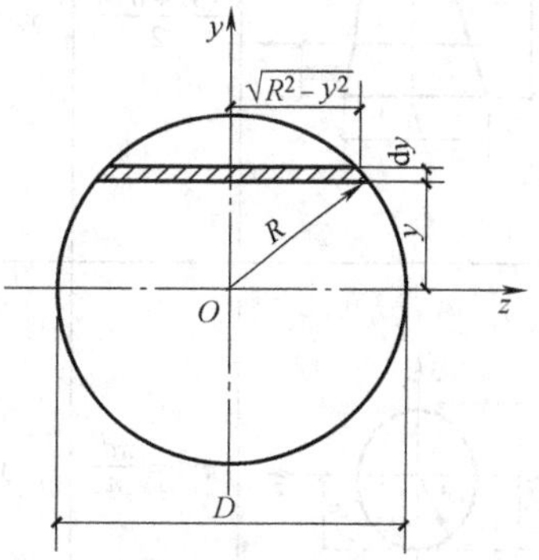

图　5-10

为方便计算，表 5-2 列出了一些常用简单截面图形的几何性质。

**表 5-2　简单截面图形的几何性质**

| 截面图形 | 面　积 | 形心位置 | 惯性矩 | 抗弯截面系数 | 惯性半径 |
|---|---|---|---|---|---|
| 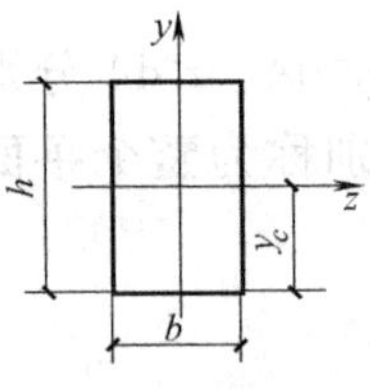 | $bh$ | $y_c=\frac{h}{2}$ | $I_z=\frac{bh^3}{12}$<br>$I_y=\frac{hb^3}{12}$ | $W_z=\frac{bh^2}{6}$<br>$W_y=\frac{hb^2}{6}$ | $r_z=\frac{h}{\sqrt{12}}$<br>$r_y=\frac{b}{\sqrt{12}}$ |
| 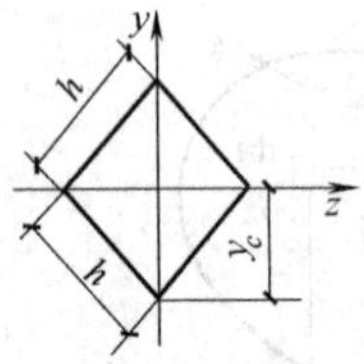 | $h^2$ | $y_c=\frac{h}{\sqrt{2}}$ | $I_z=I_y=\frac{h^4}{12}$ | $W_z=W_y=\frac{h^3}{6}$ | $r_z=r_y=\frac{h}{\sqrt{12}}$ |
| 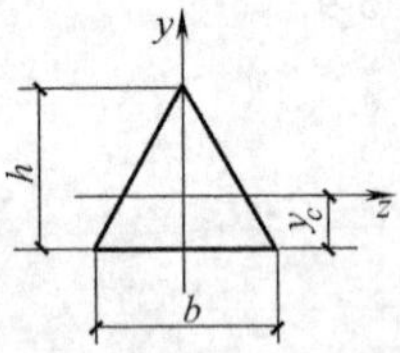 | $\frac{bh}{2}$ | $y_c=\frac{h}{3}$ | $I_z=\frac{bh^3}{36}$<br>$I_y=\frac{hb^3}{48}$ | $W_{z1}=\frac{bh^2}{24}$<br>$W_{z2}=\frac{bh^2}{12}$<br>$W_y=\frac{hb^2}{24}$ | $r_z=\frac{h}{\sqrt{18}}$<br>$r_y=\frac{b}{\sqrt{24}}$ |
| 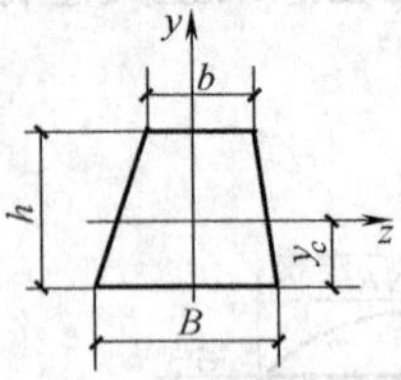 | $\frac{(B+b)h}{2}$ | $y_c=\frac{(B+2b)h}{3(B+b)}$ | $I_z=\frac{B^2+4Bb+b^2}{36(B+b)}h^3$ | $W_{z1}=\frac{B^2+4Bb+b^2}{12(2B+b)}h^2$<br>$W_{z2}=\frac{B^2+4Bb+b^2}{12(B+2b)}h^2$ | $r_z=\frac{\sqrt{B^2+4Bb+b^2}}{\sqrt{18}(B+b)}h$ |
| 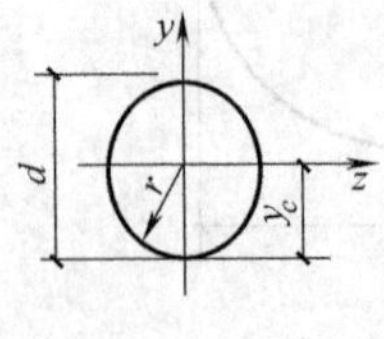 | $\pi r^2=\frac{\pi d^2}{4}$ | $y_c=r=\frac{d}{2}$ | $I_z=I_y=\frac{\pi r^4}{4}=\frac{\pi d^4}{64}$ | $W_z=W_y=\frac{\pi r^3}{4}=\frac{\pi d^3}{32}$ | $r_z=r_y=\frac{r}{2}=\frac{d}{4}$ |

（续）

| 截面图形 | 面　积 | 形心位置 | 惯性矩 | 抗弯截面系数 | 惯性半径 |
|---|---|---|---|---|---|
| 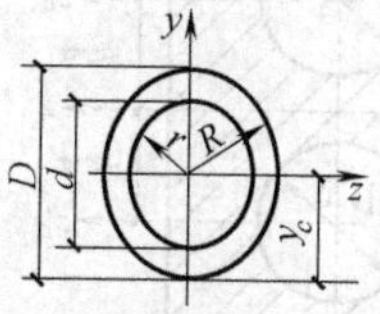 | $\pi(R^2-r^2)$ $=\frac{\pi}{4}\cdot$ $(D^2-d^2)$ | $y_c=R=\frac{D}{2}$ | $I_z=I_y$ $=\frac{\pi}{4}(R^4-r^4)$ $=\frac{\pi}{64}(D^4-d^4)$ | $W_z=W_y$ $=\frac{\pi}{R}(R^4-r^4)$ $=\frac{\pi}{32D}(D^4-d^4)$ | $r_z=r_y$ $=\frac{1}{2}\sqrt{R^2+r^2}$ $=\frac{1}{4}\sqrt{D^2+d^2}$ |
| 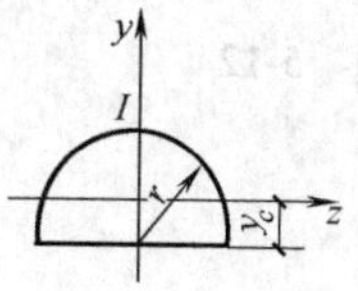 | $\frac{\pi r^2}{2}$ | $y_c=\frac{4r}{3\pi}$ $\approx 0.4246r$ | $I_z=\left(\frac{1}{8}-\frac{8}{9\pi^2}\right)\pi r^4$ $\approx 0.110r^4$ $I_y=\frac{\pi r^4}{8}$ | $W_{z1}\approx 0.191r^3$ $W_{z2}\approx 0.259r^3$ $W_y=\frac{\pi r^3}{4}$ | $r_z=0.264r$ $r_y=\frac{r}{2}$ |
| 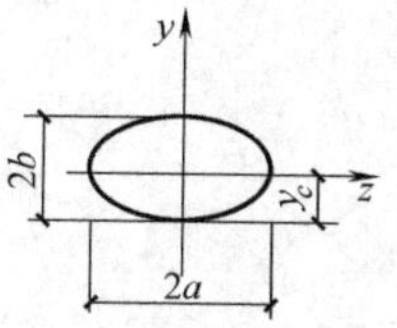 | $\pi ab$ | $y_c=b$ | $I_z=\frac{\pi ab^3}{4}$ $I_y=\frac{\pi ba^3}{4}$ | $W_z=\frac{\pi b^2}{2}$ $W_y=\frac{\pi a^2}{2}$ | $r_z=\frac{b}{2}$ $r_y=\frac{a}{2}$ |

（2）组合图形的惯性矩

同一截面图形对于两根互相平行的坐标轴，其惯性矩虽然各不相同，但当其中一根轴是图形的形心轴时，它们之间却存在着比较简单的关系。

如图 5-11 所示，任意平面图形的形心为 $c$，面积为 $A$，$z_c$ 轴和 $y_c$ 轴为图形的形心轴。$y$ 轴平行于 $y_c$ 轴，两轴间的距离为 $b$；$z$ 轴平行于 $z_c$ 轴，两轴间的距离为 $a$。根据惯性矩的定义，平面图形对 $z$ 轴的惯性矩为

$$\left.\begin{aligned}I_z &= I_{zc}+a^2A\\ I_y &= I_{yc}+b^2A\end{aligned}\right\}\quad(5\text{-}10)$$

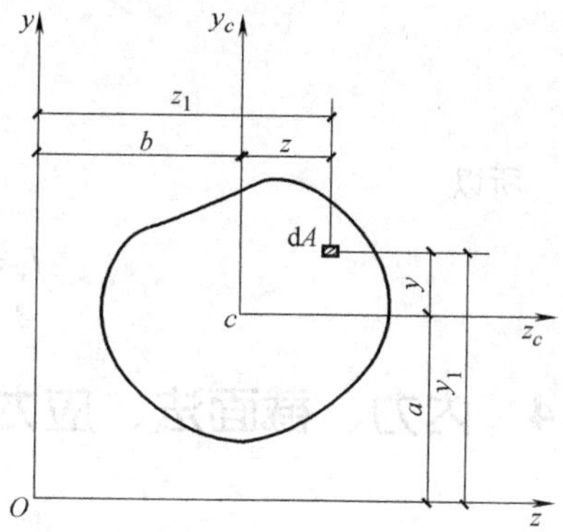

图　5-11

其中 $I_{zc}$和 $I_{yc}$分别为图形对 $z$ 轴和 $y$ 轴的惯性矩。

式（5-10）即为惯性矩的平行移轴公式。它表明，平面图形对任意轴的惯性矩，等于图形与该轴平行的形心轴的惯性矩加上图形的面积与两轴距离平方的乘积。由于 $a^2A$ 和 $b^2A$ 恒为正数，所以，在所有相互平行的轴中，平面图形对形心轴的惯性矩为最小。

由惯性矩的定义可知，组合图形对某轴的惯性矩就等于组成它的各简单图形对同一轴惯性矩之和。简单图形对本身形心轴的惯性矩可通过积分或者查表求得，再利用平行移轴公式，便求得各简单图形对组合图形的形心轴的惯性矩。这样就可以比较方便地计算组合图形的惯性矩。

**【例 5-6】**　空心水泥板的截面图形如图 5-12 所示，试求它对 $z$ 轴和 $y$ 轴的惯性矩。

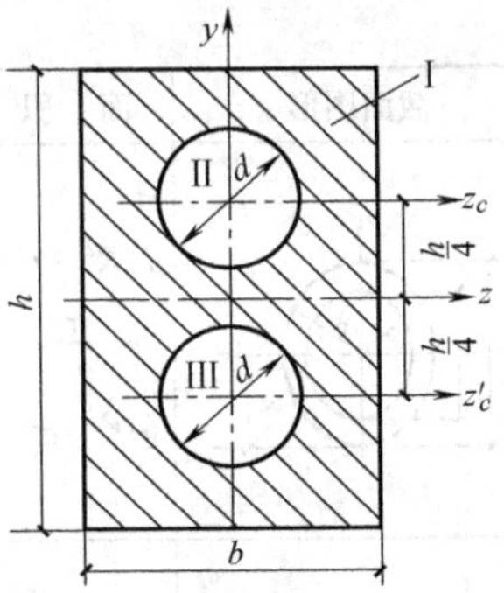

图 5-12

**解：** 此组合图形对于 $z$ 轴或 $y$ 轴的惯性矩等于矩形Ⅰ对 $z$ 轴和 $y$ 轴的惯性矩减去圆形Ⅱ和Ⅲ对 $z$ 轴和 $y$ 轴的惯性矩。

计算惯性矩 $I_z$

$$I_z = I_{1z} - I_{2z} - I_{3z} = I_{1z} - 2I_{2z}$$

圆形Ⅱ对本身形心轴 $z_c$ 的惯性矩 $I_{2zc}$

$$I_{2zc} = \frac{\pi D^4}{64}$$

应用平行移轴公式

$$I_{2z} = I_{2zc} + a^2 A = \frac{\pi D^4}{64} + \left(\frac{h}{4}\right)^2 \times \left(\frac{\pi d^2}{4}\right)$$

矩形Ⅰ对于 $z$ 轴的惯性矩 $I_{1z}$

$$I_{1z} = \frac{bh^3}{12}$$

则

$$I_z = \frac{bh^3}{12} - 2\left[\frac{\pi D^4}{64} + \left(\frac{h}{4}\right)^2 \times \left(\frac{\pi d^2}{4}\right)\right]$$

计算惯性矩 $I_y$

$$I_y = I_{1y} - I_{2y} - I_{3y} = I_{1y} - 2I_{2y}$$

$y$ 轴正好通过矩形Ⅰ和圆形Ⅲ的形心

$$I_{1y} = \frac{hb^3}{12}$$

$$I_{2y} = \frac{\pi d^4}{64}$$

所以

$$I_y = \frac{hb^3}{12} - 2 \times \frac{\pi d^4}{64} = \frac{hb^3}{12} - \frac{\pi d^4}{32}$$

## 5.4 内力、截面法、应力、应变

### 5.4.1 内力的概念

构件是由无数质点组成的，即使不受外力，各质点之间依然存在着相互作用的内力。构件受外力作用后产生变形，即各质点间的相对位置发生了改变，这时质点间相互作用的内力也发生了变化。材料力学中所研究的内力，就是这种因外力作用而引起的内力的改变量，也称为**附加内力**，简称**内力**。

内力随外力的增加而增加，到达某一限度时，就会引起构件破坏。由此可知，内力与构件的强度、刚度具有密切的联系，所以内力是材料力学研究的重要内容。

### 5.4.2 截面法

截面法是求内力的主要方法。如图 5-13 所示，为了显示出构件在外力作用下 $m$—$m$ 截面上的内力，假想用平面 $m—m$ 将物体分为Ⅰ、Ⅱ两个部分，取出其中任一部分Ⅰ作为研究对象，画出受力图。在部分Ⅰ上作用有外力 $\boldsymbol{F}_1$、$\boldsymbol{F}_2$、$\boldsymbol{F}_5$，想要使Ⅰ部分保持平衡，Ⅱ部分一定会有力作用在Ⅰ部分的 $m—m$ 截面上。根据作用力与反作用力定律，Ⅰ部分也必然会有大小相等、方向相反的力作用在Ⅱ部分上。按照连续性假设，在截面 $m—m$ 上各处都有内力的作用，所以内力是分布于截面上的一个分布内力系。

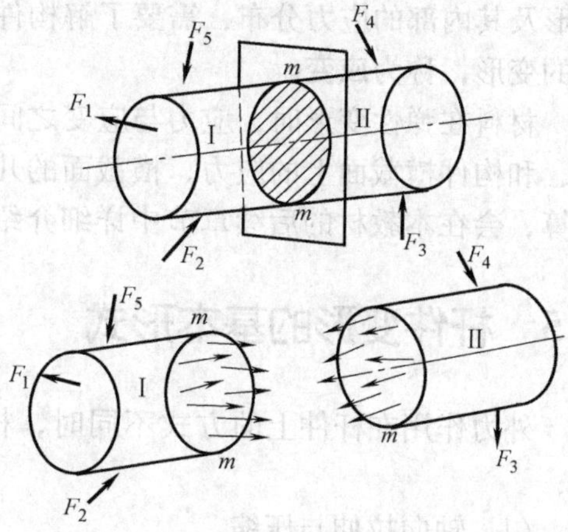

图　5-13

对所研究的Ⅰ部分来说，外力 $\boldsymbol{F}_1$，$\boldsymbol{F}_2$，$\boldsymbol{F}_5$ 和 $m—m$ 截面上的内力保持平衡，可以确定 $m—m$ 截面上的内力。

上述用截面假想地把物体分成两部分，以显示并确定内力的方法称为**截面法**。用截面法计算杆件的内力一般分为以下三个步骤：

1）截开。要求某一个截面上的内力时，沿该假想的截面把构件分为两部分，任取一部分为研究对象。

2）代替。用作用于截面上的内力代替舍去部分对研究部分的作用。

3）平衡。对研究部分建立平衡方程，从而确定截面上内力的大小和方向。

### 5.4.3　应力

内力仅仅能够说明杆件内部的受力情况，但不能判断杆件的强度是否足够。这就好像我们高中时学习的压力与压强的关系一样，两根材料相同而面积不同的杆件，受到同样大小的力，两根杆件的内力相同，但是其抵抗破坏的能力一定不同。根据生活经验我们知道，横截面面积小的杆件会先受到破坏。这说明构件的破坏不仅与内力的大小有关，还与内力作用的面积有关。通常将内力在截面上分布的密集程度称为**应力**。

根据均匀性假设，我们认为应力在构件的横截面上是均匀分布的，所以应力的计算公式为

$$p = \frac{F}{A} \tag{5-11}$$

$p$——杆件横截面上的应力；

$F$——杆件横截面上的内力；

$A$——杆件横截面面积。

在国际单位制中，应力的单位是 Pa。

$$1\text{Pa} = 1\text{N/m}^2$$

工程中的应力数值较大，常用单位为 MPa 和 GPa

$$1\text{MPa} = 10^6\text{Pa} = 1\text{N/mm}^2$$

$$1\text{GPa} = 10^9\text{Pa}$$

### 5.4.4　应变

构件在外力的作用下，横截面上会有应力，同时也会产生微小的变形。为了研究构件的

变形及其内部的应力分布，需要了解构件内部各点处的变形。在应力的作用下，构件内任一点的变形，称为**应变**。

材料在弹性变形时，应力与应变之间存在有线性变化规律。构件在力的作用下产生的变形，和构件横截面上的应力、横截面的几何性质以及材料的性质都有联系，关于构件变形的计算，会在本教材的后续章节中详细介绍。

## 5.5 杆件变形的基本形式

外力作用在杆件上的方式不同时，杆件将产生不同的变形，变形的基本形式有以下四种：

（1）轴向拉伸与压缩

在一对方向相反、作用线与杆轴线重合的拉力或者压力的作用下，杆件轴线方向的长度会伸长或者缩短，如图 5-14a、b 所示。

（2）剪切

在一对大小相等、指向相反且相距很近的横向力作用下，杆件在两力间的截面上会产生相对错动，如图 5-14c 所示。

（3）扭转

在一对大小相等，转向相反，作用面与杆轴线垂直的力偶的作用下，杆的任意两截面发生相对转动，如图 5-14d 所示。

（4）弯曲

当杆件受到垂直于杆轴线的外力或在杆轴线平面内受到外力偶作用时，杆件的轴线会由直变弯，这种变形为弯曲变形，如图 5-14e 所示。

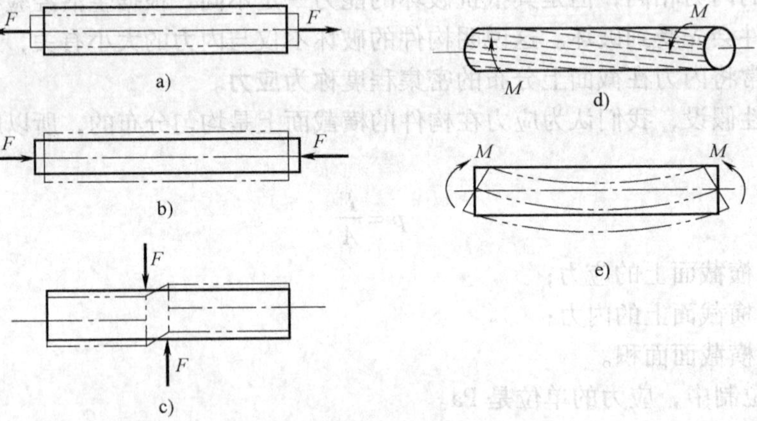


图 5-14 杆件的基本变形

### 小 结

1）本章讨论了荷载及其分类，结构计算时，需要根据不同的设计要求采用不同的荷载数值，称为荷载代表值。建筑结构相关规范给出三种代表值：荷载标准值、可变荷载准永久值和可变荷载组合值。

2）变形固体的三种基本假设：连续性假设、均匀性假设和各向同性假设。

3）杆件截面的几何性质主要介绍的是：

形心 $x_c = \frac{\sum \Delta A x}{A}$，$y_c = \frac{\sum \Delta A y}{A}$

静矩
$$S_y = z_c A$$
$$S_z = y_c A$$

惯性矩
$$I_z = \int_A y^2 \mathrm{d}A$$
$$I_y = \int_A z^2 \mathrm{d}A$$

极惯性矩 $I_\rho = \int_A \rho^2 \mathrm{d}A$

4）内力在截面上的密集程度称为应力，在应力的作用下，构件内任一点的变形，称为应变。

5）外力作用在杆件上的方式不同时，杆件将产生不同的变形，变形的基本形式有以下四种：轴向拉伸与压缩、剪切、扭转、弯曲。

## 习　题

1. 求图5-15所示各平面图形的形心坐标。

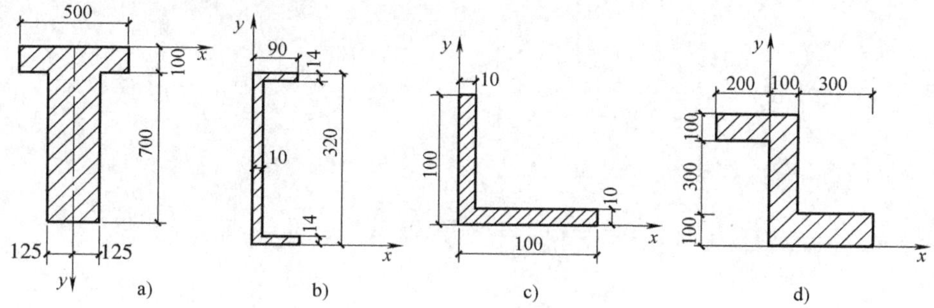


图 5-15

2. 求图5-16所示各截面对形心轴 $x$、$y$ 的惯性矩。

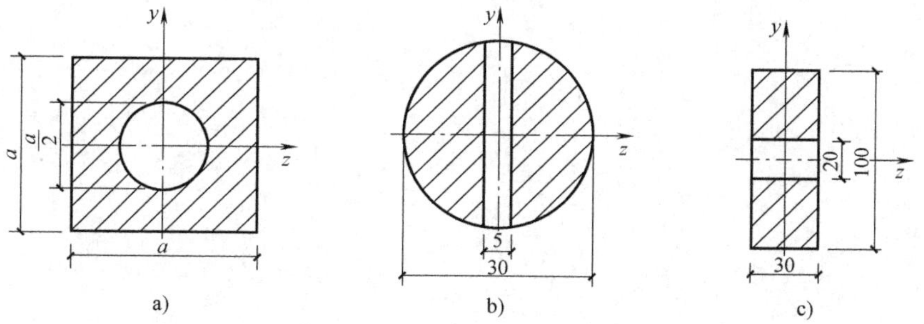


图 5-16

3. 求图 5-17 所示各截面对形心轴 $y$、$z$ 的惯性矩。

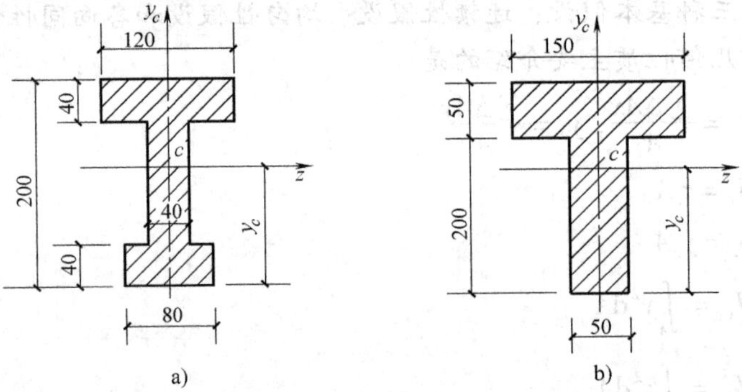


图 5-17

# 第 6 章　轴向拉伸与压缩

【学习目标】

1. 理解轴向拉伸、压缩的概念。

2. 正确理解内力的概念，熟练掌握使用截面法计算拉、压杆的轴力，并能绘制轴力图。

3. 掌握杆件受到轴向拉伸、压缩时的应力和变形计算。

4. 熟练掌握杆件受到轴向拉伸、压缩时的强度校核及其计算方法。

5. 理解并掌握低碳钢拉伸时的应力—应变曲线及各变形阶段的特点，了解塑性材料和脆性材料在受到轴向拉伸、压缩时各阶段的力学性能的区别。

## 6.1　轴向拉伸与压缩的基本概念及计算

### 6.1.1　轴向拉伸和压缩的概念

轴向拉伸与压缩变形是四种基本变形中最简单的一种。在工程实际中，产生轴向拉伸和压缩的杆件很多。如图 6-1 所示的三角架中的 *BC* 杆是轴向拉伸与压缩的实例。

由实例可见，**当杆件受到与轴线重合的拉力（或压力）作用时，杆件将产生沿轴线方向的伸长（或缩短），这种变形称为轴向拉伸与压缩**，如图 6-2 所示。

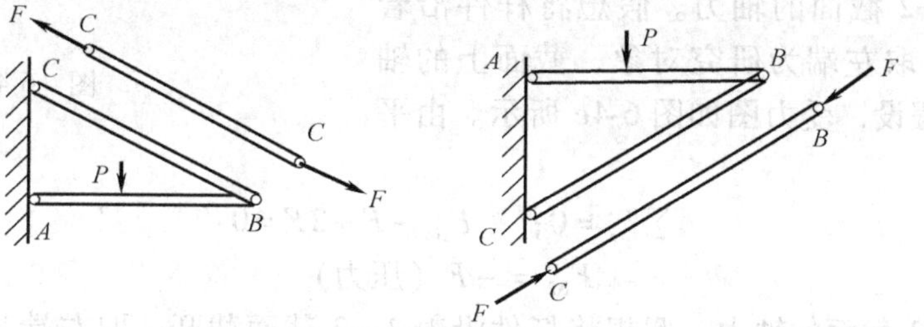


图　6-1

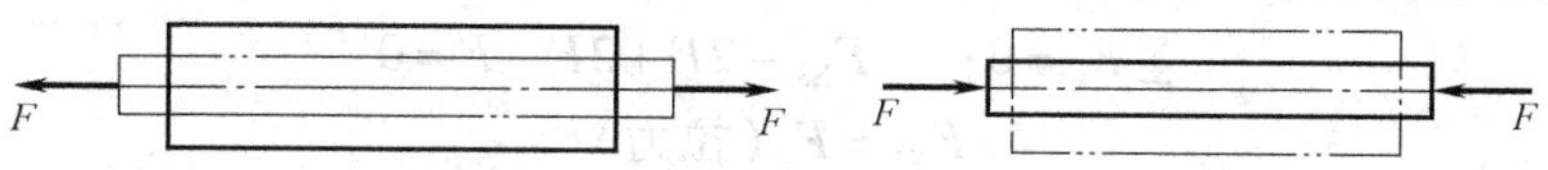


a)　　　　　　　　　　　　b)

图　6-2

### 6.1.2　轴力

如图 6-3a 所示杆件，受到一对轴向拉力 $\boldsymbol{F}$ 的作用。为了求出横截面 $m—m$ 上的内力，可运用前面我们学习的截面法。将杆件沿 $m—m$ 横截面截开，取左端为研究对象，弃去的右端对左端的作用，以内力代替，如图6-3b所示。由于外力与轴线重合，所以内力也必在轴线上，这种与杆件轴线重合的内力称为**轴力**，用$\boldsymbol{F}_N$表示。由左端的平衡方程

$$\sum F_x = 0;\quad F_N - F = 0$$

$$F_N = \boldsymbol{F}$$

若取杆件的右端为研究对象，用上述方法也可求得横截面$m—m$上的轴力$F_N = F$，如图6-3c所示。根据作用力与反作用力的关系，分别以杆件的左端和右端求出的轴力$F_N$，大小相等，方向相反。

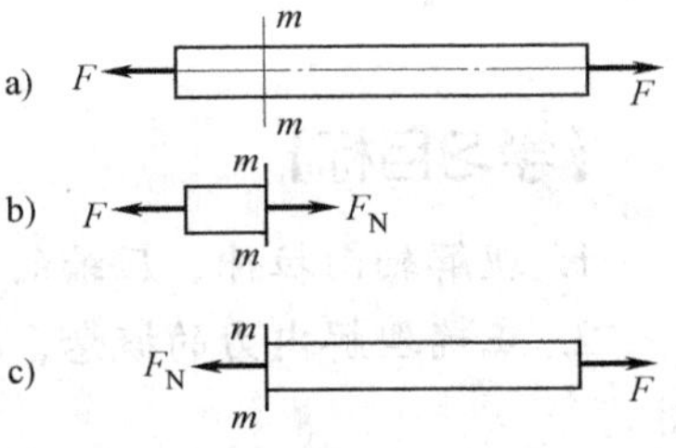


图 6-3

为了使同一截面按照左端求出的轴力与按照右端求得的轴力具有相同的正负号，对轴力的正负作如下规定：**当轴力的方向与截面外法线$n$的方向一致时，杆件受到拉伸，轴力为正；当轴力的方向与截面外法线$n$的方向相反时，杆件受压缩，规定轴力为负。**

运用截面法求轴力时，轴力的方向一般按正方向假设，由此计算结果的正负可与轴力的正负号规定保持一致，即计算结果为正表示正值轴力，计算结果为负表示负值轴力。

**【例6-1】** 杆件受力如图6-4a所示，试分别求出1—1，2—2，3—3截面上的轴力。

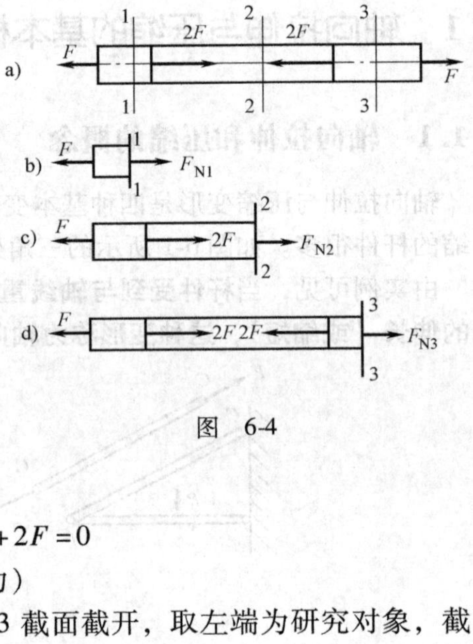


图 6-4

**解**：1）计算1—1截面的轴力。假想将杆件沿着1—1截面截开，取左端为研究对象，截面上的轴力$F_{N1}$按正方向假设，受力图如图6-4b所示。由平衡方程可知

$$\sum F_x = 0;\quad F_{N1} - F = 0$$

$$F_{N1} = F\ (\text{拉力})$$

2）计算2—2截面的轴力。假想将杆件沿着2—2截面截开，取左端为研究对象，截面上的轴力$F_{N2}$按正方向假设，受力图如图6-4c所示。由平衡方程可知

$$\sum F_x = 0;\quad F_{N2} - F + 2F = 0$$

$$F_{N2} = -F\ (\text{压力})$$

3）计算3—3截面的轴力。假想将杆件沿着3—3截面截开，取左端为研究对象，截面上的轴力$F_{N3}$按正方向假设，受力图如图6-4d所示。由平衡方程可知

$$\sum F_x = 0;\quad F_{N3} - 2F + 2F - F = 0$$

$$F_{N3} = F\ (\text{拉力})$$

计算截面的轴力，也可选择右端为研究对象。根据以上求解过程，可总结出计算轴力的以下规律：

1）某一截面的轴力等于该截面左侧（或右侧）所有外力的代数和。

2）与截面外法线方向相反的外力产生正值轴力，反之产生负值轴力。

3）代数和的正负，就是轴力的正负。

## 6.1.3 轴力图

为了形象而清晰地表示轴力沿轴线变化的情况，可按照一定的比例，用平行于杆轴线的坐标表示杆件横截面的位置，以与之垂直的坐标表示横截面上的轴力，这样的图形称为**轴力图**。通常两个坐标轴可省略不画，而将正值轴力画在 $x$ 轴的上方，负值轴力图画在 $x$ 轴的下方。

**【例 6-2】** 杆件受力如图 6-5a 所示，试画其轴力图。

**解**：1）计算约束力。取 $AE$ 杆为研究对象，其受力图如图 6-5b 所示，由平衡方程

$$\sum F_x = 0; \quad 80\text{kN} + 30\text{kN} - 20\text{kN} - 40\text{kN} - F_A = 0$$

$$F_A = 50\text{kN}$$

2）计算各段的轴力。

$AB$ 段：取左端为研究对象

$$\sum F_x = 0; \quad F_{NAB} - F_A = 0$$

$$F_{NAB} = F_A = 50\text{kN}$$

$BC$ 段：取左端为研究对象

$$\sum F_x = 0; \quad F_{NBC} - F_A + 80\text{kN} = 0$$

$$F_{NBC} = -30\text{kN}$$

$CD$ 段：取右端为研究对象

$$\sum F_x = 0; \quad -F_{NCD} + 30\text{kN} - 20\text{kN} = 0$$

$$F_{NCD} = 10\text{kN}$$

$DE$ 段：取右端为研究对象

$$\sum F_x = 0; \quad -F_{NDE} - 20\text{kN} = 0$$

$$F_{NDE} = -20\text{kN}$$

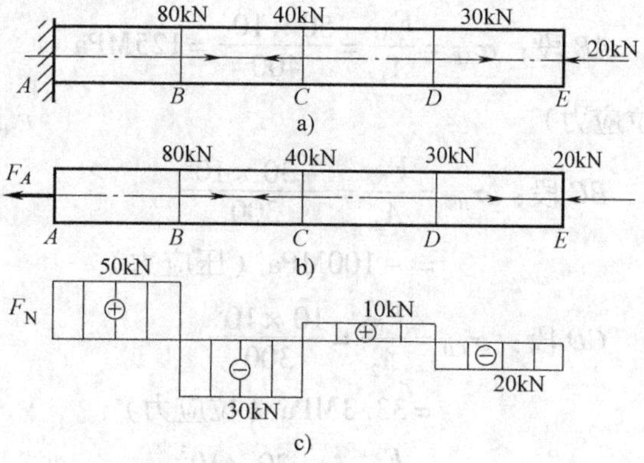


图 6-5

3）画轴力图。由各段轴力的计算结果，按照一定比例可做出其轴力图，如图 6-5c 所示。从图上可看出最大轴力发生在 $AB$ 段。

## 6.1.4 轴向拉（压）杆横截面上的应力计算

根据材料的均匀性假设可知，横截面上的内力是均匀分布的，所以各点处应力相等，如图 6-6 所示。

图 6-6

设杆件横截面的面积为 $A$，横截面上的内力为 $F_N$，则该横截面上的正应力为

$$\sigma = \frac{F_N}{A} \tag{6-1}$$

$\sigma$ 的正负号与轴力相同，当 $F_N$ 为正时，$\sigma$ 也为正，称为拉应力；当 $F_N$ 为负时，$\sigma$ 也为负，称为压应力。

【例 6-3】 一阶梯形直杆受力如图 6-7a 所示。已知横截面面积 $A_1=400\text{mm}^2$，$A_2=300\text{mm}^2$，$A_3=200\text{mm}^2$，试求各横截面上的应力。

**解**：1）计算轴力，画轴力图。此题杆件所受外力与【例 6-2】相同，只是直杆换成了阶梯杆。由【例 6-2】计算知，$F_{N1}=50\text{kN}$，$F_{N2}=-30\text{kN}$，$F_{N3}=10\text{kN}$，$F_{N4}=-20\text{kN}$。轴力图如图 6-7b 所示。

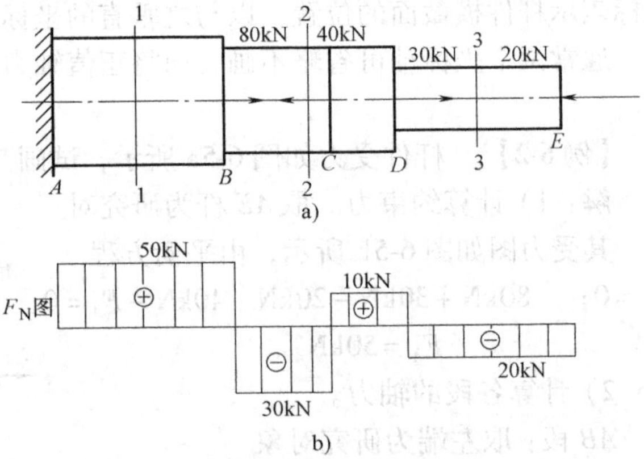


图 6-7

2）计算各段的正应力。

$AB$ 段：$\sigma_{AB}=\dfrac{F_{N1}}{A_1}=\dfrac{50\times10^3}{400}=125\text{MPa}$（拉应力）

$BC$ 段：$\sigma_{BC}=\dfrac{F_{N2}}{A_2}=\dfrac{-30\times10^3}{300}$

$=-100\text{MPa}$（压应力）

$CD$ 段：$\sigma_{CD}=\dfrac{F_{N3}}{A_2}=\dfrac{10\times10^3}{300}$

$=33.3\text{MPa}$（拉应力）

$DE$ 段：$\sigma_{DE}=\dfrac{F_{N4}}{A_3}=\dfrac{-20\times10^3}{200}=-100\text{MPa}$（压应力）

### 6.1.5 变形计算

杆件在受轴向拉伸时，有轴向尺寸伸长和横向尺寸缩小的变形。而杆件在受到轴向压缩时则会出现轴向尺寸缩短和横向尺寸增大的变形。

（1）纵向变形

设杆件原长为 $l$，直径为 $d$，在轴向拉力（或压力）$F$ 作用下，变形后的长度为 $l_1$，直径为 $d_1$，如图 6-8 所示。

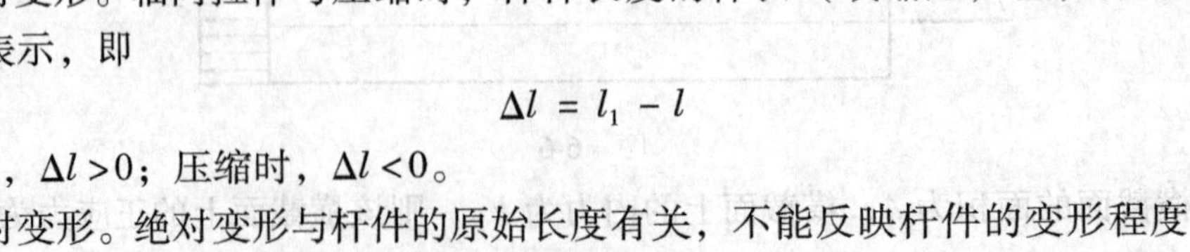


图 6-8

1）绝对变形。轴向拉伸与压缩时，杆件长度的伸长（或缩短）量，称为**纵向绝对变形**，用 $\Delta l$ 表示，即

$$\Delta l=l_1-l \tag{6-2}$$

拉伸时，$\Delta l>0$；压缩时，$\Delta l<0$。

2）相对变形。绝对变形与杆件的原始长度有关，不能反映杆件的变形程度。为了度量杆件的变形程度，需要计算单位长度内的变形量。单位长度上的变形称为**相对变形或线应变**，用 $\varepsilon$ 表示，即

$$\varepsilon=\frac{\Delta l}{l} \tag{6-3}$$

线应变是无量纲量，其正负号规定与绝对变形相同。

(2) 横向变形

1）绝对变形。轴向拉伸与压缩时，横向尺寸的缩小（或增大）量，称为**横向绝对变形**，用 $\Delta d$ 表示，即

$$\Delta d = d_1 - d \tag{6-4}$$

拉伸时，$\Delta d < 0$；压缩时，$\Delta d > 0$。

2）相对变形。单位横向尺寸上的变形称为**横向相对变形或横向线应变**，用 $\varepsilon_1$ 表示，即

$$\varepsilon_1 = \frac{\Delta d}{d} \tag{6-5}$$

横向线应变是无量纲量，其正负号规定与横向绝对变形相同。

(3) 泊松比

横向线应变 $\varepsilon_1$ 与线应变 $\varepsilon$ 之比的绝对值称为泊松比或泊松系数，用 $\mu$ 表示，即

$$\mu = \left|\frac{\varepsilon_1}{\varepsilon}\right| \tag{6-6}$$

由于 $\varepsilon_1$ 与 $\varepsilon$ 的符号总是相反，故有

$$\varepsilon_1 = -\mu\varepsilon$$

泊松比是无量纲量，其值与材料有关。工程中常见材料的泊松比见表 6-1。

**表 6-1　常用材料的 $E$、$G$、$\mu$ 值**

| 材料名称 | $E$/GPa | $G$/GPa | $\mu$ |
|---|---|---|---|
| 低碳钢 | 196 ~ 216 | 78.5 ~ 80 | 0.25 ~ 0.33 |
| 合金钢 | 186 ~ 216 | 75 ~ 82 | 0.24 ~ 0.33 |
| 灰铸铁 | 78.4 ~ 147 | 44.1 | 0.23 ~ 0.27 |
| 铜及其合金 | 72.5 ~ 127 | 39.2 ~ 45.1 | 0.31 ~ 0.42 |
| 铝及硬铝 | 70.6 | 26 ~ 27 | 0.33 |
| 木材（顺纹） | 9.8 ~ 11.8 | 0.55 ~ 1 | — |
| 混凝土 | — | — | 0.16 ~ 0.18 |

(4) 胡克定律

试验表明，当杆件的应力不超过某一限度时，杆件的绝对变形与轴向荷载成正比，与杆件的长度成正比，与杆件的横截面面积成反比。这一关系称为**胡克定律**，即

$$\Delta l \propto \frac{Fl}{A}$$

由于 $\Delta l$ 还与材料的性能有关，引入与材料有关的比例常数 $E$，则有

$$\Delta l = \frac{Fl}{EA} \tag{6-7}$$

比例常数 $E$ 称为**弹性模量**，单位为 Pa。各种材料的弹性模量各不相同，工程中常用材料的弹性模量见表 6-1。材料的弹性模量越大，则变形越小，所以弹性模量表示了材料抵抗拉伸或压缩变形的能力，是材料的刚度指标。对杆件来说，$EA$ 值越大，杆件的绝对变形就越小，所以 $EA$ 称为杆件的**抗拉（压）刚度**。

将 $\sigma = \dfrac{F}{A}$，$\varepsilon = \dfrac{\Delta l}{l}$带入式（6-1），胡克定律又表示为

$$\sigma = E\varepsilon \tag{6-8}$$

式（6-8）表明：当应力未超过某一极限时，应力与应变成正比。

利用胡克定律，需要注意公式的适用范围：

1）杆件的应力没有超过某一极限，应在弹性极限范围内。

2）单向拉伸（或压缩）的情况。

3）在长度范围内，$F_N$、$E$、$A$ 均为常量；否则，需要分段计算。

**【例 6-4】** 图 6-9a 所示的阶梯形钢杆。所受荷载 $F_1 = 30\text{kN}$，$F_2 = 10\text{kN}$。$AC$ 段的横截面面积 $A_{AC} = 500\text{mm}^2$，$CD$ 段的横截面面积 $A_{CD} = 200\text{mm}^2$，弹性模量 $E = 200\text{GPa}$。试求：

1）各段杆横截面上的内力和应力。

2）杆件的总变形。

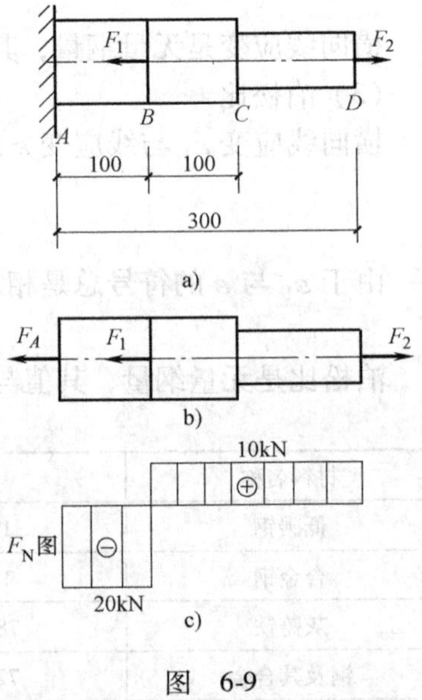


图 6-9

**解**：1）计算约束力

以杆件为研究对象，受力图如图 6-9b 所示。由平衡方程

$$\sum F_x = 0;\quad F_2 - F_1 - F_A = 0$$

$$F_A = F_2 - F_1 = -20\text{kN}$$

2）计算各段杆件横截面上的轴力

$AB$ 段：$F_{NAB} = F_A = -20\text{kN}$

$BD$ 段：$F_{NBD} = F_2 = 10\text{kN}$

3）画出轴力图，如图 6-9c 所示。

4）计算各段应力

$$AB\text{ 段：}\sigma_{AB} = \frac{F_{NAB}}{A_{AC}} = \frac{-20\times10^3}{500} = -40\text{MPa}$$

$$BC\text{ 段：}\sigma_{BC} = \frac{F_{NBD}}{A_{AC}} = \frac{10\times10^3}{500} = 20\text{MPa}$$

$$CD\text{ 段：}\sigma_{CD} = \frac{F_{NBC}}{A_{CD}} = \frac{10\times10^3}{200} = 50\text{MPa}$$

5）计算杆件的总变形。由于杆件各段的面积和轴力不一样，则应分段计算变形，再求代数和。

$$\Delta l = \Delta l_{AB} + \Delta l_{BC} + \Delta l_{CD} = \frac{F_{NAB}l_{AB}}{EA_{AC}} + \frac{F_{NBD}l_{BC}}{EA_{AC}} + \frac{F_{NBD}l_{CD}}{EA_{CD}}$$

$$= \frac{1}{200\times10^3}\times\left(\frac{-20\times10^3\times100}{500} + \frac{10\times10^3\times100}{500} + \frac{10\times10^3\times100}{200}\right)\text{mm}$$

$$= 0.015\text{mm}$$

整个杆件伸长了 0.015mm。

## 6.2 轴向拉伸与压缩时的强度计算

通过对材料进行拉伸和压缩试验可知，材料的应力达到某个极限应力时，构件就会产生很大的塑性变形或产生破坏，从而使构件不能正常工作，这类情况在工程上是不允许的。材料丧失工作性能时的应力，称为**极限应力**，用 $\sigma_0$ 表示。对于塑性材料，$\sigma_0=\sigma_s$，对于脆性材料，$\sigma_0=\sigma_b$。

### 6.2.1 许用应力与安全系数

在根据材料设计构件时，从经济节约考虑，工作应力应尽可能接近极限应力。但由于有不少因素难以准确估计，为了确保构件工作时安全可靠，应有一定的强度储备。因此构件的工作应力应小于极限应力，**构件在工作时允许产生的最大应力称为许用应力**，用 $[\sigma]$ 表示。许用应力等于极限应力除以一个大于 1 的系数，此系数称为**安全系数**，用 $n$ 表示，即

$$[\sigma]=\frac{\sigma_0}{n} \tag{6-9}$$

安全系数的选取是一个很重要的问题。如果安全系数偏大，则许用应力偏小，构件过于安全，但不经济。反之，如果安全系数偏小，则许用应力偏大，用材料少，但又不能保证构件的安全。因此，安全系数的确定，是合理解决安全与经济矛盾的关键问题，也是一个较为复杂的问题，通常需要考虑以下因素：①荷载的精确性；②材料的均匀性；③计算方法的准确程度；④构件工作条件及重要性；⑤构件的自重与机动性。

一般取 $n=1.4\sim3.5$。

### 6.2.2 强度计算

要使构件在外力作用下能够安全可靠地工作，必须使构件截面上的最大正应力 $\sigma_{max}$ 不超过材料的许用应力，即

$$\sigma_{max}=\frac{F_N}{A}\leqslant[\sigma] \tag{6-10}$$

式（6-10）称为**构件在轴向拉伸或压缩时的强度条件**。

产生最大正应力的截面称为**危险截面**。对于等截面杆件，轴力最大的截面即为危险截面，对于变截面直杆，危险截面要结合 $F_N$ 和 $A$ 共同考虑。

根据强度条件，可以解决强度计算的三类问题：

（1）强度校核

在已知构件的材料、尺寸及所受荷载的情况下，检查构件的强度是否足够。具体做法是：根据荷载和构件尺寸确定出最大工作应力 $\sigma_{max}$，然后和构件材料的许用应力相比较，如果满足式（6-10）的条件，则构件有足够的强度，反之，构件的强度不够。

（2）设计截面尺寸

在构件的材料和形状已确定的条件下，$[\sigma]$ 和 $F_N$ 为已知，把强度条件公式转化为

$$A\geqslant\frac{F_N}{[\sigma]}$$

计算出截面面积，然后根据构件截面形状设计截面的具体尺寸。

（3）确定许用荷载

当构件的材料和形状、尺寸已确定的条件下，$[\sigma]$ 和 $A$ 为已知，把强度条件公式转换为

$$F_N\leqslant A[\sigma]$$

计算出构件所能承受的最大轴力，再根据静力平衡方程，确定构件所能承受的最大许用荷载。

【例6-5】 图6-10a所示的木构架，悬挂的重物为$W=60\text{kN}$，$AB$的横截面为正方形，横截面边长为200mm，许用应力$[\sigma]=10\text{MPa}$。试校核$AB$支柱的强度。

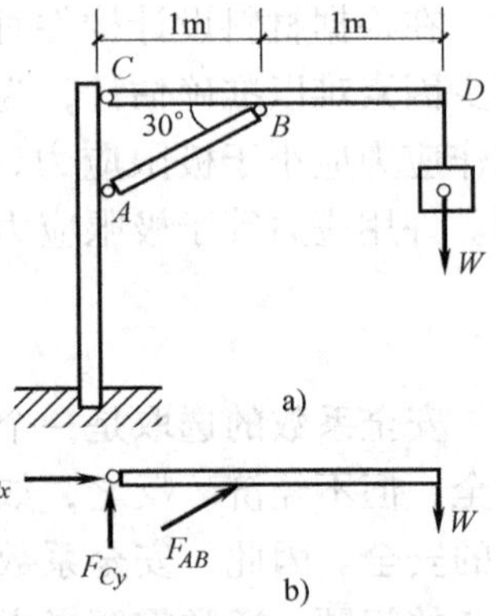

图 6-10

**解**：1）计算$AB$支柱的轴力。取杆件$CD$为研究对象，轴力图如图6-10b所示，由平衡方程

$$\sum M_C(\boldsymbol{F})=0;\quad F_{AB}\sin30°\times1\text{m}-W\times2\text{m}=0$$

$$F_{AB}=\frac{W\times2\text{m}}{\sin30°\times1\text{m}}=\frac{2\times60}{\sin30°\times1}\text{kN}=240\text{kN}$$

$AB$支柱的轴力 $F_{NAB}=F_{AB}=240\text{kN}$

2）校核$AB$支柱的强度。

$AB$支柱的横截面面积

$$A=200\times200\text{mm}^2=40\times10^3\text{mm}^2$$

$AB$支柱的应力

$$\sigma=\frac{F_{NAB}}{A}=\frac{240\times10^3}{40\times10^3}\text{MPa}=6\text{MPa}<[\sigma]=10\text{MPa}$$

故$AB$支柱的强度足够。

【例6-6】 三角架由$AB$和$BC$两根材料相同的圆截面杆件构成如图6-11a所示。材料的许用应力$[\sigma]=100\text{MPa}$，荷载$F=10\text{kN}$。试设计两杆的直径。

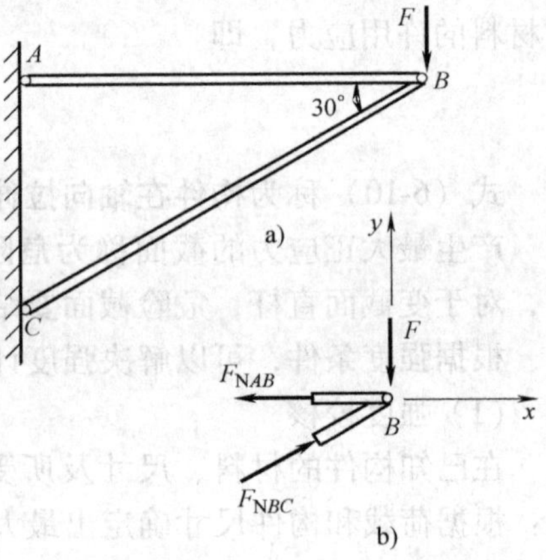

图 6-11

**解**：1）计算两杆的轴力。用截面法截取$B$结点为研究对象，受力图如图6-11b所示。由平衡方程

$$\sum F_y=0;\quad F_{NBC}\sin30°-F=0$$

$$F_{NBC}=\frac{F}{\sin30°}=\frac{10}{\sin30°}\text{kN}=20\text{kN}$$

$$\sum F_x=0;\quad F_{NBC}\cos30°-F_{NAB}=0$$

$$F_{NAB}=F_{NBC}\cos30°=20\times\cos30°\text{kN}=17.32\text{kN}$$

2）确定两杆的直径。由强度条件知

$$A=\frac{\pi d^2}{4}\geqslant\frac{F_N}{[\sigma]}$$

$$d\geqslant\sqrt{\frac{4F_N}{\pi[\sigma]}}$$

$$d_{AB}=\sqrt{\frac{4F_{NAB}}{\pi[\sigma]}}=\sqrt{\frac{4\times17.32\times10^3}{\pi\times100}}\text{mm}=14.85\text{mm}$$

取$AB$杆件的直径$d_{AB}=14.85\text{mm}$。

$$d_{BC}=\sqrt{\frac{4F_{NBC}}{\pi[\sigma]}}=\sqrt{\frac{4\times20\times10^3}{\pi\times100}}\text{mm}=15.96\text{mm}$$

取$BC$杆件的直径$d_{BC}=15.96\text{mm}$。

【例6-7】 图6-12a所示的支架，$AB$杆件的许用应力$[\sigma_1]=100\text{MPa}$，$BC$杆件的许用应力$[\sigma_2]=160\text{MPa}$，两杆横截面面积均为$A=150\text{mm}^2$。试求此结构的许用荷载$F$。

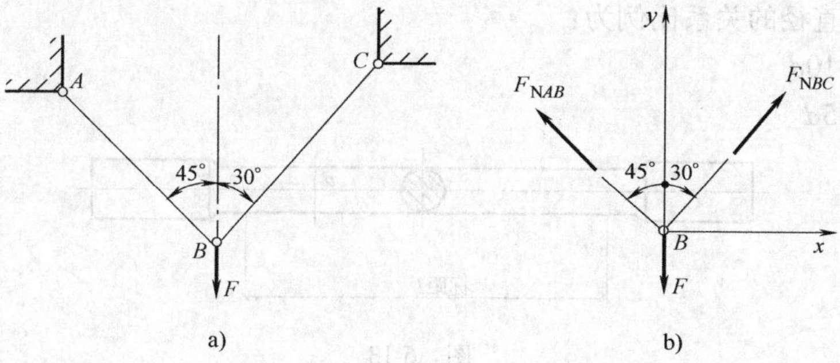


图　6-12

**解**：1）计算杆件的轴力和荷载的关系。用截面法截取结点 $B$ 为研究对象，受力图如图 6-12b 所示。由平衡方程

$$\sum F_x = 0;\quad F_{NBC}\sin 30° - F_{NAB}\sin 45° = 0$$
$$\sum F_y = 0;\quad F_{NBC}\cos 30° + F_{NAB}\cos 45° - F = 0$$

联立求解得出

$$F = 1.93F_{NAB}$$
$$F = 1.37F_{NBC}$$

2）计算杆件的许用轴力。由强度条件可知

$$[F_{NAB}] = [\sigma_1] \times A = 100 \times 150\text{N} = 15\text{kN}$$
$$[F_{NBC}] = [\sigma_2] \times A = 160 \times 150\text{N} = 24\text{kN}$$

3）计算杆件的许用荷载。由以上条件可知

$$[F_{AB}] = 1.93[F_{NAB}] = 1.93 \times 15\text{kN} = 28.95\text{kN}$$
$$[F_{BC}] = 1.37[F_{NBC}] = 1.37 \times 24\text{kN} = 32.88\text{kN}$$

4）确定结构的许用荷载。根据上述计算结果，结构的许用荷载取较小者，则

$$[F] = 28.95\text{kN}$$

## 6.3　材料在拉伸和压缩时的力学性能

### 6.3.1　材料的拉伸和压缩试验

材料在拉伸和压缩时的力学性能，又称为**机械性能**，是指材料在受力过程中在强度和变形方面表现出的特性，是解决强度、刚度和稳定性问题不可缺少的依据。

材料在拉伸和压缩时的力学性能，是通过试验得出的。拉伸与压缩试验通过在万能试验机上进行。拉伸与压缩试验的过程，把由不同材料按照标准制成的试件装夹到试验机上，试验机对试件施加荷载，使试件产生变形甚至破坏。试验机上的测量装置测出试件在受荷载作用变形过程中，所受荷载的大小及变形情况等数据，由此测出材料的力学性质。本节主要介绍在常温、静载条件下，塑性材料和脆性材料在拉伸和压缩时的力学性能。

### 6.3.2　材料在拉伸时的力学性能

拉伸试验时采用的标准试件，如图 6-13 所示，规定圆截面标准试件的工作长度（也称

标距）与其截面直径的关系比例为：

长试件：$l=10d$

短试件：$l=5d$

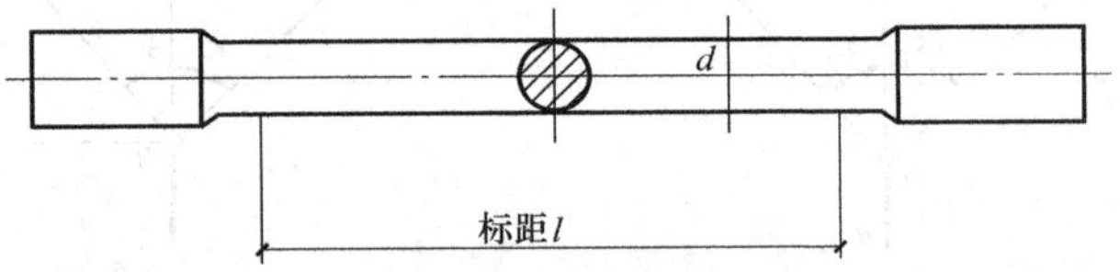


图 6-13

（1）低碳钢的拉伸试验

由于低碳钢在工程上应用广泛，其力学性质又具有典型性。因此，用它来作为塑性材料的代表。以A3 钢为例，来讨论低碳钢的机械性质。将A3 钢做成的标准试件装夹在万能试验机的两个夹头上，缓慢地加载，直到使试件拉断为止。在拉伸的过程中，自动绘图仪将每瞬时荷载与绝对伸长量的关系绘成 $F—\Delta l$ 曲线图，如图 6-14 所示，此图称为拉伸图，图中纵坐标为荷载 $F$，横坐标为绝对伸长量 $\Delta l$。

试件的拉伸图与试件的几何尺寸有关。为了消除试件几何尺寸的影响，将拉伸图的纵坐标除以试件的横截面面积 $A$，横坐标除以标距 $l$，则得到应力应变曲线，称为**应力—应变图或者 $\sigma—\varepsilon$ 图**，如图 6-15 所示。

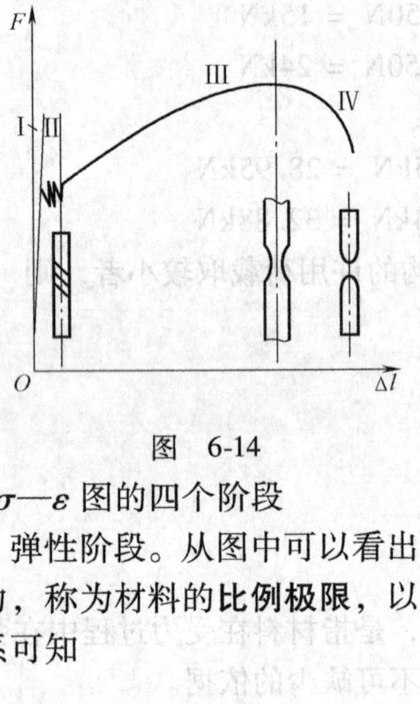


图 6-14

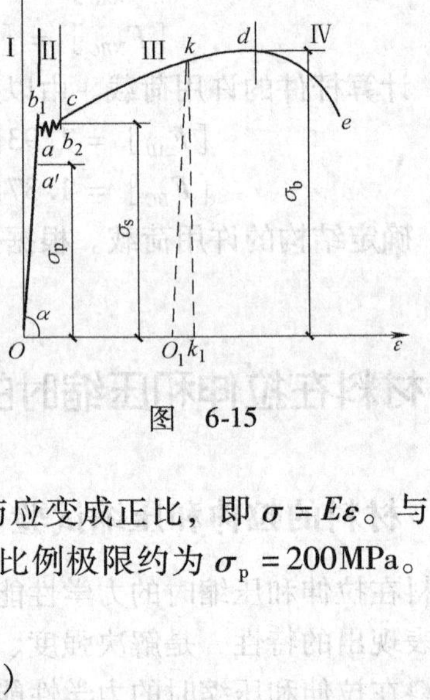


图 6-15

1）$\sigma—\varepsilon$ 图的四个阶段

① 弹性阶段。从图中可以看出，$Oa'$范围内应力与应变成正比，即 $\sigma=E\varepsilon$。与 $a'$点对应的应力，称为材料的**比例极限**，以 $\sigma_p$ 表示。A3 钢的比例极限约为 $\sigma_p=200\text{MPa}$。由图中几何关系可知

$$\tan\alpha=\frac{\sigma}{\varepsilon}=E(\text{常数})$$

在 $Oa$ 阶段内，材料的变形是弹性的，即当 $\sigma$ 小于 $a$ 点的应力时，如果卸去外力，使应力逐渐减到零，则对应的应变 $\varepsilon$ 也随之完全消失。材料受外力后变形，卸去外力后变形完全消失的这种特性称为**弹性**。因为 $Oa$ 阶段内材料的变形是弹性变形，所以 $Oa$ 阶段称为弹性阶段。与 $a$ 点相对应的应力称为**弹性极限**，用 $\sigma_e$ 表示。A3 钢的 $\sigma_e$ 也近似等于 200MPa。由于比例极限与弹性极限非常接近，所以工程实际应用中将二者视为相等，即将 $a$ 与 $a'$视为同一点。

② 屈服阶段。当应力达到 $b_1$ 点的相应值时，应力不再增加而应变急剧的增加，材料

暂时失去了抵抗变形的能力，这种现象一直延续到 $c$ 点。如果试件是经过抛光的，这时可以看到试件表面出现许多和试件轴线成45°角的条纹，称为滑移线。这种应力几乎不变，应变却在不断增加，从而产生显著变形的现象，称为**屈服现象**，$b_1c$ 阶段称为屈服阶段。在这个阶段内，与 $b_1$ 点对应的应力称为上屈服极限，与 $b_2$ 点相对应的应力称为下屈服极限。一般规定下屈服极限作为材料的**屈服极限**，用 $\sigma_s$ 表示。Q235 钢中 Q 表示屈服极限，235 表示屈服极限强度为 235MPa。

在这个阶段，如果卸载将出现不能消失的变形，称为**塑性变形**。这在许多工程中是不允许的，所以屈服极限是衡量材料强度的一个重要指标。

③　强化阶段。图中 $cd$ 段曲线缓慢上升，表示材料抵抗变形的能力又逐渐增加，这一阶段称为强化阶段，曲线最高点 $d$ 所对应的应力称为**强度极限**，以 $\sigma_b$ 表示。Q235 钢的强度极限 $\sigma_b=400\text{MPa}$。强度极限是衡量材料强度的另一重要指标。

④　缩颈阶段。在强度极限前试件的变形是均匀的。在强度极限后，即曲线的 $de$ 段，变形集中在试件的某一局部，纵向变形显著增加，横截面面积显著缩小，试件最后被拉断，如图 6-16 所示。

**冷作硬化**

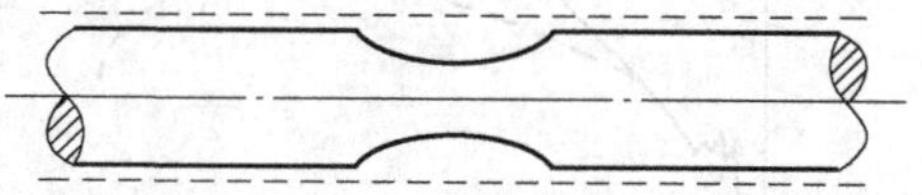

图　6-16

将试件预加载到强化阶段内的 $k$ 点，然后缓慢卸载，$\sigma$—$\varepsilon$ 曲线将沿着与 $Oa'$ 近似平行的直线回到 $O_1$ 点。$O_1k_1$ 是消失了的弹性应变，而 $OO_1$ 是残留下来的塑性应变。若卸载后重新加载，应力应变曲线将沿着 $O_1kde$ 变化。比较 $O_1kde$ 和 $O_1a'b_1cde$ 可知，重新加载时，材料的比例极限和屈服极限得到提高，而塑性变形降低，这种现象称为**冷作硬化**。工程中常常看到用材料的这个性质，如经过冷拉的钢筋可提高屈服极限，节约钢材。

**材料的塑性**

试件拉断后，弹性变形消失了，只剩下塑性变形。材料的塑性变形，可用试件被拉断后的塑性相对伸长率 $\delta$ 来表示，即

$$\delta=\frac{l_1-l}{l}\times 100\%$$

式中 $l_1$ 是拉断后的标距长度，$l$ 是原始标距长度，$\delta$ 称为**延伸率**。延伸率是衡量材料塑性的一个重要指标，一般将 $\delta>5\%$ 的材料称为**塑性材料**，将 $\delta<5\%$ 的材料称为**脆性材料**。

材料的塑性，还可以用试件拉断后的横截面面积残余相对收缩率 $\psi$ 来表示，即

$$\psi=\frac{A-A_1}{A}\times 100\%$$

式中的 $A_1$ 为试件断口处的最小横截面面积，$A$ 为原始横截面面积，$\psi$ 称为截面的收缩率。

**(2) 铸铁的拉伸试验**

铸铁可作为脆性材料的代表，其 $\sigma$—$\varepsilon$ 图如图 6-17 所示。

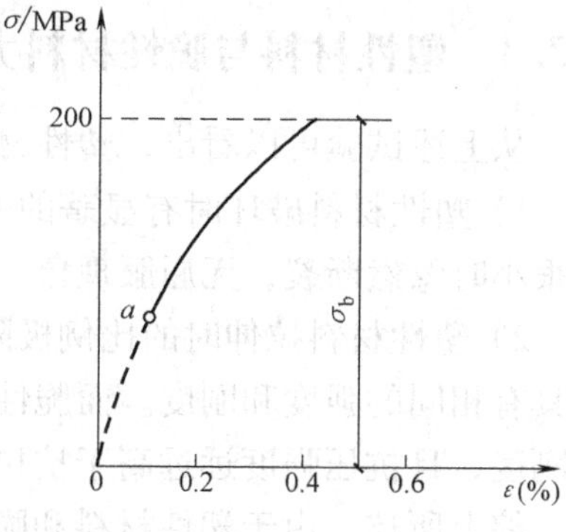


图　6-17

从铸铁的 $\sigma$—$\varepsilon$ 图可以看出，铸铁没有明显的直线

部分。但因直到拉断时其变形也非常小，因此，一般规定在产生 0.1% 的应变时，所对应的应力范围为弹性变形，并认为这个范围内服从胡克定律。

铸铁拉伸时无屈服现象和缩颈现象，断裂是突然出现的。端口与轴线垂直，塑性变形很小。衡量铸铁的唯一指标是强度极限 $\sigma_b$。

## 6.3.3 材料在压缩时的力学性能

压缩试验在万能试验机上进行，金属材料的压缩试件是圆柱体，高是直径的 1.5~3 倍。非金属材料的压缩试件是立方体。

（1）低碳钢的压缩试验

以低碳钢作为塑性材料的代表，其压缩时的 $\sigma$—$\varepsilon$ 图如图 6-18 所示。为了便于比较材料在拉伸和压缩时的力学性能，在图中还以虚线绘出了低碳钢在拉伸时的 $\sigma$—$\varepsilon$ 图。

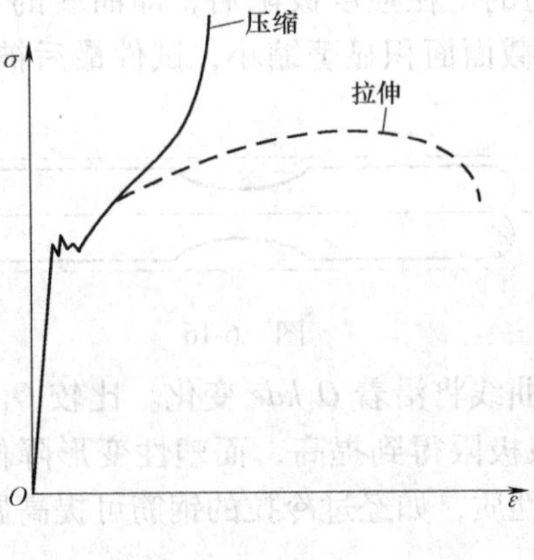


图 6-18

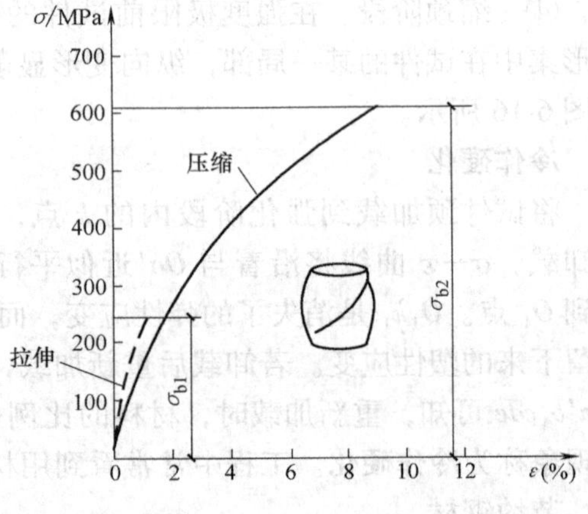


图 6-19

比较低碳钢在拉伸时的 $\sigma$—$\varepsilon$ 图可知，比例极限、屈服极限和弹性模量等参数在拉伸和压缩时是相同的。在压缩时的 $\sigma$—$\varepsilon$ 图中，无强度极限。

（2）铸铁的压缩试验

以铸铁作为脆性材料的代表，其压缩时的 $\sigma$—$\varepsilon$ 图如图 6-19 中实线所示，它与拉伸时的 $\sigma$—$\varepsilon$ 图（虚线）相似。值得注意的是，压缩时强度极限比拉伸时的强度极限高 3~4 倍，最后试件是沿着与轴线成 45°~50°角的斜面破坏的。

## 6.3.4 塑性材料与脆性材料力学性质比较

从上述试验可以看出，塑性材料与脆性材料力学性质的主要区别是：

1）塑性材料破坏时有显著的变形，断裂前有的出现明显的屈服现象；而脆性材料在变形很小时忽然断裂，无屈服现象。

2）塑性材料拉伸时的比例极限、屈服极限和弹性模量与压缩时相同，说明拉伸和压缩时具有相同的强度和刚度。而脆性材料则不同，其压缩时的强度和刚度都大于拉伸时的强度和刚度，且抗压强度远远高于抗拉强度。

综上所述，由于塑性材料和脆性材料的力学性质有很大的差别，因此在工程中，齿轮、轴等零件多用塑性材料制造，受压构件多用脆性材料制造。

## 小 结

1）本章主要介绍了拉（压）杆的内力、应力计算。拉（压）杆的内力——轴力 $F_N$ 的计算采取截面法和静力平衡关系求得。拉（压）杆的正应力在横截面上均匀分布，其计算公式为

$$\sigma = \frac{F_N}{A}$$

2）胡克定律建立了应力和应变之间的关系，其表达式为

$$\sigma = E\varepsilon \quad 或 \quad \Delta l = \frac{F_N l}{EA}$$

3）低碳钢的拉伸应力—应变曲线分为四个阶段：弹性阶段、屈服阶段、强化阶段和缩颈阶段。重要的强度指标有 $\sigma_s$、$\sigma_b$；塑性指标有 $\delta$、$\psi$。

4）轴向拉（压）的强度条件为

$$\sigma_{max} = \frac{F_N}{A} \leqslant [\sigma]$$

利用该式可以解决强度校核、设计截面和确定承载能力这三类强度计算问题。

## 习 题

1. 求图 6-20 所示各杆 1—1、2—2 截面上的轴力，并绘制轴力图。

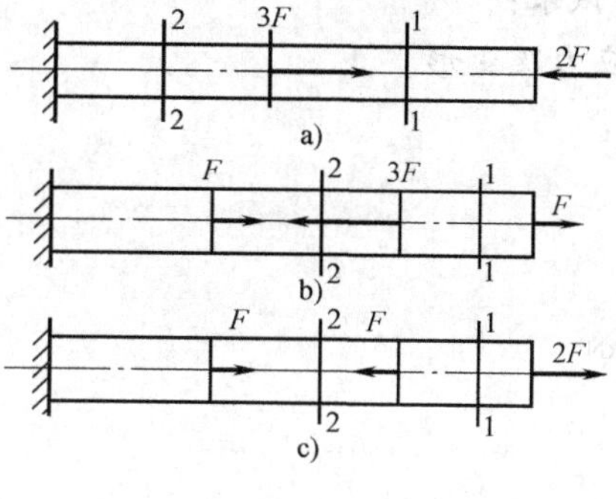


图 6-20

2. 求图 6-21 所示各杆 1—1、2—2、3—3 截面上的轴力，并绘制轴力图。

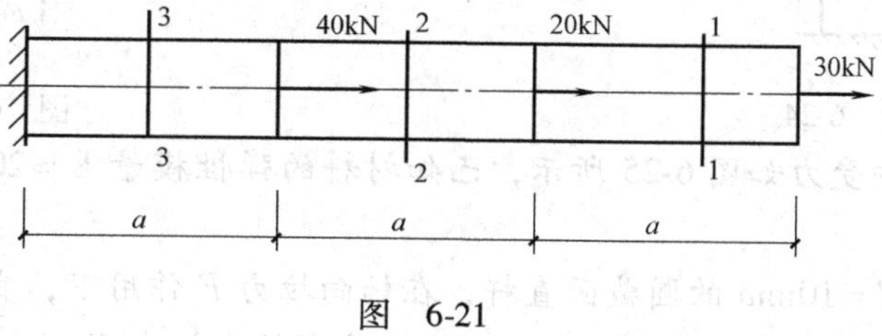


图 6-21

3. 如图 6-22 杆的横截面面积分别为 $A$ 和 $A_1$，且 $A_1 = \frac{A}{2}$，长度为 $l$，弹性模量为 $E$，荷

载为 $F$。试绘制它们的轴力图，并求出：

1）各段横截面上的应力。

2）绝对变形 $\Delta l$。

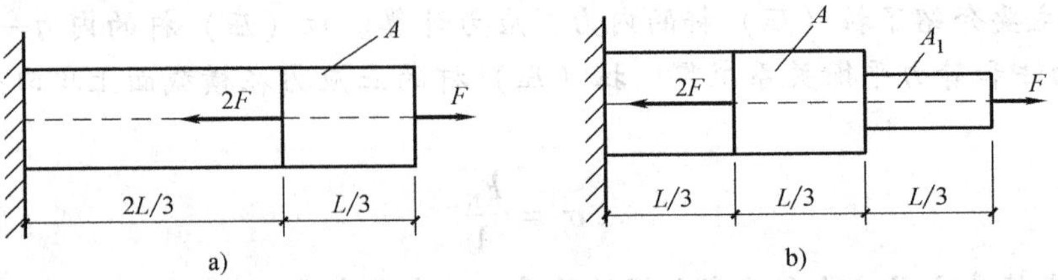


图 6-22

4. 图 6-23 所示钢制的阶梯形直杆，各段横截面面积分别为 $A_1 = A_3 = 300\text{mm}^2$，$A_2 = 400\text{mm}^2$，$E = 200\text{GPa}$。

1）试求出各段的轴力，指出最大轴力发生在哪一段。

2）计算杆件的总变形。

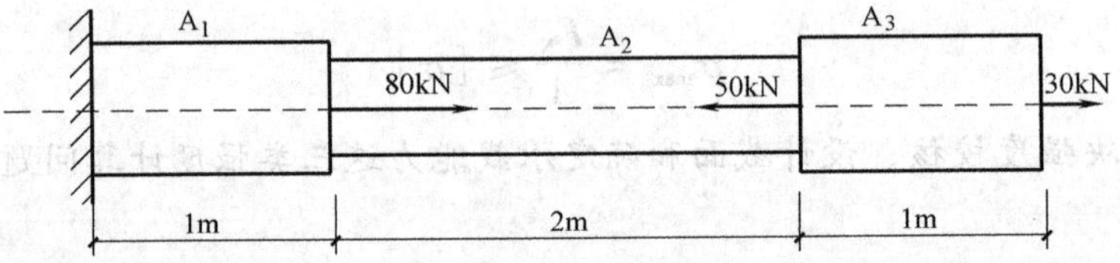


图 6-23

5. 一长为 0.3m 的钢杆，其受力情况如图 6-24 所示。已知杆横截面面积 $A = 100\text{mm}^2$。材料的弹性模量 $E = 200\text{GPa}$，试求：

1）$AC$、$CD$、$DB$ 各段的应力及变形。

2）$AB$ 杆的总变形。

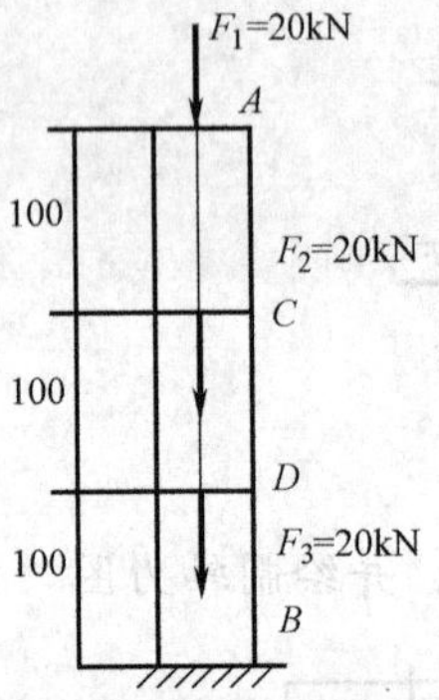


图 6-24

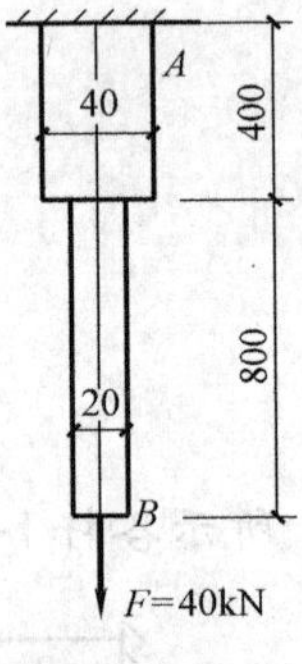


图 6-25

6. 一圆截面杆件受力如图 6-25 所示，已知材料的弹性模量 $E = 200\text{GPa}$。试求各段的应力和应变。

7. 一根直径为 $d = 10\text{mm}$ 的圆截面直杆，在轴向拉力 $F$ 作用下，直径缩减了 0.0025mm，若材料的弹性模量 $E = 210\text{GPa}$，泊松比 $\mu = 0.3$。试求轴向拉力 $F$。

8. 如图 6-26 所示 A3 钢钢板的厚度 $t = 12\text{mm}$，宽度 $b = 100\text{mm}$，铆钉孔的直径 $d =$

17mm，设轴向力 $F=100\text{kN}$，每个孔上承受力 $\dfrac{F}{4}$，安全系数 $n=2$。试校核钢板的强度。

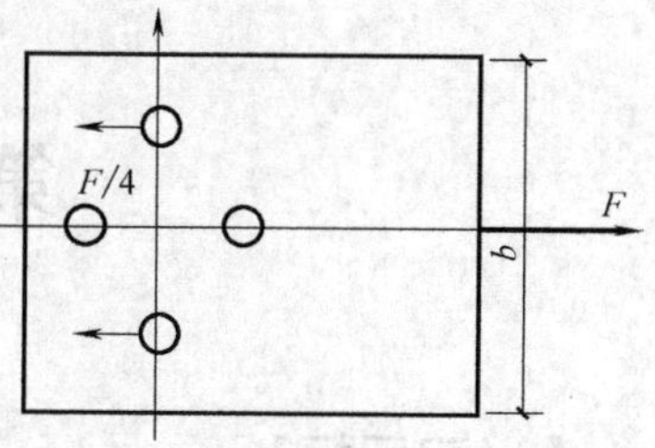


图　6-26

9. 如图 6-27 所示，重 $W=50\text{kN}$ 的物体挂在支架的 $B$ 点，若 $AB$ 和 $BC$ 杆件都是铸铁的，其许用拉应力 $[\sigma_l]=30\text{MPa}$，许用压应力 $[\sigma_y]=90\text{MPa}$。试求 $AB$ 和 $BC$ 杆的横截面面积。

10. 如图 6-28 所示，钢杆受拉力 $F=40\text{kN}$，若拉杆材料的许用应力 $[\sigma]=100\text{MPa}$。横截面为矩形，$b=2a$，试确定 $a$、$b$ 的大小。

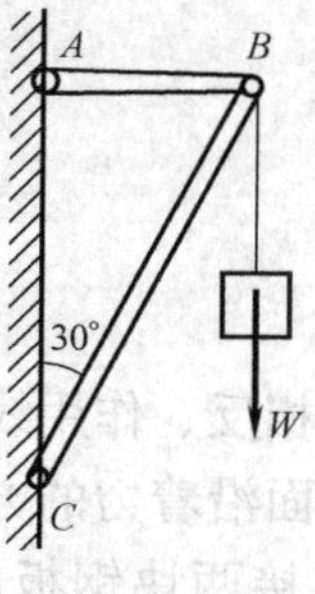


图　6-27

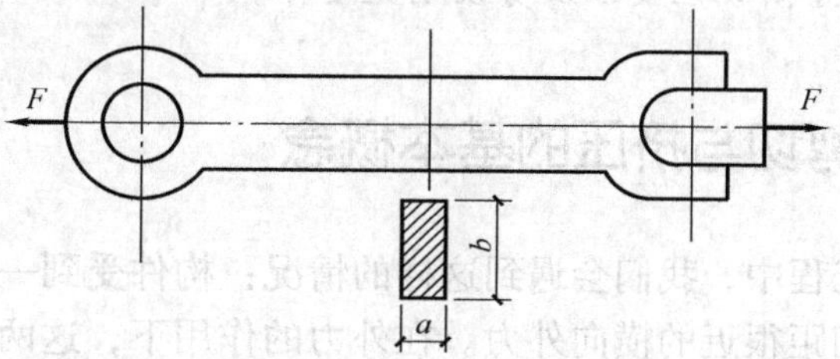


图　6-28

# 第 7 章　剪切与挤压

**【学习目标】**

1. 理解剪切的基本概念，掌握连接构件受剪时剪切面的确定方法（数量及面积）。
2. 理解挤压的基本概念，掌握挤压面的计算方法。
3. 掌握剪切与挤压的强度条件及实用计算。
4. 了解切应变以及剪切胡克定律。

## 7.1　剪切与挤压的基本概念

在工程中，我们会遇到这样的情况：构件受到一对大小相等、方向相反、作用线相互平行而且相距很近的横向外力。在外力的作用下，这两个作用力之间的截面沿着力的方向产生相对错动，习惯上称这种变形为剪切变形。如图 7-1a 所示为一铆钉连接两块钢板的简图。当钢板受拉时，铆钉的左上侧面和右下侧面受到钢板传来的一对力 $F$ 作用，如图 7-1b 所示。这时，铆钉的上、下部分将沿着外力的方向分别向右和向左移动，如图 7-1c 所示。当外力足够大时，将会使铆钉剪断，这就是剪切破坏，铆钉产生的变形就是剪切变形。通常把相互错动的截面称作剪切面，其平行于力的作用线，位于方向相反的两横向外力作用线之间。剪切面上的内力即为剪力，可用截面法求得。

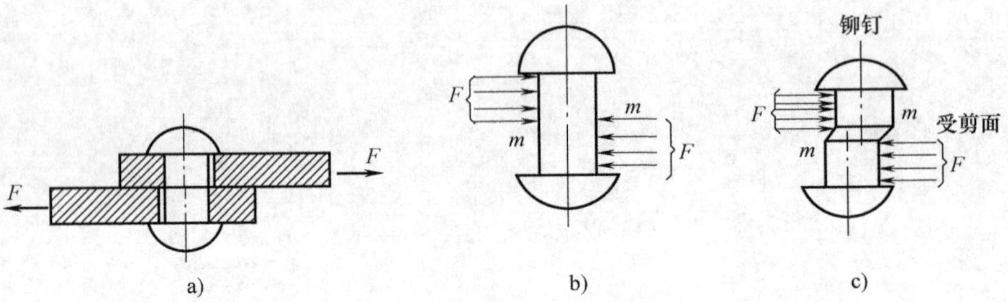


图　7-1

综上所述，杆件受到一对大小相等、方向相反、作用线相距很近并垂直于杆轴的外力作用，两力间的横截面将沿着力的方向发生错动，这种变形称为**剪切变形**。发生相对错动的截面称为**剪切面**。工程中产生剪切变形的构件通常是一些起连接作用的部件，如连接钢板的铆钉或螺栓。

构件在受剪切时，常伴随着挤压现象。相互接触的两个物体相互传递压力时，因接触面的面积较小，而传递的压力却比较大，致使接触面产生局部的塑性变形，甚至产生被压陷的现象，称为挤压。如图 7-1 所示，铆钉与钢板之间相互接触的局部受压面称为**挤压面**，挤压面上的压力称为**挤压力**。由于挤压引起的应力称为**挤压应力**。

## 7.2 剪切与挤压的实用计算

### 7.2.1 剪切强度的实用计算

下面以铆钉连接图 7-1a 为例，说明剪切强度的计算方法。以铆钉为研究对象，其受力情况如图 7-2a 所示。

首先用截面法求 $m$—$m$ 截面上的内力。将铆钉沿着 $m$—$m$ 截面截开，分为上下两部分，如图 7-2b 所示。取其中任一部分为研究对象，根据静力平衡条件，在剪切面内必有一个与该截面相切的内力 $F_Q$，称为剪力。由平衡条件

$$\sum F_x = 0;\ F_Q - F = 0$$

解得 $$F_Q = F$$

由于剪力 $F_Q$ 的存在，剪切面上有相应的切应力 $\tau$，假设切应力在剪切面上均匀分布，则切应力的计算公式为

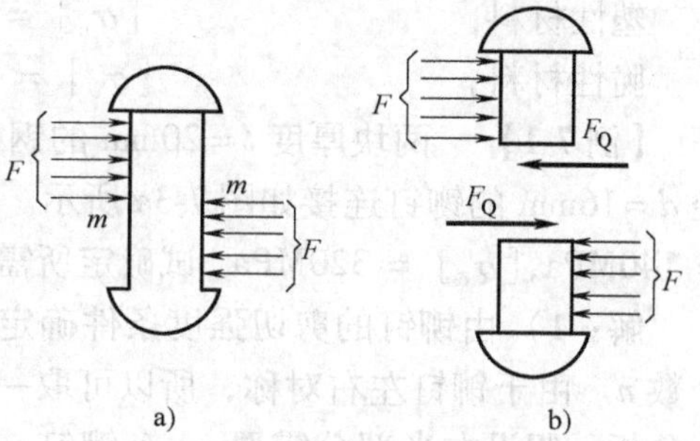


图 7-2

$$\tau = \frac{F_Q}{A} \tag{7-1}$$

式中 $F_Q$——横截面上的剪力；

$A$——剪切面积。

为了保证构件在工作中不发生剪切破坏，必须使构件工作时产生的切应力不超过材料的许用切应力，即

$$\tau = \frac{F_Q}{A} \leqslant [\tau] \tag{7-2}$$

工程中常用材料的许用切切力，可从有关规范中查到，也可按照下面的经验公式确定：

塑性材料 $[\tau] = (0.6 \sim 0.8)[\sigma_2]$

脆性材料 $[\tau] = (0.8 \sim 1.0)[\sigma_2]$

式中，$[\sigma_2]$ 为材料的许用拉应力。

### 7.2.2 挤压强度的实用计算

受剪的构件，往往还伴随着挤压的情况，因此，受剪构件的破坏形式除了剪切破坏外，还可能在构件表面引起挤压破坏，所以对于受剪构件除了要进行剪切强度计算外还要进行挤压强度计算。

在工程上一般采用实用计算法对挤压进行强度校核。即假定挤压应力均匀地分布在挤压面的计算面积上。则挤压应力的计算公式为

$$\sigma_c = \frac{F_c}{A_c} \tag{7-3}$$

式中 $F_c$——挤压面上的挤压力；

$A_c$——挤压面的计算面积。

当挤压面为平面时，计算挤压面积为实际挤压面，当挤压面为圆柱面时，用圆柱截面的直径平面面积作为计算面积。

为了保证构件不发生挤压破坏，要求挤压应力不超过材料的许用挤压应力，即

$$\sigma_c = \frac{F_c}{A_c} \leqslant [\sigma_c] \tag{7-4}$$

式中 $[\sigma_c]$ 为材料的许用挤压应力，可由试验测定，也可查规范。或按经验公式确定

塑性材料，　$[\sigma_c] = (1.5 \sim 2.5)[\sigma_2]$

脆性材料，　$[\sigma_c] = (0.9 \sim 1.5)[\sigma_2]$

**【例 7-1】** 两块厚度 $t=20\text{mm}$ 的钢板对接，上下各加一块厚度 $t_1=20\text{mm}$ 的盖，通过直径 $d=16\text{mm}$ 的铆钉连接如图 7-3a 所示。已知拉力 $F=100\text{kN}$，许用应力 $[\sigma]=160\text{MPa}$，$[\tau]=140\text{MPa}$，$[\sigma_c]=320\text{MPa}$。试确定所需铆钉的个数 $n$ 及钢板的宽度 $b$。

**解：** 1）由铆钉的剪切强度条件确定铆钉个数 $n$。由于铆钉左右对称，所以可取一边进行分析。假设左半部分需要 $n_1$ 个铆钉，则每个铆钉受力图如图 7-3b 所示。用截面法可求得剪切面上的剪力

$$F_Q = \frac{F}{2n_1}$$

剪切强度条件为

$$\tau = \frac{F_Q}{A} = \frac{F}{2n_1 A} \leqslant [\tau]$$

$$n_1 \geqslant \frac{F}{2[\tau]A} = \frac{100 \times 10^3}{2 \times 140 \times \frac{\pi}{4} \times 16^2}$$

$$=1.78 \approx 2$$

故两边共需铆钉数

$$n = 2n_1 = 4$$

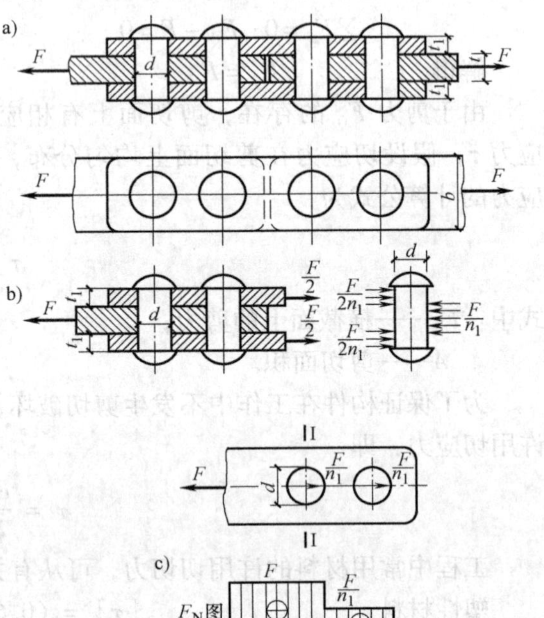

图 7-3

2）由挤压强度设计铆钉的个数

铆钉与连接主板间的挤压力为：

$$F_c = \frac{F}{n}$$

挤压面的计算面积为：　$A_c = ntd$

挤压强度条件：　$\sigma_c = \frac{F_c}{A_c} = \frac{F}{ntd} \leqslant [\sigma_c]$

故有：　$n \geqslant \frac{F}{[\sigma_c]td} = \frac{100 \times 10^3}{320 \times 20 \times 16} \approx 1$

要同时满足剪切和挤压的强度条件，铆钉数应取 $n=4$ 个。

3）由拉伸强度条件计算钢板的宽度 $b$。由于拉伸强度与上下加的钢板的面积有关，且 $2t_1 > t$，可知钢板的抗拉强度较低，其受力情况如图 7-3c 所示。由轴力图可知 Ⅰ—Ⅰ 截面为

危险截面。

拉伸强度条件
$$\sigma=\frac{F_N}{A}=\frac{F_N}{(b-d)t}\leqslant[\sigma]$$

$$b\geqslant\frac{F}{[\sigma]t}+d=\left(\frac{100\times10^3}{20\times160}+16\right)\text{mm}=47.3\text{mm}$$

## 7.3 切应变和剪切胡克定律

构件发生剪切变形时，介于两外力间的横截面发生相对错动。在构件受剪部位取一微小直角六面体，如图 7-4a、b 所示。剪切变形时，直角六面体变形为平行六面体。线段 $ee'$（或 $ff'$）为平行于外力的面 $efgh$ 相对于面 $abcd$ 的滑移量，称为**绝对剪切变形**。单位长度上的相对滑移量称为**相对剪切变形**，则

$$\frac{ee'}{\mathrm{d}x}=\frac{ee'}{ae}=\tan\gamma\approx\gamma$$

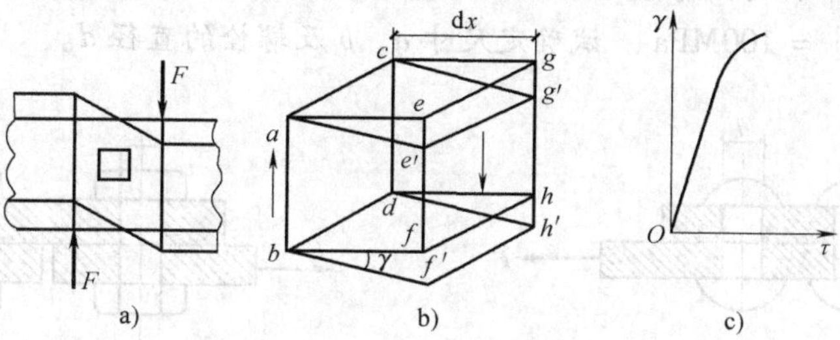


图 7-4

相对剪切变形也称为切应变或角应变，是矩形直角的微小改变量，用弧度（rad）表示。切应变 $\gamma$ 和线应变 $\varepsilon$ 是度量构件变形的两个基本量。

试验表明，当切应力不超过材料的剪切比例极限时，切应力与切应变成正比，如图 7-4c 所示，称为**剪切胡克定律**，表示为

$$\tau=G\gamma \tag{7-5}$$

式中 $G$ 为剪切弹性模量，是表示材料抵抗剪切变形能力的物理量，它的单位与应力的单位相同。各种材料的剪切弹性模量值由试验测得，也可从相关规范中查取。

对于各向同性材料，剪切弹性模量 $G$、弹性模量 $E$ 和泊松比 $\mu$ 之间存在下列关系

$$G=\frac{E}{2(1+\mu)} \tag{7-6}$$

### 小 结

1）构件受到大小相等、方向相反、作用线平行且相距很近的两外力作用时，两力之间的截面发生相对错位，这种变形称为剪切变形。

2）工程实际中采用实用计算的方法来建立剪切强度条件

$$\tau=\frac{F_Q}{A}\leqslant[\tau]$$

3）挤压强度条件

$$\sigma_c = \frac{F_c}{A_c} \leqslant [\sigma_c]$$

4）剪切胡克定律

$$\tau = G\gamma$$

## 习　　题

1. 冲床的最大冲力为400kN，冲头材料的许用应力 $[\sigma]=440\text{MPa}$，被冲剪钢板的剪切强度极限 $\tau_b=360\text{MPa}$。求在此最大冲力条件下所能冲剪的圆孔最小直径 $d$ 和钢板的最大厚度 $\delta$。

2. 如图7-5所示，两块厚度 $t=10\text{mm}$，宽度 $b=60\text{mm}$ 的钢板，用两个直径 $d=17\text{mm}$ 的铆钉搭接在一起，钢板受拉力 $F=60\text{kN}$，设每个铆钉受力相等。已知 $[\tau]=140\text{MPa}$，$[\sigma_1]=140\text{MPa}$。试校核该铆接件的强度。

3. 已知图7-6所示钢板厚度 $t=12\text{mm}$，拉力 $F=30\text{kN}$，钢板和螺栓材料的许用应力 $[\sigma_1]=160\text{MPa}$，$[\tau]=100\text{MPa}$。试确定尺寸 $a$，$b$ 及螺栓的直径 $d$。

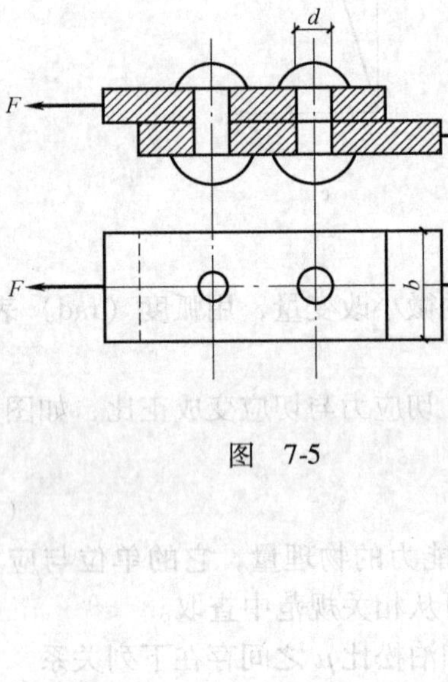


图 7-5

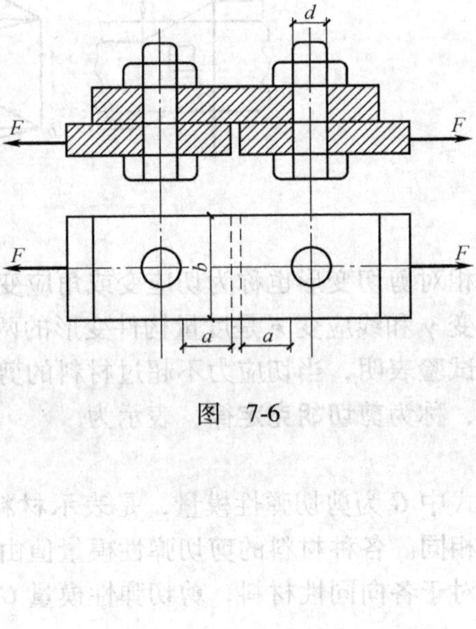


图 7-6

# 第 8 章　扭　　转

【学习目标】

1. 掌握扭转的概念，熟练掌握扭矩的计算及扭矩图的绘制。
2. 熟练掌握圆轴扭转时的内力和应力计算，以及圆轴扭转时的变形计算。
3. 熟练掌握扭转时的刚度和强度条件。

## 8.1　扭转的概念及外力偶矩的计算

### 8.1.1　扭转的概念

扭转变形是杆件的基本变形之一。在垂直于杆件轴线的两个平面内，作用一对大小相等、方向相反的力偶时，杆件就会产生**扭转变形**。扭转变形的特点是各横截面绕杆的轴线发生相对转动。杆件任意两横截面之间相对转过的角度 称为扭转角，如图 8-1 所示。

圆轴的扭转变形，在日常生活和工程实践中经常遇见的。例如经常使用的螺丝刀，受力情况如图 8-2a 所示，还有汽车的传动轴，受力如图 8-2b 所示。这些实例的共同特点是：杆件受到外力偶的作用，且力偶的作用平面垂直于杆件的轴线，使杆件的任意横截面都绕轴线发生相对转动。杆件的这种由于转动而产生的变形称为扭转变形。

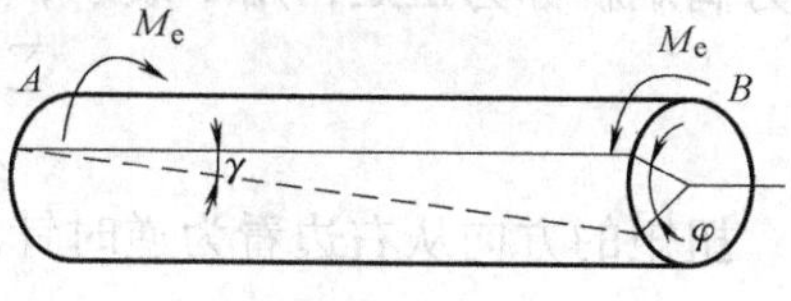


图　8-1

工程中将扭转变形为主的杆件称为轴。轴在受扭转过程中，往往还伴随着其他形式的变形。

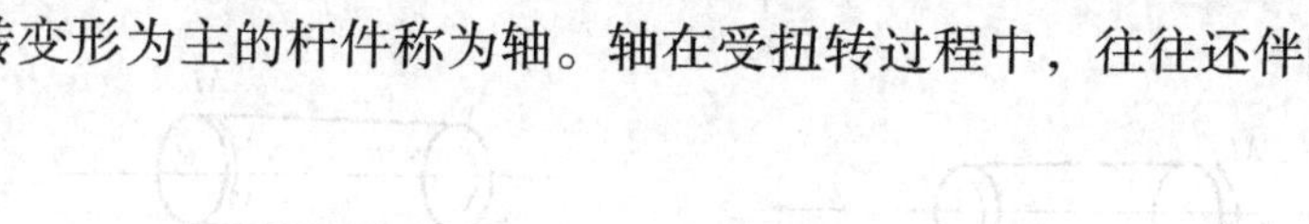


图　8-2

### 8.1.2 外力偶矩的计算

作用在圆轴上的外力偶的力偶矩往往不是直接给出的，而是根据所给定的轴传递的功率和轴的转速计算出的。根据理论力学中的公式，可导出外力偶矩、功率和转速之间的关系

$$M = 9550\frac{N}{n} \tag{8-1}$$

式中 $M$——作用在轴上的外力偶矩（N·m）；

$N$——轴传递的功率（kW）；

$n$——轴的转速（r/min）。

## 8.2 转轴扭转时的内力及应力

### 8.2.1 内力的计算

圆轴在外力偶作用下，横截面上将产生内力，计算内力的方法仍然采用前面所学过的截面法。

如图 8-3a 所示圆轴，在两端外力偶矩 $M$ 作用下平衡。现用截面法沿截面Ⅰ—Ⅰ截开，取左半部分为研究对象，如图 8-3b 所示。由平衡条件可知，截面上的内力必然为一力偶，此力偶矩就称为**扭矩**，用 $T$ 表示，由平衡方程

$$\sum M_x(F) = 0;\ T - M = 0$$
$$T = M$$

扭矩的方向从右边看为逆时针。

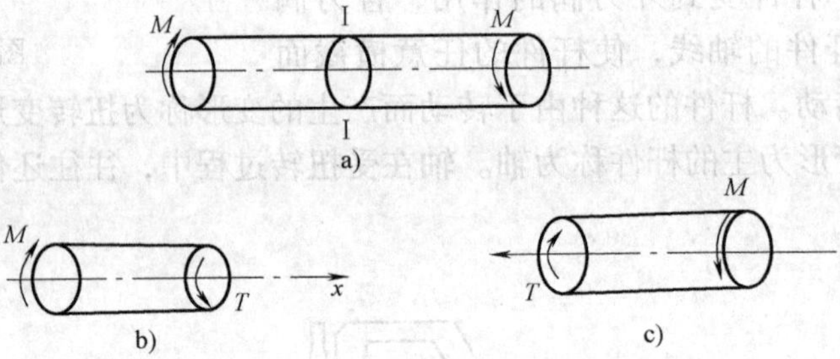


图 8-3

若取右半部分为研究对象，如图 8-3c 所示。同样可求得截面Ⅰ—Ⅰ上的扭矩为 $T = M$。扭矩的方向从右边看为顺时针。

为了使同一截面按照左端求得的扭矩与按照右端求得的扭矩，不仅大小相等，而且还具有相同的正负号，对扭矩的正负号规定如下：**以右手拇指顺着截面外法线方向，若横截面上扭矩的转向与其他四指的转向相同，扭矩为正号，反之为负号**，如图 8-4 所示。按照此规定图 8-3 所示的截面Ⅰ—Ⅰ上的扭矩为正。

**【例 8-1】** 图 8-5a 所示传动轴，已知轴的转速 $n = 200$r/min，主动轮 $A$ 的输入功率 $N_A = 40$kW，从动轮 $B$ 和 $C$ 的输出功率分别为 $N_B = 25$kW，$N_C = 15$kW。试求轴上 1—1 和 2—2 截面处的扭矩。

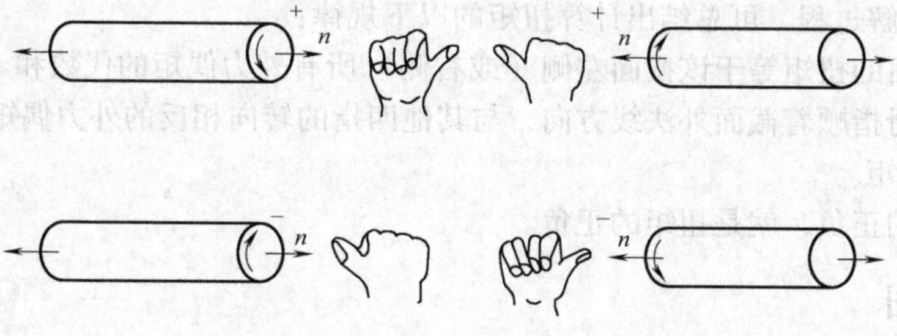


图 8-4

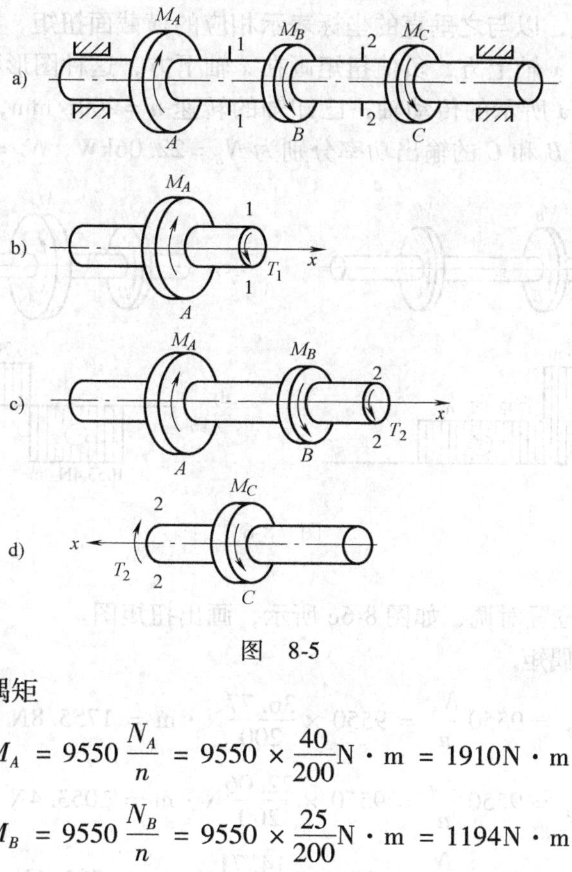


图 8-5

**解**：1）计算外力偶矩

$$M_A = 9550\frac{N_A}{n} = 9550 \times \frac{40}{200}\text{N}\cdot\text{m} = 1910\text{N}\cdot\text{m}$$

$$M_B = 9550\frac{N_B}{n} = 9550 \times \frac{25}{200}\text{N}\cdot\text{m} = 1194\text{N}\cdot\text{m}$$

$$M_C = 9550\frac{N_C}{n} = 9550 \times \frac{15}{200}\text{N}\cdot\text{m} = 716\text{N}\cdot\text{m}$$

（2）计算 1—1 截面的扭矩。假想将轴沿着 1—1 截面截开，取左端为研究对象，截面上的扭矩 $T_1$ 按照正方向假设，受力图如图 8-5b 所示。由平衡方程

$$\sum M_x(\boldsymbol{FF}) = 0;\ T_1 - M_A = 0$$

$$T_1 = M_A = 1910\text{N}\cdot\text{m}$$

3）计算 2—2 截面的扭矩　假想将轴沿着 2—2 截面截开，取左半部分为研究对象，截面上的扭矩 $T_2$ 按照正方向假设，受力图如图 8-5c 所示。由平衡方程

$$\sum M_x(\boldsymbol{F}) = 0;\ T_2 + M_B - M_A = 0$$

$$T_2 = M_A - M_B = (1910 - 1194)\text{N}\cdot\text{m} = 716\text{N}\cdot\text{m}$$

根据以上求解过程，可总结出计算扭矩的以下规律：

1）某一截面的扭矩等于该截面左侧（或右侧）所有外力偶矩的代数和。

2）以右手拇指顺着截面外法线方向，与其他四指的转向相反的外力偶矩产生正值扭矩，反之产生负值扭矩。

3）代数和的正负，就是扭矩的正负。

### 8.2.2 扭矩图

为了清楚地表示扭矩沿着轴线变化的规律，以便于确定危险截面，常用与轴线平行的 $x$ 坐标表示横截面的位置，以与之垂直的坐标表示相应的横截面扭矩，把计算结果按照比例绘在图上，正值扭矩画在 $x$ 轴上方，负值扭矩画在 $x$ 轴下方，这种图形称为**扭矩图**。

**【例 8-2】** 图 8-6a 所示的传动轴，已知轴的转速 $n=200\mathrm{r/min}$，主动轮 $A$ 的输入功率 $N_A=36.77\mathrm{kW}$，从动轮 $B$ 和 $C$ 的输出功率分别为 $N_B=22.06\mathrm{kW}$，$N_C=14.71\mathrm{kW}$。试做：

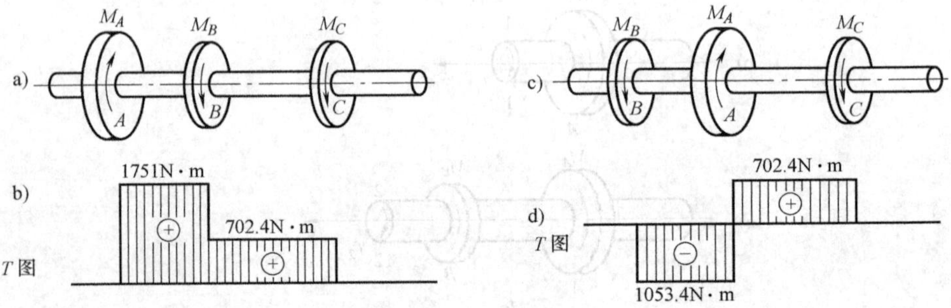


图 8-6

1）该轴的扭矩图。

2）若将轮和轮的位置对调，如图 8-6c 所示，画出扭矩图。

**解**：1）计算外力偶矩

$$M_A = 9550\frac{N_A}{n} = 9550 \times \frac{36.77}{200}\mathrm{N \cdot m} = 1755.8\mathrm{N \cdot m}$$

$$M_B = 9550\frac{N_B}{n} = 9550 \times \frac{22.06}{200}\mathrm{N \cdot m} = 1053.4\mathrm{N \cdot m}$$

$$M_C = 9550\frac{N_C}{n} = 9550 \times \frac{14.71}{200}\mathrm{N \cdot m} = 702.4\mathrm{N \cdot m}$$

2）计算各段的扭矩

$AB$ 段：在 $AB$ 段沿着任一截面将轴分为两部分，选择左半部分为研究对象，由平衡方程

$$\sum M_x(\boldsymbol{F}) = 0;\ T_{AB} - M_A = 0$$

$$T_{AB} = M_A = 1751\mathrm{N \cdot m}$$

$BC$ 段：在段内沿着任一截面将轴分为两部分，选择右半部分为研究对象，由平衡方程

$$\sum M_x(\boldsymbol{F}) = 0;\ T_{BC} - M_C = 0$$

$$T_{BC} = M_C = 702.4\mathrm{N \cdot m}$$

3）画扭矩图。根据以上的计算结果，按照比例做扭矩图，如图 8-6b 所示。

4）若将轮和轮的位置对调，如图 8-6c 所示，由计算扭矩的规律可知

$$T_{BA} = -M_B = -1053.4\text{N} \cdot \text{m}$$
$$T_{AC} = M_C = 702.4\text{N} \cdot \text{m}$$

绘制的扭矩图如图 8-6d 所示。

### 8.2.3 应力的计算

由于圆轴在发生扭转变形时，圆轴各个横截面在扭转后仍为相互平行的平面，且形状和大小不变，只是相对绕过了一个角度，且轴的长度和直径都没有发生变化，所以圆轴在发生扭转变形时，横截面上只有切应力存在，而没有正应力。

（1）横截面上任一点切应力的计算

根据圆轴在变形时的变形几何关系和物理以及静力学关系，可得横截面任一点处切应力 $\tau_\rho$ 的计算公式为

$$\tau_\rho = \frac{T}{I_\rho} \cdot \rho \tag{8-2}$$

式中 $T$——横截面上的扭矩；

$I_\rho$——横截面对圆心的极惯性距；

$\rho$——需求剪力处到圆心的距离。

（2）最大切应力的计算

根据式（8-2），在横截面的边缘处，即 $\rho = \dfrac{D}{2}$时，切应力取得最大值，即 $\tau_\rho = \tau_{\max}$。

$$\tau_{\max} = \frac{T}{I_\rho} \cdot \frac{D}{2}$$

令

$$W_\rho = \frac{I_\rho}{D/2}$$

$W_\rho$ 称为**抗扭截面系数**。

所以

$$\tau_{\max} = \frac{T}{W_\rho} \tag{8-3}$$

需要注意的是，在推导切应力计算公式时，应用了剪切胡克定律。所以只有在 $\tau_{\max}$ 不超过材料的剪切比例极限，并且杆件为圆截面直杆的情况下，切应力的计算公式才能应用。

（3）抗扭截面系数的计算

对于圆形截面杆件

$$W_\rho = \frac{I_\rho}{D/2} = \frac{\pi D^3}{16} \approx 0.2D^3$$

空心型截面

$$W_\rho = \frac{I_\rho}{D/2} = \frac{\pi D^3}{16}(1 - \alpha^4) \approx 0.2D^3(1 - \alpha^4)$$

式中 $\alpha = \dfrac{d}{D}$，$d$、$D$ 分别为圆截面的内径和外径。

抗扭截面系数的单位为 $\text{mm}^3$ 或 $\text{m}^3$。

【例 8-3】 一直径 $d = 50\text{mm}$ 的圆轴，已知轴上的扭矩 $T = 1\text{kN} \cdot \text{m}$，材料的剪切弹性模量 $G = 80\text{GPa}$。

试求：1）距离圆心 $\rho=20\text{mm}$ 处的切应力和切应变。

2）最大切应力和单位长度的扭转角。

**解：** 1）计算截面的极惯性矩和抗扭截面系数

$$I_\rho=\frac{\pi d^4}{32}=\frac{3.14\times50^4}{32}\text{mm}^4=6.13\times10^5\text{mm}^4$$

$$W_\rho=\frac{\pi d^4}{16}=\frac{3.14\times50^3}{16}\text{mm}^3=2.45\times10^4\text{mm}^3$$

由
$$\tau_\rho=\frac{T}{I_\rho}\cdot\rho$$

得
$$\tau_\rho=\frac{1\times10^6\times20}{6.13\times10^5}\text{MPa}=32.63\text{MPa}$$

由胡克定律
$$\tau_\rho=G\gamma_\rho$$

得
$$\gamma_\rho=\frac{\tau_\rho}{G}=\frac{32.63}{8\times10^4}\text{rad}=4.07\times10^{-4}\text{rad}$$

2）最大切应力为

$$\tau_{\max}=\frac{T}{W_\rho}=\frac{1\times10^6}{2.45\times10^4}=40.82\text{MPa}$$

单位长度的扭转角为

$$\frac{\mathrm{d}\varphi}{\mathrm{d}x}=\frac{T}{GI_\rho}=\frac{1\times10^3}{80\times10^9\times6.13\times10^5\times10^{-12}}\text{rad/m}=2.04\times10^{-2}\text{rad/m}$$

## 8.3 圆轴扭转时的变形

等截面直圆轴扭转时的变形，用两个横截面间绕轴线的相对扭转角 $\varphi$ 来度量。两个截面间的转角 $\varphi$ 的计算公式为

$$\varphi=\frac{Tl}{GI_\rho} \tag{8-4}$$

式中 $l$——杆件的长度；

$G$——剪切弹性模量。

扭转角的单位是 rad。式中 $GI_\rho$ 越大，则扭转角越大。$GI_\rho$ 称为**圆轴的抗扭刚度**，它反映了圆轴抵抗扭转变形的能力。

从式（8-4）可知，$\varphi$ 的大小与轴的长度有关，为了消除长度的影响，用单位扭转角 来表示扭转变形的程度，则

$$\theta=\frac{\varphi}{l}=\frac{T}{GI_\rho} \tag{8-5}$$

式中 $\theta$ 的单位是 rad/m，由于工程中 $\theta$ 的常用单位为°/m，则

$$\theta=\frac{T}{GI_\rho}\times\frac{180}{\pi}$$

# 8.4 圆轴扭转时的强度条件和刚度条件

## 8.4.1 强度条件

要使受到扭转的圆轴能够正常工作，就应使圆轴具有足够的强度，即要使轴工作时产生的最大切应力不超过材料的许用切应力，故**强度条件**为

$$\tau_{max}=\frac{T}{W_\rho}\leqslant[\tau] \tag{8-6}$$

对于等截面直圆杆，$\tau_{max}$发生在$T_{max}$处；对于阶梯轴，因为各段的$W_\rho$不同，$\tau_{max}$不一定发生在$T_{max}$所在的截面，所以必须综合考虑$T$和$W_\rho$两个因素来确定。

许用切应力$[\tau]$由扭转试验测定，设计时可查阅有关手册。在静载的作用下，它与许用拉应力有如下的关系：

塑性材料： $[\tau]=(0.5\sim0.6)[\sigma]$

脆性材料： $[\tau]=(0.8\sim1.0)[\sigma]$

利用强度条件，可解决强度校核、设计截面尺寸和确定许用荷载三个方面的问题。

## 8.4.2 刚度条件

圆轴扭转时，不仅要有足够的强度，还应有足够的刚度，才能使其安全可靠地工作。工程中要求轴工作时产生的最大单位长度扭转角不超过许用单位扭转角，故**刚度条件**为

$$\theta_{max}=\frac{T}{GI_\rho}\times\frac{180}{\pi}\leqslant[\theta] \tag{8-7}$$

对于等截面直圆杆，$T$应是$T_{max}$；对于阶梯轴，应综合考虑$T$和$I_\rho$两个因素来确定$\theta_{max}$。

许用单位扭转角$[\theta]$的单位为°/m，其值根据荷载性质和工作条件来确定，设计时可查有关手册。

**【例 8-4】** 汽车传动轴由 45 号无缝钢管制成，外径$D=90$mm，内径$d=85$mm，许用切应力$[\tau]=60$MPa，许用单位扭转角2°/m，剪切弹性模量$G=80$GPa，传递最大力偶矩$M=1.5$kN·m，试校核其强度和刚度。

**解：**

$$T=M=1.5\text{kN}\cdot\text{m}$$

$$W_\rho=0.2D^3(1-\alpha^4)=0.2\times90^3\times\left[1-\left(\frac{85}{90}\right)^4\right]\text{mm}^3=29799\text{mm}^3$$

$$\tau_{max}=\frac{T}{W_\rho}=\frac{1.5\times10^3}{29799\times10^{-9}}\text{Pa}=50.3\times10^6\text{Pa}=50.3\text{MPa}$$

所以

$$\tau_{max}=50.3\text{MPa}<[\tau]=60\text{MPa}$$

故圆轴满足强度要求。

$$I_\rho=0.1D^4(1-\alpha^4)=0.1\times90^4\left[1-\left(\frac{85}{90}\right)^4\right]\text{mm}^4=1340938\text{mm}^4$$

$$\theta_{max}=\frac{T}{GI_\rho}\times\frac{180}{\pi}=\frac{1.5\times10^3}{80\times10^9\times1340938\times10^{-12}}\times\frac{180}{\pi}°/\text{m}=0.8°/\text{m}$$

所以

$$\theta_{max} = 0.8°/m < [\theta] = 2°/m$$

故圆轴满足刚度要求。

**【例 8-5】** 某空心圆截面轴，外径 $D = 90mm$，内径 $d = 85mm$。材料的许用切应力 $[\tau] = 60MPa$，材料的剪切弹性模量 $G = 80GPa$。轴的许用单位长度转角 $\left[\frac{\phi}{l}\right] = 0.8°/m$，试求轴所能传递的许用扭矩。

**解：** 1）强度方面，圆轴的抗扭截面系数为

$$W_\rho = 29799mm^3$$

由强度条件得

$$T \leqslant W_\rho[\tau] = 29799 \times 60 = 1.79 \times 10^6 N \cdot mm = 1.76kN \cdot m$$

2）刚度方面，圆轴的极惯性矩为

$$I_\rho = 1340938mm^4$$

由刚度条件得

$$T \leqslant GI_\rho \times \frac{\pi}{180} \times \left[\frac{\varphi}{l}\right] = 80 \times 10^3 \times 1340938 \times \frac{\pi}{180} \times 0.8 \times 10^{-3} N \cdot mm$$

$$= 1.5 \times 10^6 kN \cdot m = 1.5kN \cdot m$$

因此，圆轴所能传递的许用扭矩为 $[T] = 1.5kN \cdot m$。

## 小 结

1）圆轴在发生扭转变形时，横截面上任一点切应力为

$$\tau_\rho = \frac{T}{I_\rho} \cdot \rho$$

2）最大切应力的计算

$$\tau_{max} = \frac{T}{W_\rho}$$

3）圆轴扭转时的强度条件

$$\tau_{max} = \frac{T}{W_\rho} \leqslant [\tau]$$

4）圆轴扭转时的刚度条件

$$\theta_{max} = \frac{T}{GI_\rho} \times \frac{180}{\pi} \leqslant [\theta]$$

## 习 题

1. 如图 8-7 所示，圆轴上作用四个外力偶，其力偶矩分别为 $M_1 = 1000N \cdot m$，$M_2 = 600N \cdot m$，$M_3 = 200N \cdot m$，$M_4 = 200N \cdot m$。求作轴的扭矩图。

2. 如图 8-8 所示，一传动轴的转速为 $n = 200r/min$，轴上装有五个轮子，主动轮 2 的输入功率为 60kW，从动轮 1、3、4、5 依次输出功率为 18kW、12kW、22kW、8kW。试做出

该轴的扭矩图。

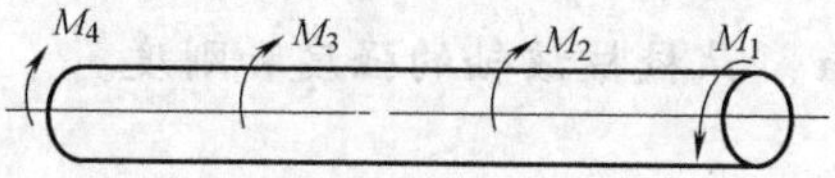


图　8-7

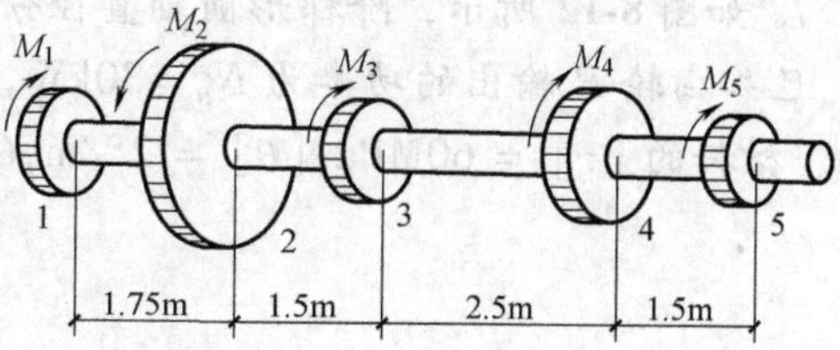


图　8-8

3. 直径 $D=50\text{mm}$ 的圆轴，受到扭矩 $T=2150\text{N}\cdot\text{m}$ 的作用，试求在距离轴心 20mm 处的切应力及横截面上最大切应力。

4. 图 8-9 所示示一圆轴，直径 $D=100\text{mm}$，$l=500\text{mm}$，$M_1=7000\text{N}\cdot\text{m}$，$M_2=5000\text{N}\cdot\text{m}$，$G=80\text{GPa}$。

1） 求作轴的扭矩图。

2） 求轴的最大切应力，并指出其所在的位置。

3） 求截面 $C$ 相对于截面 $A$ 的扭转角 $\varphi_{CA}$。

5. 一传动轴如图 8-10 所示，直径 $d=100\text{mm}$，作用着力偶矩 $M_A=5\text{kN}\cdot\text{m}$，$M_B=3\text{kN}\cdot\text{m}$，$M_C=2\text{kN}\cdot\text{m}$，$M_D=1\text{kN}\cdot\text{m}$，$G=30\text{GPa}$。

1） 求作轴的扭矩图。

2） 求每段内的最大切应力。

3） 求截面 $A$ 相对于截面 $C$ 的扭转角 $\varphi_{AC}$。

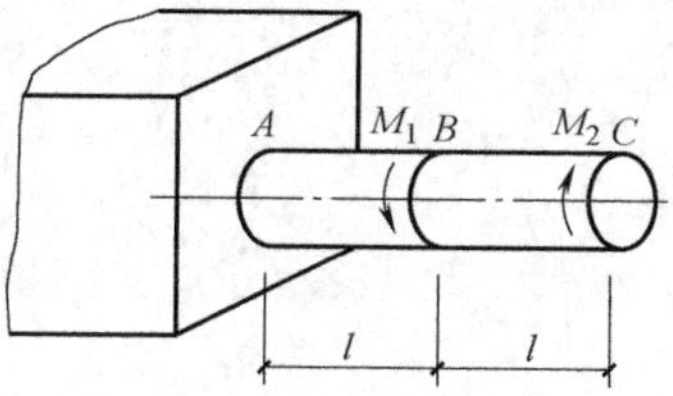


图　8-9

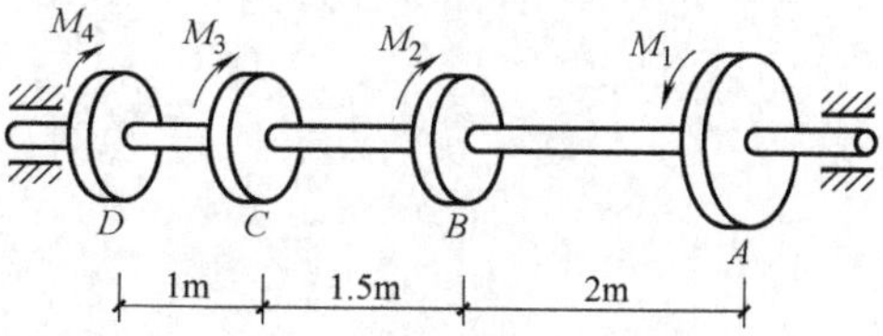


图　8-10

6. 如图 8-11，一直径 $D=50\text{mm}$ 的圆轴，两端受到 $M=1000\text{N}\cdot\text{m}$ 的外力偶作用，材料 $G=80\text{GPa}$。试求：

1） 横截面上半径 $\rho_A=\dfrac{D}{4}$ 处的切应力和切应变。

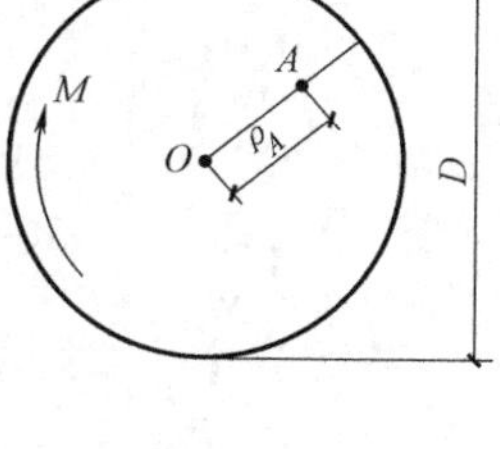


图　8-11

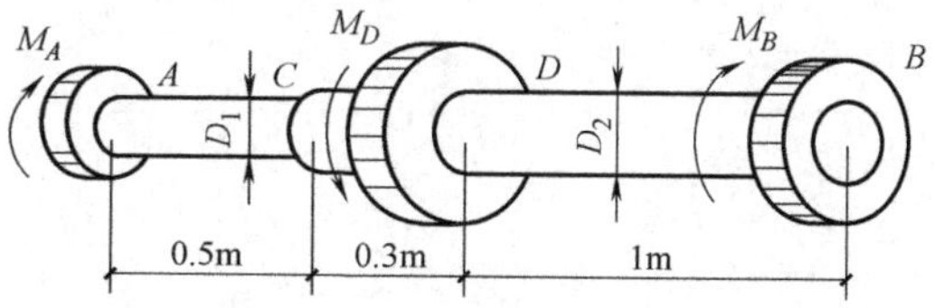


图　8-12

2）单位长度扭转角。

7. 如图 8-12 所示，阶梯形圆轴直径分别为 $D_1=40\text{mm}$，$D_2=70\text{mm}$。轴上装有三个皮带轮。已知由轮 $B$ 输出的功率为 $N_B=30\text{kW}$，轮 $A$ 输出的功率 $N_A=13\text{kW}$，轴的转速 $u=200\text{r/min}$，材料的 $[\tau]=60\text{MPa}$，$[\theta]=2°/\text{m}$，$G=80\text{GPa}$。试校核该轴的强度和刚度。

# 第 9 章　梁 的 弯 曲

【学习目标】

1. 掌握梁的内力计算方法，能熟练绘制剪力图和弯矩图。

2. 掌握梁弯曲时横截面上的正应力和正应力强度条件、梁的切应力和切应力强度条件，了解提高梁抗弯能力的措施。

3. 掌握梁的变形概念、计算方法、梁的刚度条件及应用，了解提高梁刚度的措施。

## 9.1　梁的弯曲内力

### 9.1.1　梁弯曲的概念

当构件受到垂直于杆轴的外力或在杆轴平面内受到外力偶作用时，杆的轴线将由直线变为曲线，这种变形称为**弯曲变形**。以弯曲变形为主的构件通称为**梁**。梁的应用非常广泛，如图 9-1 所示桥式吊车梁、图 9-2 所示支架中的横梁、图 9-3 所示管道梁、图 9-4 所示楼面梁，这些都是工程中的实例。

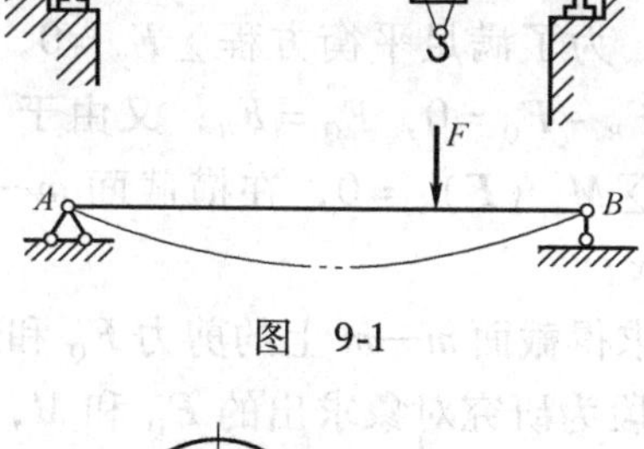


图　9-1

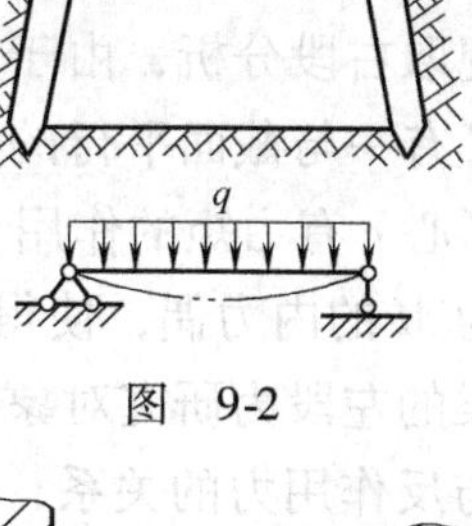


图　9-2

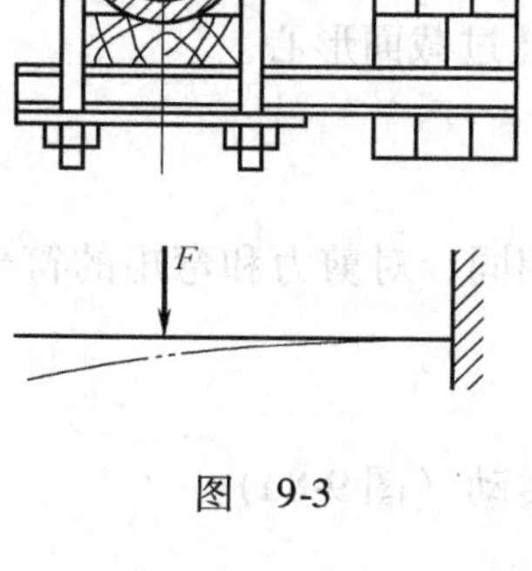


图　9-3

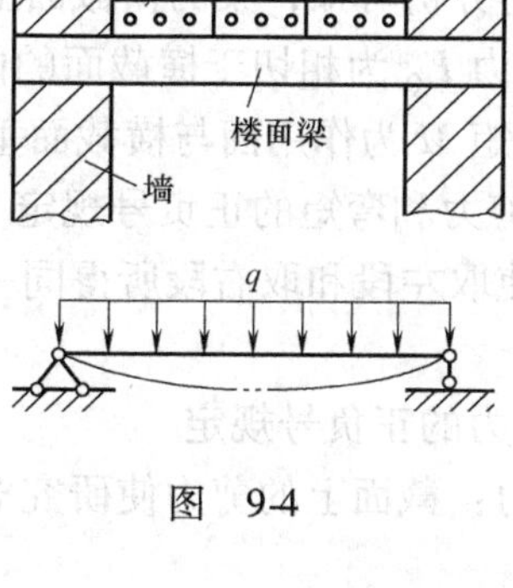


图　9-4

工程实际中的梁，其横截面都具有对称轴，如图9-5所示。对称轴与梁的轴线构成的平面称为**纵向对称面**，如图9-6所示。若作用在梁上的外力或外力偶都作用在纵向对称面内，且外力垂直于梁的轴线，则梁在变形时，其轴线将在纵向对称面内弯曲成一条平面曲线，这种弯曲变形称为**平面弯曲**。

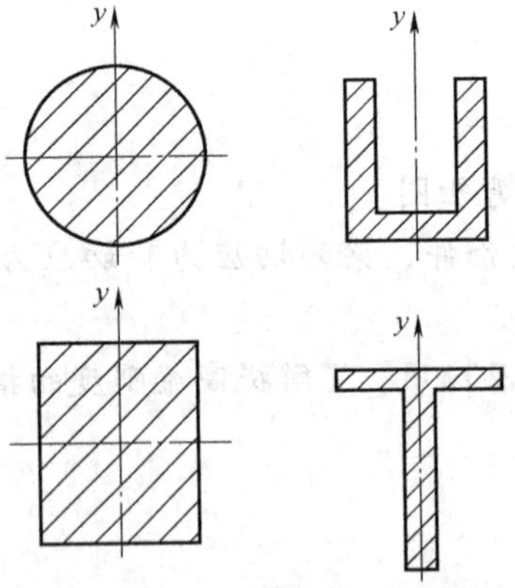


图 9-5

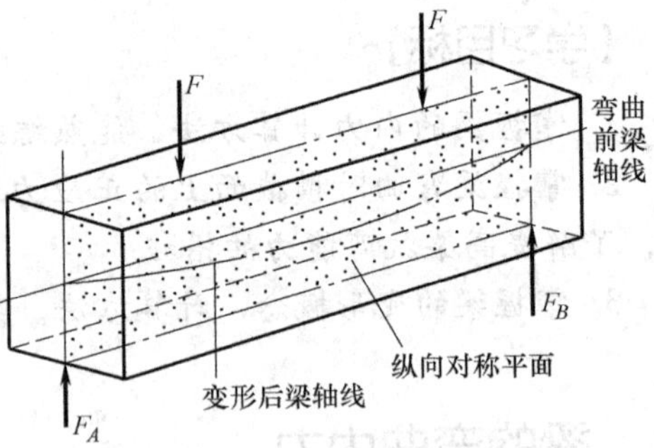


图 9-6

材料力学中主要讨论等截面直梁的平面弯曲问题。

## 9.1.2 剪力和弯矩

(1) 剪力和弯矩的计算

首先，我们来研究梁在外力作用下任一横截面上的内力。

图9-7为一简支梁，荷载$F$与支座反力$\boldsymbol{F}_A$和$\boldsymbol{F}_B$是作用在梁纵向对称面内的平衡力系。现用截面法分析任一截面$m—m$上的内力。假想沿截面$m—m$将梁分为左右两段，由于整个梁是平衡的，它的各部分也应处于平衡状态，因而截面上的内力与左段或右段上的外力构成平衡力系。现取右段分析，由于有支反力$\boldsymbol{F}_B$的作用，为了满足平衡方程$\sum F_y=0$，在横截面$m—m$上必有一与截面平行的内力$\boldsymbol{F}_Q$存在，使得$F_B-F_Q=0$，$F_Q=F_B$；又由于$F_A$对截面$m—m$的形心$c$有力矩的作用，为了满足平衡方程$\sum M_c$（$\boldsymbol{F}$）$=0$，在横截面$m—m$上必有一力偶矩为$M$的内力偶，使得$F_Bx-M=0$，$M=F_Bx$。

如果取梁的左段为研究对象，用同样的方法亦可求得截面$m—m$上的剪力$\boldsymbol{F}_Q$和弯矩$M$。根据作用力与反作用力的关系，分别以梁的左段和右段为研究对象求出的$\boldsymbol{F}_Q$和$M$，大小是相等的，而方向或转向是相反的，如图9-7b、c所示。

由上述分析可知，梁的横截面上的内力比较复杂，一般存在两个内力元素：

1）剪力$F_Q$为相切于横截面的内力。剪力的作用线通过截面形心。

2）弯矩$M$为作用面与横截面垂直的内力偶矩。

(2) 剪力和弯矩的正负号规定

为了使取左段和取右段所得同一截面的内力正负号相同，对剪力和弯矩的符号作如下规定：

1）剪力的正负号规定

正剪力：截面上的剪力使研究对象作顺时针方向的转动（图9-8a）。

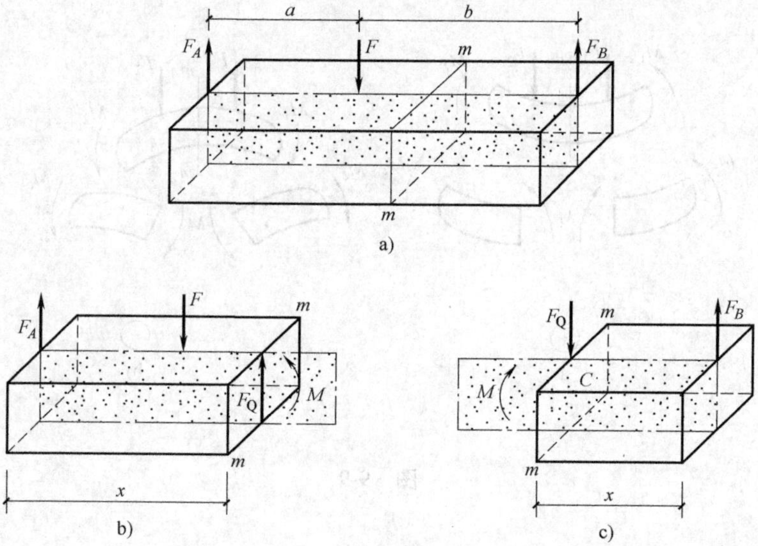


图 9-7

负剪力：截面上的剪力使研究对象作逆时针方向的转动（图 9-8b）。

2）弯矩的正负号规定

正弯矩：截面上的弯矩使该截面附近弯成上凹下凸的形状（图 9-9a）。

负弯矩：截面上的弯矩使该截面附近弯成上凸下凹的形状（图 9-9b）。

即：对于剪力左上右下正，对于弯矩左顺右逆正。

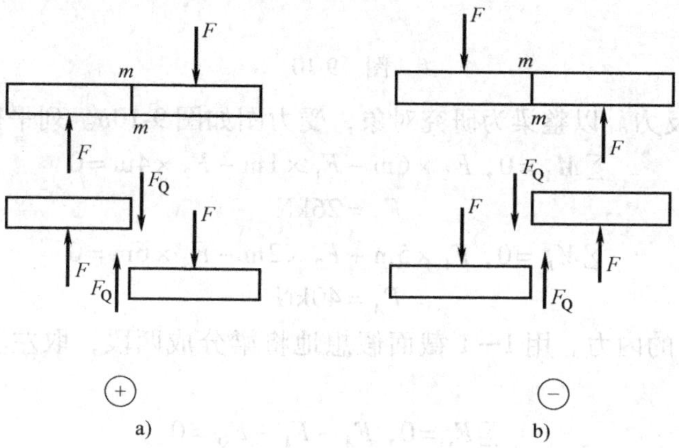


图 9-8

（3）用截面法求指定截面的剪力和弯矩

利用截面法计算指定截面的剪力和弯矩的步骤如下：① 计算支座反力；② 用假想的截面在欲求内力处将梁截成两段，取其中一段为研究对象；③ 画出研究对象的内力图。截面上的剪力和弯矩均按正方向假设；④ 建立平衡方程，求解剪力和弯矩。

**【例 9-1】** 简支梁如图 9-10a 所示。已知 $F_1 = 36\text{kN}$，$F_2 = 30\text{kN}$，试求截面 1—1 上的剪力和弯矩。

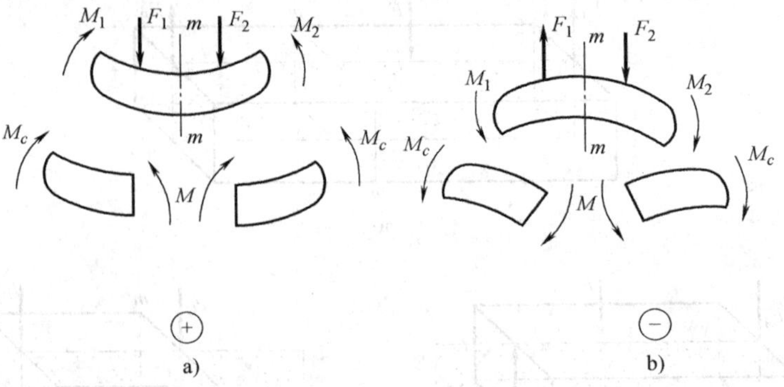


图 9-9

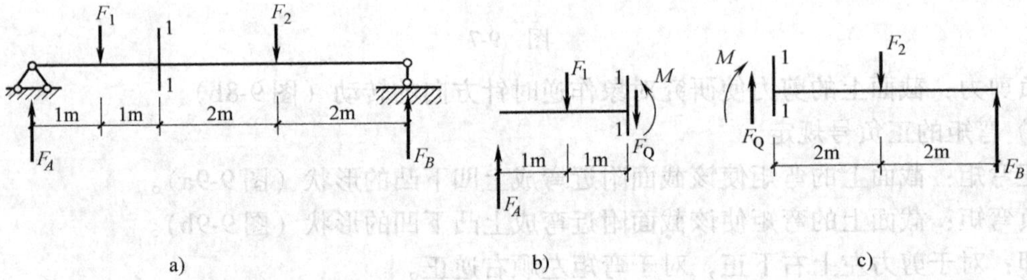


图 9-10

**解**：1）求支座反力。以整梁为研究对象，受力图如图 9-10a。列平衡方程

由 $$\sum M_A = 0,\ F_B \times 6\text{m} - F_1 \times 1\text{m} - F_2 \times 4\text{m} = 0$$

得 $$F_B = 26\text{kN}$$

由 $$\sum M_B = 0,\ F_1 \times 5\text{m} + F_2 \times 2\text{m} - F_A \times 6\text{m} = 0$$

得 $$F_A = 40\text{kN}$$

2）求截面 1—1 的内力。用 1—1 截面假想地将梁分成两段，取左段为研究对象，受力图如图 9-10b。

由 $$\sum F_y = 0,\ F_A - F_1 - F_Q = 0$$

$$F_Q = 4\text{kN}$$

由 $$\sum M_1 = 0,\ M + F_1 \times 1\text{m} - F_A \times 2\text{m} = 0$$

$$M = 44\text{kN} \cdot \text{m}$$

计算结果 $F_Q$、$M$ 为正，表明 $F_Q$、$M$ 实际方向与图示假设方向相同，故为正剪力和正弯矩。

若取梁的右段为研究对象，受力图如图 9-10c 所示。

由 $$F_Q + F_B - F_2 = 0$$

$$F_Q = 4\text{kN}$$

由$\sum M_1=0$，得 $F_B\times 4\text{m}-F_2\times 2\text{m}-M_1=0$，

$$M_1=44\text{kN}\cdot\text{m}$$

可见，不管选取梁的左段还是右段为研究对象，所得截面1—1的内力结果相同。

【例9-2】 外伸梁受荷载作用如图9-11a所示。图中截面1—1从右侧无限接近于支座$B$。试求截面1—1和截面2—2的剪力和弯矩。

解：1）求支座反力。以整梁为研究对象，受力图如图9-11a。由平衡方程求解支座反力。

$$\sum M_B=0,\ F_C\times a-F\times 2a-M_e=0,\ F_C=3F$$

$$\sum M_C=0,\ -F_B\times a-Fa-M_e=0,\ F_B=-2F$$

2）求截面1—1的内力

用1—1截面假想地将梁截开，取左段为研究对象，受力图如图9-11b所示。

$$\sum F_y=0,\ F_B-F_{Q1}=0,\ F_{Q1}=F_B=-2F$$

$$\sum M_1=0,\ M_1-M_e=0,\ M_1=M_e=Fa$$

计算结果$F_{Q1}$为负，表明$F_{Q1}$实际方向与图示假设方向相反，故为负剪力；$M_1$为正，表明$M_1$实际方向与图示假设方向相同，故为正弯矩。

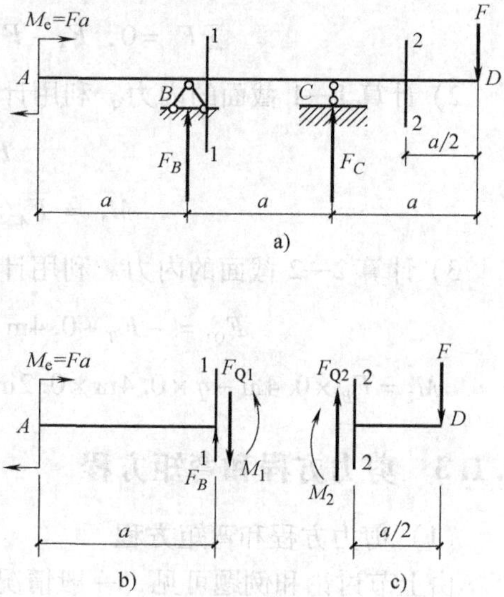


图 9-11

3）求截面2—2的内力。用2—2截面将梁假想地截开，取右段为研究对象，受力图如图9-11c所示。

$$\sum F_y=0,\ F_{Q2}-F=0,\ F_{Q2}=F$$

$$\sum M_2=0,\ -M_2-F\cdot\frac{a}{2}=0,\ M_2=-F\cdot\frac{a}{2}$$

（4）计算剪力和弯矩的规律

梁的剪力和弯矩的计算规律如下：

1）梁上任一截面上的剪力，其大小等于该截面左侧（或右侧）梁上所有外力的代数和；梁上任一截面的弯矩，其大小等于该截面左侧（或右侧）梁上所有外力对于该截面形心之矩的代数和。

2）外力对内力的符号规则。对于剪力，若以左侧梁为研究对象，则向上的外力产生正剪力，向下的外力产生负剪力；若以右侧梁为研究对象，则向下的外力产生正剪力，向上的外力产生负剪力。对于弯矩，若以左侧梁为研究对象，外力对该截面形心之矩顺时针转向产生正值弯矩，逆时针转向产生负值弯矩；若以右侧梁为研究对象，外力对该截面形心之矩逆时针转向产生正值弯矩，顺时针转向产生负值弯矩。

以上规律可简称为：左上右下，剪力为正；左顺右逆，弯矩为正。

3）代数和的正负，就是剪力或弯矩的正负。

【例9-3】 简支梁受荷载作用如图9-12所示。已知集中力$F=1\text{kN}$，集中力偶$M=4\text{kN}\cdot\text{m}$，均布荷载$q=10\text{kN/m}$，试求1—1截面和2—2截面的剪力和弯矩。

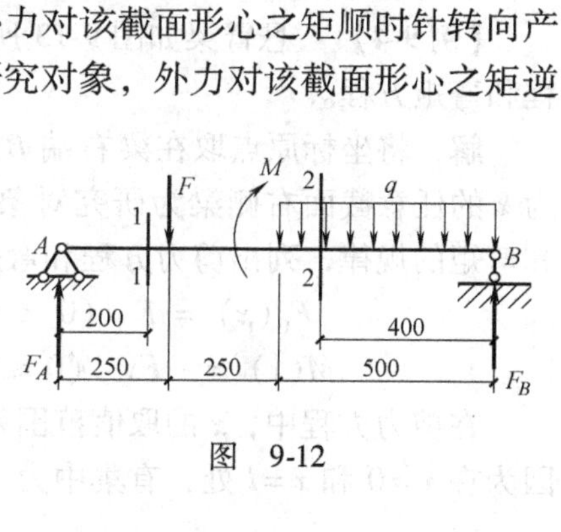


图 9-12

（长度单位为 mm）

**解**：1）求支座反力。以整梁为研究对象，受力图如图 9-12 所示。

$$\sum M_B=0，F\times750\text{mm}-F_A\times1000\text{mm}-M+q\times500\text{mm}\times250\text{mm}=0，F_A=-2\text{kN}$$

$$\sum F_y=0，F_A-F-q\times500\text{mm}+F_B=0，F_B=8\text{kN}$$

2）计算 1—1 截面的内力。利用计算剪力和弯矩的规律：

$$F_{Q1}=F_A=-2\text{kN}$$

$$M_1=F_A\times200\text{mm}=-0.4\text{kN}\cdot\text{m}$$

3）计算 2—2 截面的内力。利用计算剪力和弯矩的规律：

$$F_{Q2}=-F_B+0.4\text{m}\times q=(-8+0.4\times10)\text{kN}=-4\text{kN}$$

$$M_2=F_B\times0.4\text{m}-q\times0.4\text{m}\times0.2\text{m}=(8\times0.4-10\times0.4\times0.2)\text{kN}\cdot\text{m}=2.4\text{kN}\cdot\text{m}$$

### 9.1.3 剪力方程和弯矩方程

（1）剪力方程和弯矩方程

由上节讨论和例题可见，一般情况下，剪力和弯矩随截面的位置而变化。若以横坐标 $x$ 表示横截面的位置，则梁各横截面的剪力和弯矩皆可表示为坐标 $x$ 的函数，即

$$\left.\begin{aligned}F_Q&=F_Q(x)\\M&=M(x)\end{aligned}\right\}\tag{9-1}$$

以上两函数表达了剪力和弯矩沿梁轴线的变化规律，分别称为梁的**剪力方程**和**弯矩方程**。

（2）求解步骤

1）求支座反力。以梁整体为研究对象，根据梁上的荷载和支座情况，由静力平衡方程求出支座反力。

2）将梁分段。以集中力和集中力偶作用处、分布荷载起始处、梁的支承处以及梁的端面为界点，将梁进行分段。

3）列剪力方程和弯矩方程时，所取的坐标原点与坐标轴 $x$ 的正向可视计算方便而定，不必一致。

下面通过举例来说明如何列出剪力方程和弯矩方程。

**【例 9-4】** 悬臂梁如图 9-13 所示，在自由端 $B$ 处有集中力 $F$ 作用，试作此梁的剪力方程和弯矩方程。

**解**：将坐标原点取在梁右端 $B$ 点上，取距坐标原点为 $x$ 的任意截面右侧梁为研究对象。利用计算剪力方程和弯矩的规律，列出剪力方程和弯矩方程

$$F_Q(x)=F\quad(0<x<l)$$

$$M(x)=-Fx\quad(0\leqslant x<l)$$

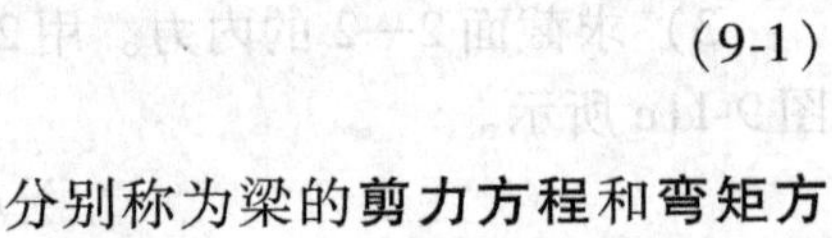


图 9-13

在剪力方程中，$x$ 的取值范围是 $(0<x<l)$，表示 $x$ 在略大于 0 略小于 $l$ 的范围内有效。因为在 $x=0$ 和 $x=l$ 处，有集中力（包括支座反力）作用，剪力发生突变，为不定值。弯矩

方程中，$x$ 的取值范围是（$0\leqslant x<l$），表示 $x$ 在0至略小于 $l$ 的范围内有效。因为在 $x=l$ 处有集中力偶作用（包括支反力偶），弯矩发生突变，为不定值。所以剪力在集中力作用处，弯矩在集中力偶作用处，表示适用范围时，没有等号。

**【例9-5】** 简支梁如图9-14所示，受均布荷载 $q$ 作用，试列出梁的剪力方程和弯矩方程。

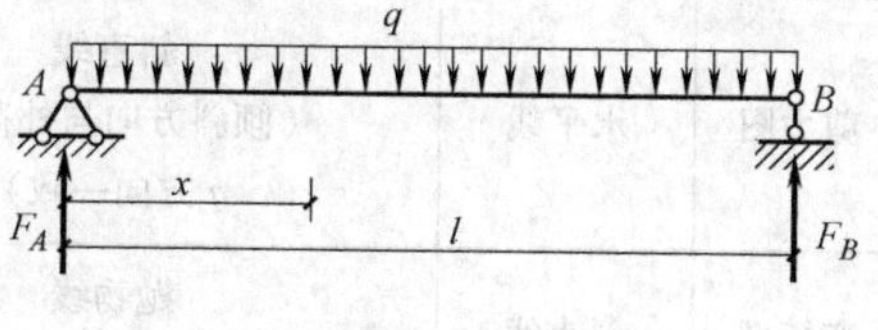

图 9-14

**解**：1）求支座反力。由于荷载对称，支反力也对称，则，$F_A=F_B=\dfrac{ql}{2}$。

2）列剪力方程和弯矩方程

取左端 $A$ 为原点，取距原点为 $x$ 处的任意截面，其剪力方程和弯矩方程为

$$F_Q(x)=F_A-qx=\frac{ql}{2}-qx \quad (0<x<l)$$

$$M(x)=F_Ax-\frac{qx^2}{2}=\frac{ql}{2}x-\frac{qx^2}{2} \quad (0\leqslant x\leqslant l)$$

**【例9-6】** 简支梁受集中力 $F$ 作用如图9-15所示，试列出梁的剪力方程和弯矩方程。

**解**：1）求支座反力。以整梁为研究对象，由平衡方程求解支反力。

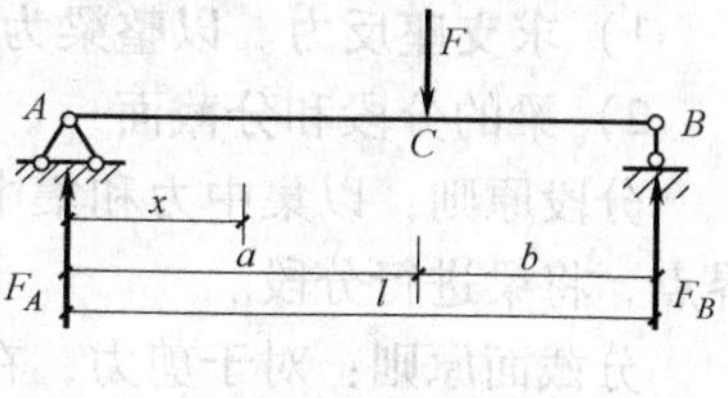

图 9-15

$$\sum M_B=0,\ Fb-F_Al=0,\ F_A=\frac{Fb}{l}$$

$$\sum F_y=0,\ F_A+F_B-F=0,\ F_B=\frac{Fa}{l}$$

2）列剪力方程和弯矩方程

梁在 $C$ 截面处有集中力 $F$ 作用，$AC$ 段和 $CB$ 段所受的外力不同，其剪力方程和弯矩方程也不同，需分段列出。取梁左端 $A$ 为坐标原点

$AC$ 段：

$$F_Q(x)=F_A=\frac{Fb}{l} \quad (0<x<a)$$

$$M(x)=F_Ax=\frac{Fb}{l}x \quad (0\leqslant x\leqslant a)$$

$CB$ 段：

$$F_Q(x)=F_A-F=-\frac{Fa}{l} \quad (a<x<l)$$

$$M(x)=F_Ax-F(x-a)=Fa-\frac{Fa}{l}x \quad (a\leqslant x\leqslant l)$$

### 9.1.4 剪力图和弯矩图的规律作图

（1）剪力图和弯矩图

为了形象地表示剪力和弯矩沿两轴的变化规律，把剪力方程和弯矩方程用其图像表示，称为**剪力图和弯矩图**。

剪力图和弯矩图的画法，用平行于梁轴的横坐标 $x$ 表示梁横截面的位置，用垂直梁轴的纵坐标表示相应截面的剪力和弯矩。习惯将正剪力画在 $x$ 轴的上方，负剪力画在 $x$ 轴的下方；正弯矩画在 $x$ 轴的下方，负弯矩画在 $x$ 轴的上方，即将正弯矩画在梁的受拉侧。

（2）作图规律

详见表9-1。

**表9-1 剪力图和弯矩图形状特征**

| 荷载情况 | 无荷载区段 | 横向均布荷载区段 | 荷载情况 | 集中力 | 集中力偶 |
|---|---|---|---|---|---|
| 剪力图 | 水平线 | 斜直线<br>（倾斜方向与外荷载<br>$q$ 方向一致） | 剪力图 | 有突变<br>（突变值 =<br>集中力） | 无变化 |
| 弯矩图 | 斜直线 | 抛物线<br>（凸向与外荷载 $q$ 方向一致） | 弯矩图 | 有转折 | 有突变（突变值 = 集中力偶） |

注：1. 集中力作用截面，剪力图发生突变。若从左向右作图，突变方向与集中力方向相同。

2. 集中力偶作用处，弯矩图发生突变。若从左向右作图，力偶为逆时针转向，弯矩图向上突变；力偶为顺时针转向，弯矩图向下突变。

3. 绝对值最大的弯矩出现在下述截面：均布荷载作用段内 $F_Q=0$ 的截面；集中力作用的截面；集中力偶作用处的左右截面。

（3）作图步骤

剪力图和弯矩图的作图步骤如下：

1）求支座反力。以整梁为研究对象，由静力平衡方程求出支座反力。

2）梁的分段和分截面

分段原则：以集中力和集中力偶作用处、分布荷载起始处、梁的支承处以及梁的端面为界点，将梁进行分段。

分截面原则：对于剪力，在集中力作用的截面上发生突变，须将集中力作用的截面分出来；对于弯矩，在集中力偶作用的截面发生突变，须将集中力偶作用的截面分出来。

3）画剪力图和弯矩图。利用作图规律，再结合剪力和弯矩的规律计算各控制截面上的剪力值和弯矩值，依次绘制出剪力图和弯矩图。

**【例9-7】** 如图9-16a所示的外伸梁，试画出该梁的剪力图和弯矩图。

**解：** 1）求支座反力。以整梁为研究对象，由平衡方程得

$$\sum M_B=0,\ -F_A\times 4a+\frac{1}{2}q(4a)^2+qa\times a=0$$

$$F_A=\frac{9}{4}qa$$

$$\sum F_y=0,\ F_A-q\times 4a+F_B+qa=0$$

$$F_B=\frac{3}{4}qa$$

2）画剪力图。从左向右作图，根据分段和分截面的原则，梁依次分为 $A$ 截面、$AB$ 段、$B$ 截面、$BC$ 段和 $C$ 截面。

$A$ 截面：有向上的集中力 $F_A$ 作用，$F_Q$ 图向上突变 $\frac{9}{4}qa$

$AB$ 段：有向下的均布荷载 $q$ 作用，$F_Q$ 图为一条向下倾斜的直线，

$$F_{QB左}=F_A-q\times 4a=-\frac{7}{4}qa$$

$B$ 截面：有向上的集中力 $F_B$ 作用，$F_Q$ 图向上突变，$F_{QB}=-\frac{7}{4}qa+F_B=-qa$

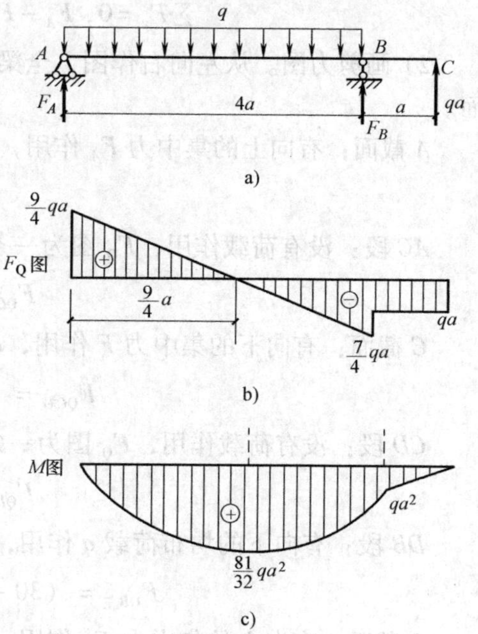


图 9-16

BC 段：无荷载作用，$F_Q$ 图为一条水平线，$F_{QC左}=-qa$

C 截面：有集中力作用，$F_Q$ 图向上突变 $qa$，回到 $x$ 轴线上。

剪力图如图 9-16b 所示。

3）画弯矩图。从左向右作图，根据分段和分截面的原则，梁依次分为 AB 段和 BC 段。

AB 段：有向下的均布荷载 $q$ 作用，M 图为一条向下凸的二次抛物线。

$M_A=0$，$M_B=qa\times a=qa^2$，$F_Q=0$ 处有最大弯矩，可由剪力图直接计算出最大弯矩所在截面距 A 截面$\frac{9}{4}a$，则 $M_{x=\frac{9}{4}a}=\frac{9}{4}a\times\frac{9}{4}a\times\frac{1}{2}=\frac{81}{32}qa^2$。

BC 段：无荷载作用，M 图为一条斜直线，$M_C=0$

弯矩图如图 9-16c 所示。

**【例 9-8】** 如图 9-17a 所示的简支梁，试画出该梁的剪力图和弯矩图。

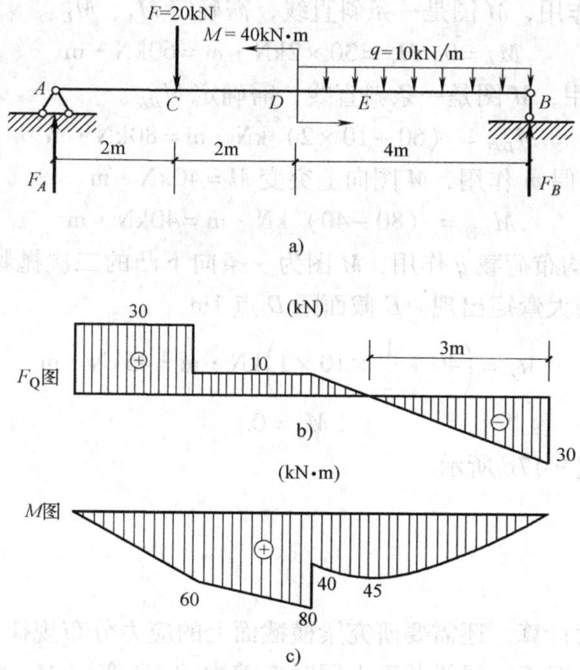


图 9-17

**解**：1）求解支座反力。以整梁为研究对象，由平衡方程得

$$\sum M_A=0,\ F_B\times 8\text{m}+M-F\times 2\text{m}-q\times 4\text{m}\times 6\text{m}=0,\ F_B=30\text{kN}$$

$$\sum F_y=0,\ F_A-F-q\times 4\text{m}+F_B=0,\ F_A=30\text{kN}$$

2）画剪力图。从左向右作图，全梁分为 $A$ 截面、$AC$ 段、$C$ 截面、$CD$ 段、$DB$ 段和 $B$ 截面。

$A$ 截面：有向上的集中力 $F_A$ 作用，$F_Q$ 图向上突变 $F_A=30\text{kN}$。

$$F_{QA右}=30\text{kN}$$

$AC$ 段：没有荷载作用，$F_Q$ 图为一条水平线。

$$F_{QC左}=F_{QA右}=30\text{kN}$$

$C$ 截面：有向下的集中力 $F$ 作用，$F_Q$ 图向下突变 $F=20\text{kN}$。

$$F_{QC右}=（30-20）\text{kN}=10\text{kN}$$

$CD$ 段：没有荷载作用，$F_Q$ 图为一条水平线。

$$F_{QD左}=F_{QC右}=10\text{kN}$$

$DB$ 段：有向下的均布荷载 $q$ 作用，$F_Q$ 图为一条向下倾斜的直线，需确定 $F_{QD}$、$F_{QB左}$。

$$F_{QB左}=（30-20-10\times 4）\text{kN}=-30\text{kN}$$

$B$ 截面：有向上的集中力 $F_B$ 作用。$F_Q$ 图向上突变 $F_B=30\text{kN}$，图线闭合。

画出的剪力图如图 9-17b 所示。

3）画弯矩图。从左向右作图，全梁分为 $AC$ 段、$CD$ 段、$D$ 截面和 $DB$ 段。

$AC$ 段：没有荷载作用，$M$ 图是一条斜直线，需确定 $M_A$、$M_C$。

$$M_A=0,\ M_C=30\times 2\text{kN}\cdot\text{m}=60\text{kN}\cdot\text{m}$$

$CD$ 段：无荷载作用，$M$ 图是一条斜直线，需确定 $M_{D左}$。

$$M_{D左}=（60+10\times 2）\text{kN}\cdot\text{m}=80\text{kN}\cdot\text{m}$$

$D$ 截面：有集中力偶 $m$ 作用，$M$ 图向上突变 $M=40\text{kN}\cdot\text{m}$。

$$M_{D右}=（80-40）\text{kN}\cdot\text{m}=40\text{kN}\cdot\text{m}$$

$DB$ 段：有向下的均布荷载 $q$ 作用，$M$ 图为一条向下凸的二次抛物线。该段内 $F_Q=0$ 的截面（记为 $E$）会有最大弯矩出现。$E$ 截面距 $D$ 点 1m，

$$M_E=\left(40+\frac{1}{2}\times 10\times 1\right)\text{kN}\cdot\text{m}=45\text{kN}\cdot\text{m}$$

$$M_B=0$$

画出的弯矩图如图 9-17c 所示。

## 9.2 弯曲应力

为了进行梁的强度计算，还需要研究梁横截面上的应力分布规律和应力计算公式，进而建立强度条件。一般情况下，梁横截面上同时有剪力 $F_Q$ 和弯矩 $M$，相应横截面上也同时有切应力 $\tau$ 和正应力 $\sigma$。

### 9.2.1 梁弯曲时截面上的正应力

当梁受到荷载作用时，如果横截面上只有弯矩没有剪力，这种弯曲称为**纯弯曲**，如图 9-

18 所示简支梁的 $CD$ 段就属于纯弯曲的情况。而 $AC$、$DB$ 两段内，各横截面上既有剪力又有弯矩，这种弯曲称为**剪切弯曲**（或横力弯曲）。对于正应力的研究，将从试验观察入手，从几何、物理、静力学三方面进行综合分析。

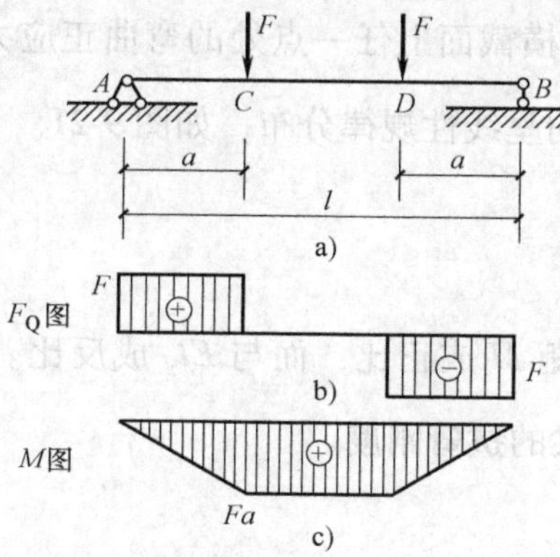


图　9-18

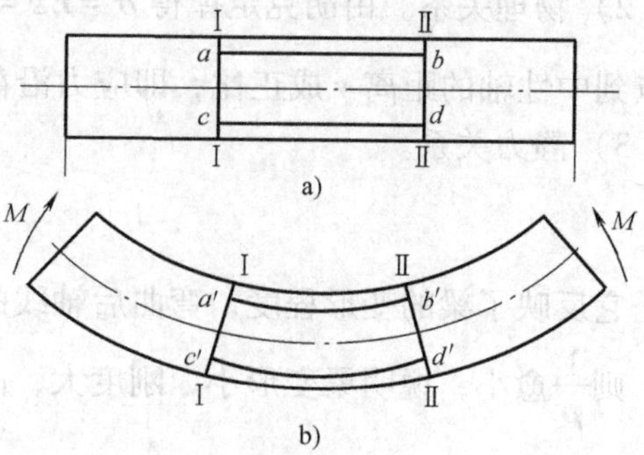


图　9-19

（1）弯曲试验和假设

取一矩形截面等直梁，先在其表面画两条与轴线垂直的横线Ⅰ—Ⅰ和Ⅱ—Ⅱ，以及两条与轴线平行的纵线，$ab$ 和 $cd$，如图 9-19a。然后在梁的两端各施加一个力偶矩为 $M$ 的外力偶，使梁发生纯弯曲变形，如图 9-19b。经过观察，可知：

1）梁变形后，横线Ⅰ—Ⅰ和Ⅱ—Ⅱ仍为直线，并与变形后梁的轴线垂直，但倾斜了一个角度。

2）纵向线由直线变成了曲线，靠近顶面的 $ab$ 缩短了，靠近底面的 $cd$ 伸长了。

根据上述的表面变形现象，由表及里地推断梁内部的变形，做出如下两点假设：

1）平面假设。假设梁的横截面变形后仍保持为平面，只是绕横截面内某个轴转了一个角度，偏转后仍垂直于变形后的梁的轴线。

2）单向受力假设。将梁看成是由无数纵向纤维组成，假设所有纵向纤维只受到轴向拉伸或压缩，相互之间无挤压。

由平面假设，横截面仍与各纵向线正交，即横截面上各点均无剪切变形。故纯弯曲时，横截面上无切应力。由现象②和平面假设可知，上部各层纵向纤维缩短，下部各层纵向纤维伸长。由于变形的连续性，中间必有一层既不缩短也不伸长，这一过渡层称为**中性层**。中性层与横截面的交线称为**中性轴**（图 9-20）。梁弯曲时横截面绕着中性轴转动。

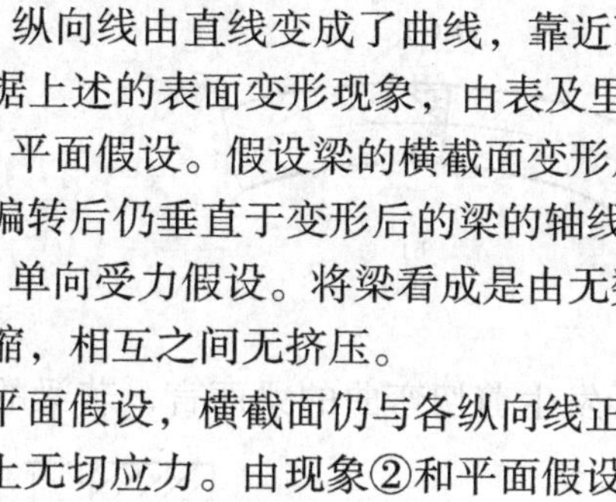


图　9-20

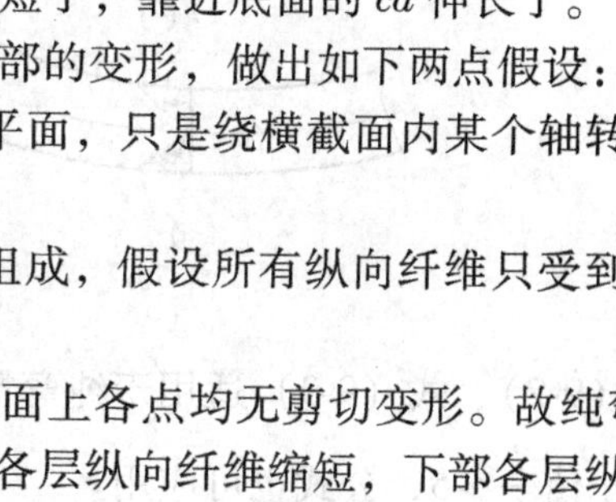


图　9-21

（2）纯弯曲梁的正应力

根据上述假设，并结合几何、物理和静力学三方面即可得出弯曲正应力公式。

1）几何关系。$\varepsilon=\dfrac{y}{\rho}$，横截面上任一点处的纵向线应变 $\varepsilon$ 与该点到中性轴的距离 $y$ 成正比，中性轴上各点处的线应变为零。

2）物理关系。由胡克定律得 $\sigma=E\varepsilon=E\dfrac{y}{\rho}$，表明横截面上任一点处的弯曲正应力 $\sigma$ 与该点到中性轴的距离 $y$ 成正比，即应力沿截面高度方向呈线性规律分布，如图 9-21。

3）静力关系。

$$\frac{1}{\rho}=\frac{M}{EI_z} \tag{9-2}$$

它反映了梁的变形程度，弯曲后轴线的曲率与弯矩 $M$ 成正比，而与 $EI_z$ 成反比。$EI_z$ 愈大，则 $\dfrac{1}{\rho}$ 愈小，说明梁变形小，刚度大，故称 $EI_z$ 为梁的**抗弯刚度**。

$$\sigma=\frac{My}{I_z} \tag{9-3}$$

式中 $\sigma$——横截面上某点处的正应力；

$M$——横截面上的弯矩；

$y$——横截面上该点到中性轴的距离；

$I_z$——横截面对中性轴 $z$ 的惯性矩。

计算正应力时，$M$ 和 $y$ 均可代入绝对值，正应力 $\sigma$ 的正负可由梁的变形来判断：以中性层为界，靠近凸边的正应力为拉应力，取正值；靠近凹边的正应力为压应力，取负值（图 9-22）。

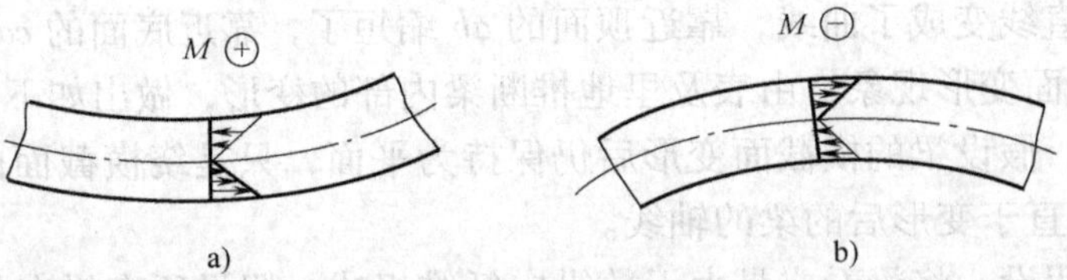


图 9-22

式（9-2）、式（9-3）适用于纯弯情况。但对于发生剪切弯曲的梁而言，若梁的跨度与高度的比值 $\dfrac{l}{h}>5$，公式也可应用。

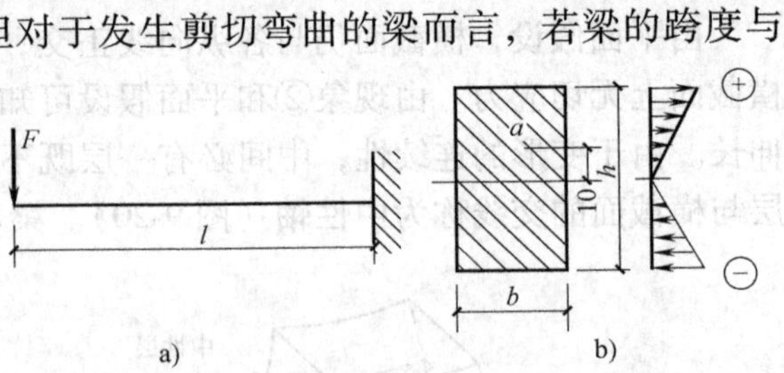


图 9-23

**【例 9-9】** 一悬臂梁的截面为矩形，自由端受集中力 $F$ 作用（图 9-23a）。已知 $F=4\text{kN}$，$h=60\text{mm}$，$b=40\text{mm}$，$l=250\text{mm}$。求固定端截面上 $a$ 点的正应力。

**解：** 1）计算固定端截面上的弯矩 $M$

$$M=Fl=4\times250\text{kN}\cdot\text{mm}=1000\text{kN}\cdot\text{mm}$$

2）计算固定端截面上 $a$ 点的正应力

$$I_z=\frac{bh^3}{12}=\frac{40\times60^3}{12}\text{mm}^4=72\times10^4\text{mm}^4$$

$$\sigma=\frac{My_a}{I_z}=\frac{1000\times10^3\times10}{72\times10^4}\text{MPa}=13.9\text{MPa}$$

（3）最大正应力

梁的最大弯曲正应力发生在横截面上离中性轴最远的各点。对于中性轴是截面对称轴的梁最大正应力的值为

$$\sigma_{\max} = \frac{M_{\max} \cdot y_{\max}}{I_z} \tag{9-4}$$

若令

$$W_z = \frac{I_z}{y_{\max}},$$

则

$$\sigma_{\max} = \frac{M_{\max}}{W_z} \tag{9-5}$$

式中 $W_z$ 称为**抗弯截面系数**，它是衡量截面抗弯能力的一个几何量，与截面的形状和尺寸有关。

对于高度为 $h$，宽度为 $b$ 的矩形截面：$W_z = \frac{bh^2}{6}$

对于直径为 $D$ 的圆形截面：$W_z = \frac{\pi d^2}{32}$

对于圆环形截面：$W_z = \frac{\pi D^3}{32}(1-\alpha^4) \approx 0.1D^3(1-\alpha^4)$　其中 $\alpha = \frac{d}{D}$

各种型钢的抗弯截面系数可由型钢表中直接查得。

对于中性轴不是截面对称轴的梁，如图 9-24 所示的 T 形截面梁，在正弯矩 $M$ 的作用下，梁下边缘处产生最大拉应力，上边缘处产生最大压应力，其值分别为

$$\sigma_{l\max} = \frac{M \cdot y_1}{I_z}$$

$$\sigma_{y\max} = \frac{M \cdot y_2}{I_z}$$

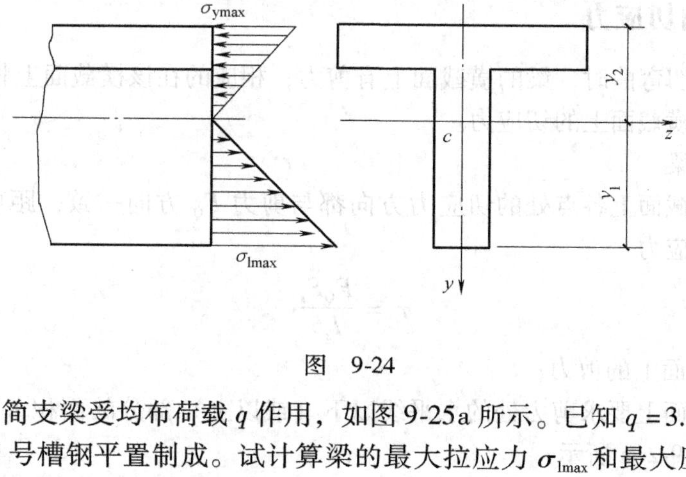


图　9-24

**【例 9-10】**　简支梁受均布荷载 $q$ 作用，如图 9-25a 所示。已知 $q = 3.5\text{kN/m}$，梁的跨度 $l = 1\text{m}$，该梁由 10 号槽钢平置制成。试计算梁的最大拉应力 $\sigma_{l\max}$ 和最大压应力 $\sigma_{y\max}$ 以及它们发生的位置。

**解**：1）求支座反力。由对称性有

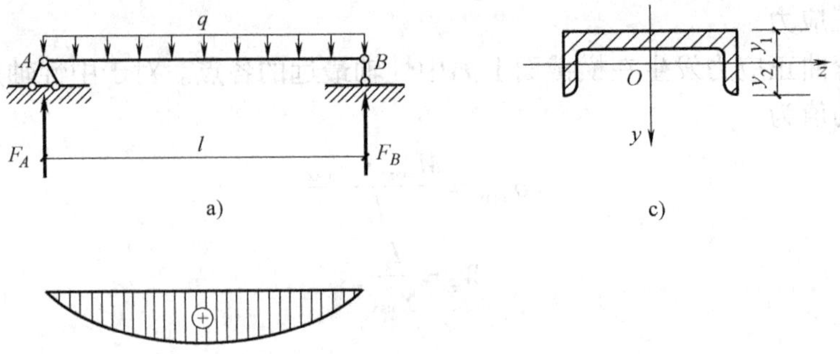


a) c) b)

图 9-25

$$F_A = F_B = \frac{ql}{2} = \frac{3.5 \times 1}{2}\text{kN} = 1.75\text{kN}$$

2）画出弯矩图，如图 9-25b 所示。最大弯矩为

$$M_{\max} = \frac{ql^2}{8} = \frac{3.5 \times 1^2}{8}\text{kN} \cdot \text{m} = 0.44\text{kN} \cdot \text{m}$$

3）由型钢表查得 10 号槽钢截面

$I_z = 25.6\text{cm}^4 = 25.6 \times 10^4\text{mm}^4$，$y_1 = 1.52\text{cm} = 15.2\text{mm}$，$y_2 = (48 - 15.2)\text{mm} = 32.8\text{mm}$

4）计算正应力。最大拉应力发生在跨中截面的下边缘处

$$\sigma_{\text{lmax}} = \frac{M_{\max}}{I_z} \cdot y_2 = \frac{0.44 \times 10^6 \times 32.8}{25.6 \times 10^4}\text{MPa} = 56.38\text{MPa}$$

最大压应力发生在跨中截面的上边缘处

$$\sigma_{\text{ymax}} = \frac{M_{\max}}{I_z} \cdot y_1 = \frac{0.44 \times 10^6 \times 15.2}{25.6 \times 10^4}\text{MPa} = 26.13\text{MPa}$$

### 9.2.2 梁的弯曲切应力

如前所述，剪切弯曲时，梁的横截面上有剪力，相应的在该横截面上将有切应力。下面将研究等截面直梁横截面上的切应力。

（1）矩形截面梁

矩形截面梁横截面上各点处的切应力方向都与剪力 $F_Q$ 方向一致，距中性轴 $z$ 距离为 $y$ 的任意一点处的切应力

$$\tau = \frac{F_Q S_z}{I_z b} \tag{9-6}$$

式中 $F_Q$——横截面上的剪力；

$S_z$——横截面上要求剪力处的水平线以下（或以上）部分的面积 $A$ 对中性轴的静矩，如图 9-26a 所示；

$I_z$——整个横截面对中性轴的惯性矩；

$b$——需求应力处的横截面宽度。

由式（9-6）可知，切应力沿截面宽度方向均匀分布，沿横截面高度方向按抛物线规律分布，如图9-26b、c所示。最上层和最下层纤维处切应力为零，在中性轴处切应力最大，其值为

$$\tau_{\max} = \frac{3F_Q}{2A} \tag{9-7}$$

式中 $A$ 为矩形截面的面积。

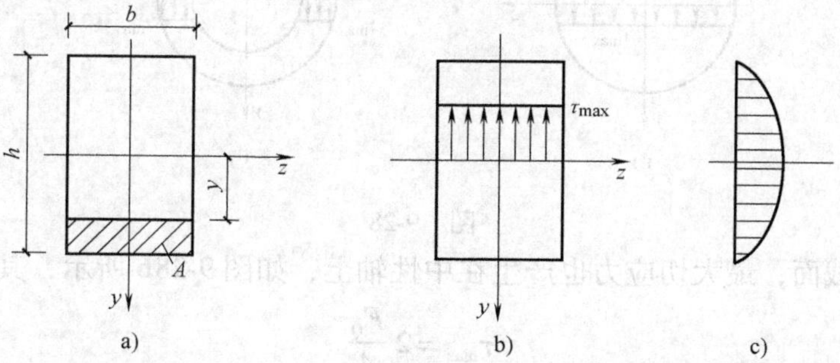


图 9-26

（2）工字形截面梁

工字形截面由腹板和翼缘组成。腹板是一个狭长的矩形，其切应力可按矩形截面的切应力公式计算，距中性轴距离为 $y$ 处的切应力

$$\tau = \frac{F_Q S_z}{I_z d} \tag{9-8}$$

式中　$d$——腹板的宽度；

$S_z$——图9-27a中阴影部分对中性轴的静矩，即 $S_z = A_1 y_{1c} + A_2 y_{2c}$。

由式（9-8）可知，切应力沿腹板高度按抛物线分布，最大切应力产生在中性轴处，如图9-27b所示，其值为

$$\tau_{\max} = \frac{F_Q S_z}{I_z d} = \frac{F_Q}{\dfrac{I_z}{S_{z\max}} \cdot d} \tag{9-9}$$

式中 $S_{z\max}$ 为中性轴以上（或以下）截面面积对中性轴 $z$ 的静矩。对于热轧工字钢，$\dfrac{I_z}{S_{z\max}}$ 可从相关资料中查得。

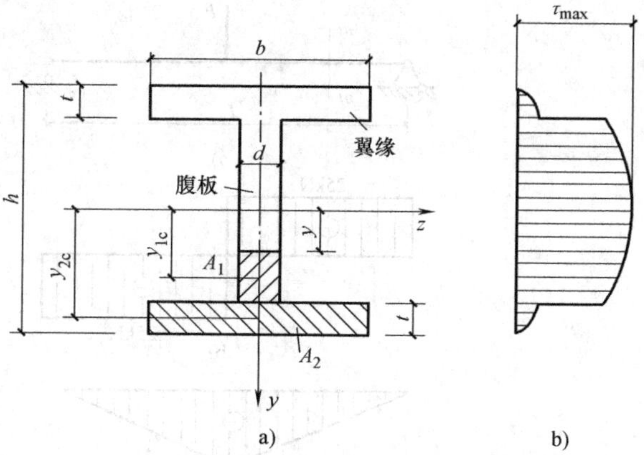


图 9-27

（3）圆形截面梁的最大切应力

圆形截面梁横截面上的切应力分布较复杂，但最大切应力仍产生在中性轴处，其方向与剪力 $F_Q$ 的方向相同，如图9-28a所示，其值为

$$\tau_{\max} = \frac{4F_Q}{3A} \tag{9-10}$$

式中 $A$—— 圆形截面的面积，$A=\frac{\pi d^2}{4}$；

$F_Q$—— 横截面上的剪力。

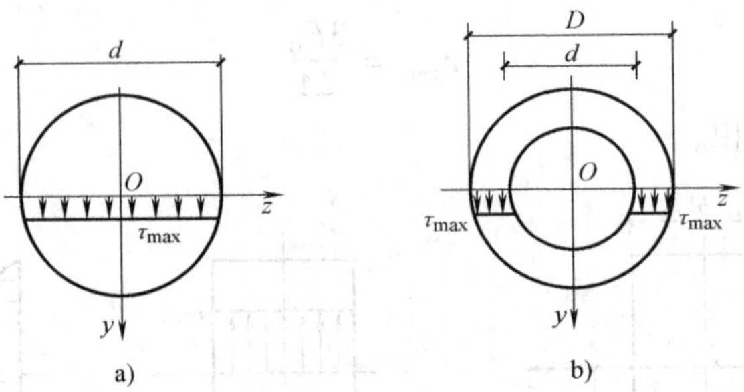


图 9-28

薄壁圆环形截面，最大切应力也产生在中性轴上，如图 9-28b 所示，其值为

$$\tau_{max}=2\frac{F_Q}{A} \tag{9-11}$$

式中 $A$—— 圆环形截面的面积，$A=\frac{\pi}{4}(D^2-d^2)$。

**【例 9-11】** 一矩形截面的简支梁，在跨中受集中力 $F=50\text{kN}$ 的作用（图 9-29a）。已知 $l=10\text{m}$，$b=100\text{mm}$，$h=200\text{mm}$。试求：

1）$m$—$m$ 截面上距中性轴 $y=50\text{mm}$ 处 $K$ 点的切应力。

2）比较梁的最大正应力和最大切应力。

3）若采用 32a 号工字钢梁，计算最大切应力。

4）计算 32a 号工字钢梁 $m$—$m$ 截面上腹板和翼缘交界处 $E$ 点的切应力。

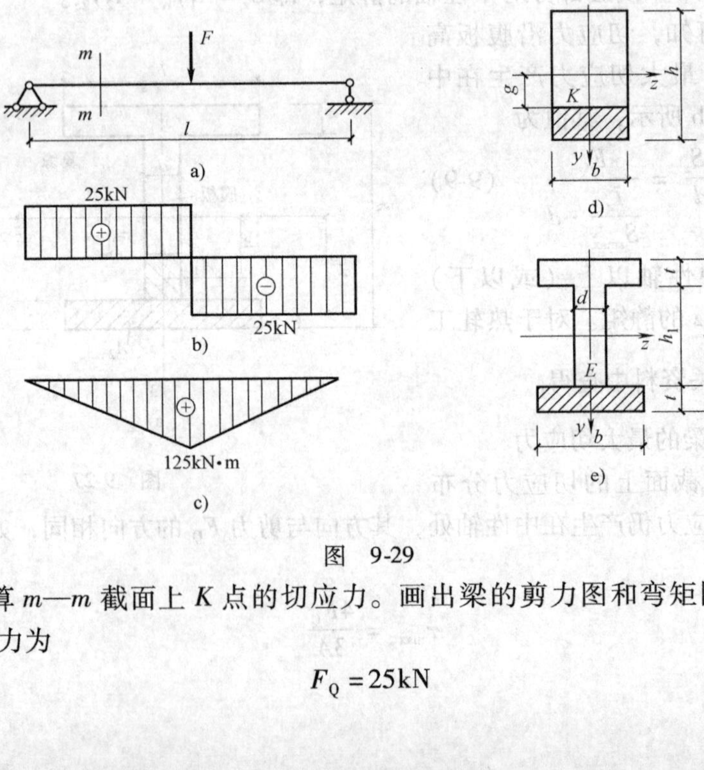


图 9-29

**解**：1）计算 $m$—$m$ 截面上 $K$ 点的切应力。画出梁的剪力图和弯矩图（图 9-29b、c），$m$—$m$ 截面的剪力为

$$F_Q=25\text{kN}$$

计算 $I_z$ 和 $S_z$

$$I_z=\frac{bh^3}{12}=\frac{100\times200^3}{12}\text{mm}^4=66.7\times10^6\text{mm}^4$$

$$S_z=100\times50\times75\text{mm}^3=375\times10^3\text{mm}^3$$

$K$ 点的切应力为

$$\tau_K=\frac{F_Q S_z}{I_z b}=\frac{25\times10^3\times375\times10^3}{66.7\times10^6\times100}\text{MPa}=1.41\text{MPa}$$

2）比较梁的 $\sigma_{max}$ 和 $\tau_{max}$

梁的最大剪力为

$$F_{Qmax}=25\text{kN}$$

梁的最大切应力为

$$\tau_{max}=\frac{3F_{Qmax}}{2A}=\frac{3}{2}\times\frac{25\times10^3}{100\times200}\text{MPa}=1.88\text{MPa}$$

梁的最大弯矩为

$$M_{max}=125\text{kN}\cdot\text{m}$$

抗弯截面系数

$$W_z=\frac{bh^2}{6}=\frac{100\times200^2}{6}\text{mm}^3=66.7\times10^4\text{mm}^3$$

所以最大正应力为

$$\sigma_{max}=\frac{M_{max}}{W_z}=\frac{125\times10^6}{66.7\times10^4}\text{MPa}=187\text{MPa}$$

$$\frac{\sigma_{max}}{\tau_{max}}=\frac{187}{1.88}=99.5$$

可见，梁中的最大正应力比最大切应力大得多，故在梁的强度计算中，正应力强度计算是主要的。

3）计算32a号工字钢梁的最大切应力。

$$\frac{I_z}{S_{zmax}}=27.5\text{cm}$$

由型钢表查得

$$d=0.95\text{cm},\ h=32\text{cm},$$
$$b=13\text{cm},\ t=1.5\text{cm},\ I_z=11100\text{cm}^4$$

最大切应力为

$$\tau_{max}=\frac{F_Q}{\frac{I_z}{S_{zmax}}\cdot d}=\frac{25\times10^3}{27.5\times10\times0.95\times10}\text{MPa}=9.57\text{MPa}$$

4）计算 $m$—$m$ 截面上 $E$ 点的切应力

$E$ 点以下截面对中性轴的静矩为

$$S_z=bt\left(\frac{h}{2}-\frac{t}{2}\right)=130\times15\times\left(\frac{320}{2}-\frac{15}{2}\right)\text{mm}^3=297.4\text{cm}^3$$

所以 $E$ 点的切应力为

$$\tau_E = \frac{F_Q S_z}{I_z d} = \frac{25 \times 10^3 \times 297.4 \times 10^3}{11100 \times 10^4 \times 0.95 \times 10}\text{MPa} = 7.05\text{MPa}$$

## 9.2.3 弯曲强度条件

从前几节的分析可知，梁内同时存在最大正应力和切应力，它们分别位于横截面的不同位置，故应分别建立相应的强度条件。

（1）弯曲正应力强度条件

要使梁具有足够的强度，必须使梁内的最大工作应力 $\sigma_{max}$ 不超过材料的许用应力［$\sigma$］。

1）当材料的抗拉和抗压能力相同时，梁的**正应力强度条件**为

$$\sigma_{max} = \frac{M_{max}}{W_z} \leqslant [\sigma] \tag{9-12}$$

利用强度条件，可解决梁的强度校核、设计截面尺寸和确定许可荷载的三类问题。

2）当材料的抗拉和抗压能力不同时，梁的**正应力强度条件**为

$$\left.\begin{aligned} \sigma_{lmax} &= \frac{My_1}{I_z} \leqslant [\sigma_1] \\ \sigma_{ymax} &= \frac{My_2}{I_z} \leqslant [\sigma_y] \end{aligned}\right\} \tag{9-13}$$

利用上述强度条件，同样可解决梁的强度校核、设计截面尺寸和确定许可荷载的三类问题。

**【例 9-12】** 重物安装在如图 9-30a 所示的结构上，重物 $W = 40\text{kN}$，对称的固定在两根同型号的工字钢外伸梁上，已知工字钢的许用应力［$\sigma$］$= 60\text{MPa}$。试选择工字钢的型号。

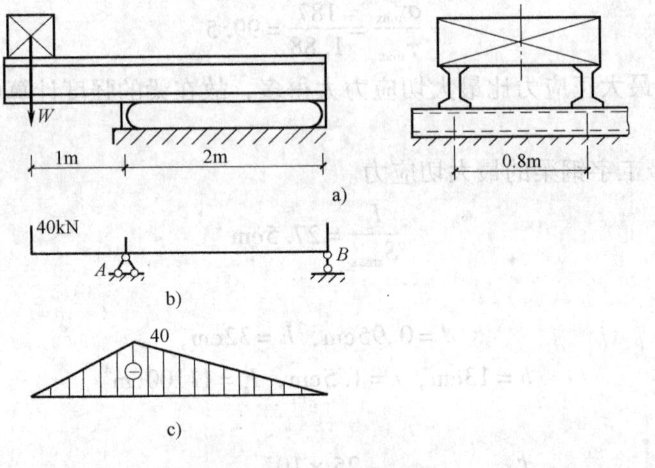


图 9-30

**解：** 1）外伸梁的计算简图和弯矩图分别如图 9-30b、c 所示。危险截面为 $A$ 截面，最大弯矩值为

$$M_{max} = 40\text{kN} \cdot \text{m}$$

2）求抗弯截面系数

$$W_z \geqslant \frac{M_{max}}{[\sigma]} = \frac{40 \times 10^6}{60}\text{mm}^3 = 66.7 \times 10^4\text{mm}^3$$

$W_z$ 是两根工字钢的抗弯截面系数，对于单根的工字钢，抗弯截面系数

$$W'_z=\frac{W_z}{2}\geqslant\frac{66.7\times10^4}{2}\text{mm}^3=33.4\times10^4\text{mm}^3=334\text{cm}^3$$

查型钢表有 22b 号工字钢，其抗弯截面系数 $W_z=325\text{cm}^3$，比所求略小，但误差仅为 2.7%，没有超过 5%，是允许的。故选择 22b 号工字钢。

**【例 9-13】**　T 形截面外伸梁的受力如图 9-31a 所示。已知材料的许用拉应力 $[\sigma_1]=32\text{MPa}$，许用压应力 $[\sigma_y]=70\text{MPa}$。试按正应力强度条件校核梁的强度。

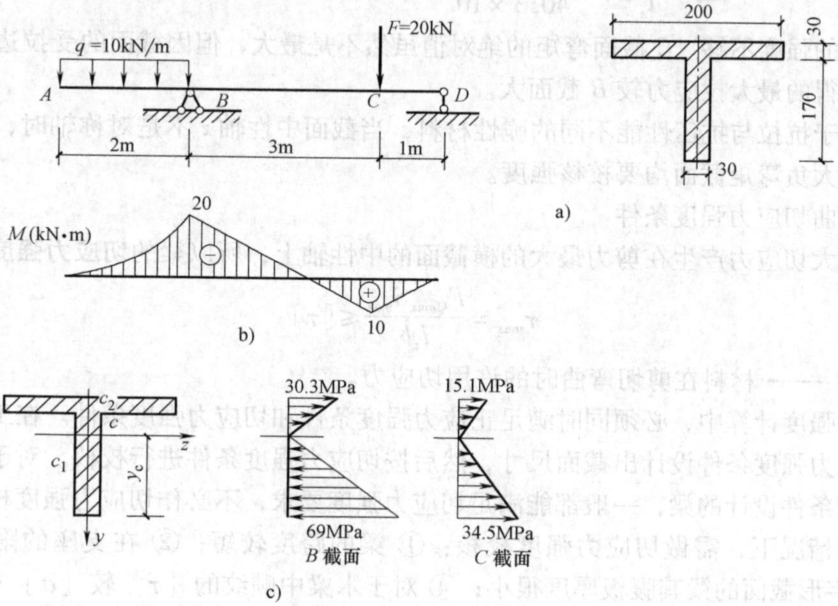


图　9-31

**解**：1）画出 $M$ 图，如图 9-31b 所示，由图中可知，$B$ 截面有最大的负值弯矩，$C$ 截面有最大的正值弯矩。

2）计算截面形心的位置及截面对中性轴的惯性矩。

取下边界为参考轴 $z_0$，确定截面形心 $c$ 的位置（图 9-31c）

$$y_c=\frac{\sum y_iA_i}{\sum A}=\frac{30\times170\times85+200\times30\times185}{30\times170+30\times200}\text{mm}=139\text{mm}$$

计算截面对中性轴 $z$ 的惯性矩

$$I_z=\left(\frac{30\times170^3}{12}+30\times170\times54^2+\frac{200\times30^3}{12}+200\times30\times46^2\right)\text{mm}^4=40.3\times10^6\text{mm}^4$$

3）校核强度。由于梁的抗拉强度与抗压强度不同，且截面中性轴 $z$ 不是对称轴，所以梁的最大负弯矩和最大正弯矩截面都需校核。

校核 $B$ 截面的强度：$B$ 截面为最大负弯矩截面，其上边缘产生最大拉应力，下边缘产生最大压应力。

$$\sigma_{\text{lmax}}=\frac{M_B}{I_z}y_{\text{上}}=\frac{20\times10^6}{40.3\times10^6}\times61\text{MPa}=30.3\text{MPa}<[\sigma_1]$$

$$\sigma_{\text{ymax}}=\frac{M_B}{I_z}y_{下}=\frac{20\times10^6}{40.3\times10^6}\times139\text{MPa}=69\text{MPa}<[\sigma_y]$$

校核 $C$ 截面强度：$C$ 截面为最大正弯矩截面，其上边缘产生最大压应力，下边缘产生最大拉应力。

$$\sigma_{\text{ymax}}=\frac{M_C}{I_z}y_{上}=\frac{10\times10^6}{40.3\times10^6}\times61\text{MPa}=15.1\text{MPa}<[\sigma_y]$$

$$\sigma_{\text{lmax}}=\frac{M_C}{I_z}y_{下}=\frac{10\times10^6}{40.3\times10^6}\times139\text{MPa}=34.5\text{MPa}>[\sigma_1]$$

所以梁的强度不够。$C$ 截面弯矩的绝对值虽然不是最大，但因截面的受拉边缘距中性轴较远，而求得的最大拉应力较 $B$ 截面大。

因此对于抗拉与抗压性能不同的脆性材料，当截面中性轴 $z$ 不是对称轴时，对梁的最大正弯矩与最大负弯矩截面均要校核强度。

（2）弯曲切应力强度条件

梁的最大切应力产生在剪力最大的横截面的中性轴上，所以梁的**切应力强度条件**为

$$\tau_{\max}=\frac{F_{\text{Qmax}}S_{\max}}{I_z b}\leqslant[\tau] \tag{9-14}$$

式中　$[\tau]$ —— 材料在剪切弯曲时的许用切应力。

在梁的强度计算中，必须同时满足正应力强度条件和切应力强度条件。在工程中，通常是先按正应力强度条件设计出截面尺寸，然后按切应力强度条件进行校核。对于细长梁，按正应力强度条件设计的梁，一般都能满足切应力强度要求，不必作切应力强度校核。但在以下几种特殊情况下，需做切应力强度校核：① 梁的跨度较短；② 在支座的附近有较大荷载；③ 工字形截面的梁其腹板厚度很小；④ 对于木梁中顺纹的 $[\tau]$ 较 $[\sigma]$ 小很多。

**【例 9-14】** 简支梁 $AB$ 如图 9-32a 所示。已知 $l=2\text{m}$，$a=0.2\text{m}$；梁上的荷载 $q=20\text{kN/m}$，$F=190\text{kN}$；材料的许用应力 $[\sigma]=160\text{MPa}$，$[\tau]=100\text{MPa}$。试选择工字钢梁的型号。

**解**：1）画出梁的剪力图和弯矩图，如图 9-32b、c 所示。

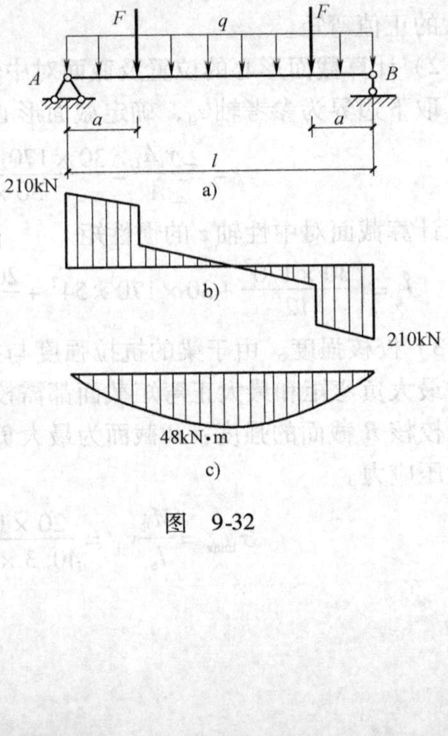


图　9-32

2）根据正应力强度条件选择工字钢型号。

由 $M$ 图可见，最大弯矩为

$$M_{\max}=48\text{kN}\cdot\text{m}$$

由正应力强度条件

$$W_z\geqslant\frac{M_{\max}}{[\sigma]}=\frac{48\times10^6}{160}\text{mm}^3=300\times10^3\text{mm}^3$$

$$=300\text{cm}^3$$

查型钢表，选用 22a 号工字钢，其 $W_z=309\text{cm}^3$。

3）切应力强度校核

$$\frac{I_z}{S_{\text{zmax}}}=18.9\text{cm}$$

由型钢表中查出 22a 号工字钢：

$$d=0.75\text{cm}$$

由 $F_Q$ 图知，最大剪力为

$$F_{Q\max}=210\text{kN}$$

由切应力强度条件

$$\tau_{\max}=\frac{F_{Q\max}}{\dfrac{I_z}{S_{z\max}}d}=\frac{210\times10^3}{18.9\times10\times0.75\times10}\text{MPa}=148\text{MPa}>[\tau]$$

因 $\tau_{\max}$ 远大于 $[\tau]$，应重新选择更大的截面。现以 25b 号工字钢进行试算。

$$\frac{I_z}{S_{z\max}}=21.27\text{cm}$$

由型钢表查得:

$$d=1\text{cm}$$

再次进行切应力强度校核

$$\tau_{\max}=\frac{F_{Q\max}}{\dfrac{I_z}{S_{z\max}}d}=\frac{210\times10^3}{21.27\times10\times1\times10}\text{MPa}=98.7\text{MPa}<[\tau]$$

最后确定选用 25b 号工字钢。

**【例 9-15】** 施工吊车轨道矩形截面枕木如图 9-33a 所示。已知矩形截面尺寸的比例为 $b:h=3:4$，枕木的许用应力 $[\sigma]=15.6\text{MPa}$，$[\tau]=1.8\text{MPa}$，吊车车轮压力 $F=55\text{kN}$。试选择枕木截面尺寸。

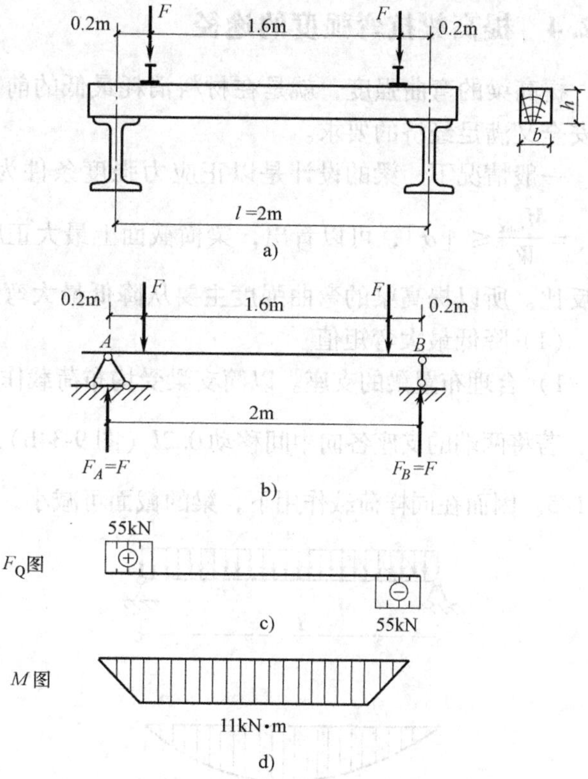


图 9-33

**解**：1）画出梁的 $F_Q$ 图和 $M$ 图，如图 9-33c、d 所示。

2）根据正应力强度条件设计截面尺寸。

由 $M$ 图可知，最大弯矩为

$$M_{\max}=55\times0.2\text{kN}\cdot\text{m}=11\text{kN}\cdot\text{m}$$

由正应力强度条件

$$W_z\geqslant\frac{M_{\max}}{I_z}=\frac{11\times10^6}{15.6}\text{mm}^3=705.1\times10^3\text{mm}^3$$

由于 $b:h=3:4$，有 $W_z=\dfrac{bh^2}{6}=\dfrac{h^3}{8}$，

所以，$\dfrac{h^3}{8}\geqslant705.1\times10^3\text{mm}^3$

得 $h\geqslant178\text{mm}$ 取 $h=180\text{mm}$

$$b=\frac{3}{4}h=\frac{3}{4}\times180\text{mm}=135\text{mm}$$

3）切应力强度校核。

由 $F_Q$ 图可知，最大剪力为

$$F_{Q\max}=55\text{kN}$$

最大切应力为

$$\tau_{\max}=\frac{3F_{Q\max}}{2A}=\frac{3\times55\times10^3}{2\times180\times135}\text{MPa}=3.40\text{MPa}>[\tau]=1.8\text{MPa}$$

而原设计的截面尺寸不能满足切应力强度条件，必须根据切应力强度条件重新设计截面尺寸。

4）根据切应力强度条件设计截面尺寸

$$\tau_{\max}=\frac{3F_{Q\max}}{2A}=\frac{3\times55\times10^3\text{N}}{2\times\frac{3}{4}h\times h}\leqslant1.8\text{MPa}$$

$$h\geqslant247\text{mm}$$

取 $h=248\text{mm}$，则

$$b=\frac{3}{4}h=186\text{mm}$$

最后确定的枕木矩形截面尺寸为 $h=250\text{mm}$，$b=\frac{3}{4}h=190\text{mm}$。

### 9.2.4 提高梁抗弯强度的途径

提高梁的弯曲强度，就是在材料消耗最低的前提下，提高梁的承载力，从而使设计既满足安全又满足经济的要求。

一般情况下，梁的设计是以正应力强度条件为依据。由等截面直梁的正应力强度条件 $\sigma_{\max}=\frac{M_{\max}}{W_z}\leqslant[\sigma]$，可以看出，梁横截面上最大正应力与最大弯矩成正比，与抗弯截面系数成反比。所以提高梁的弯曲强度主要从降低最大弯矩值和增大抗弯截面系数这两方面进行。

（1）降低最大弯矩值

1）合理布置梁的支座。以简支梁受均布荷载作用为例（图 9-34a），跨中最大弯矩 $M_{\max}=\frac{ql^2}{8}$，若将两端的支座各向中间移动 0.2$l$（图 9-34b），最大弯矩将减小为 $M_{\max}=\frac{ql^2}{40}$，仅为前者的 1/5。因而在同样荷载作用下，梁的截面可减小，这样就大大节省材料，并减轻自重。

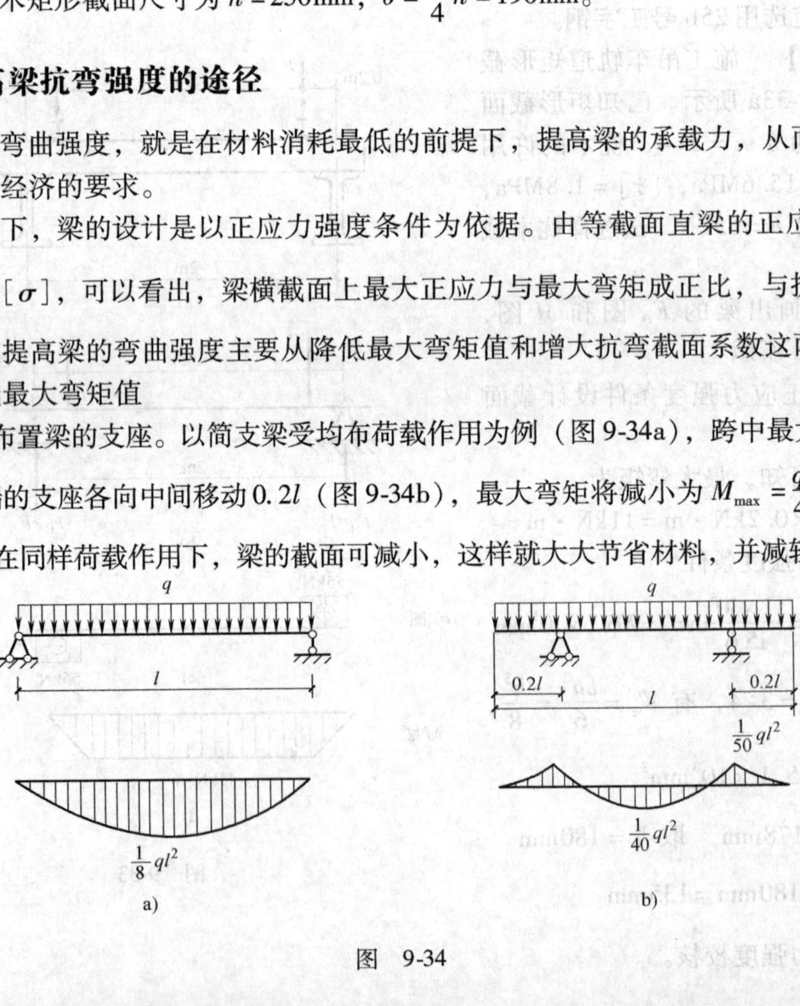


图 9-34

2）改善荷载的布置情况。

若结构上允许把几种荷载分散布置，可以降低梁的最大弯矩值。例如简支梁在跨中受一集中力 $F$ 作用（图 9-35a），其 $M_{max}=\frac{1}{4}Fl$。若在 $AB$ 梁上安置一根短梁 $CD$（图 9-35b），最大弯矩将减小为 $M_{max}=\frac{1}{8}Fl$，仅为前者的 1/2。

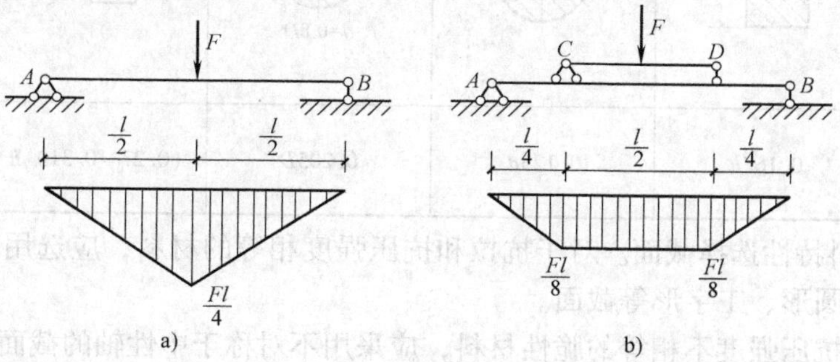


图　9-35

3）合理布置荷载作用位置。将荷载布置在靠近支座处比布置在跨中处时最大弯矩值要小得多。如图 9-36a、b 所示，两图弯矩相比较，b 图最大弯矩值比 a 图最大弯矩值减小近一半，且随着荷载离支座距离的减小而继续减小。

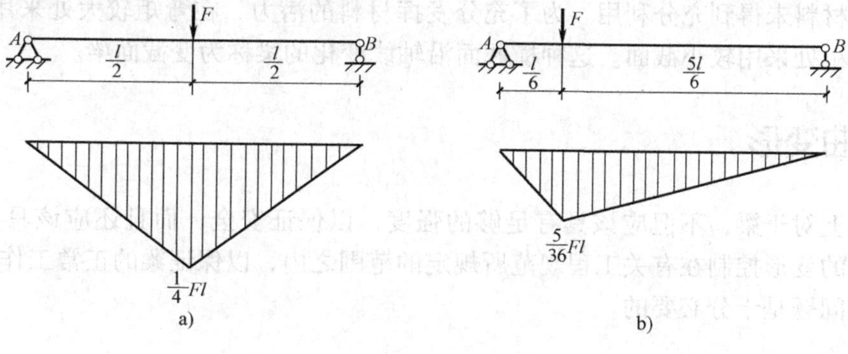


图　9-36

4）适当增加梁的支座。由于梁的最大弯矩与梁的跨度有关，增加支座可以减小梁的跨度，从而降低最大弯矩值。例如均布荷载作用的简支梁，在梁中间增加一个支座（图 9-37），则 $|M_{max}|=\frac{1}{32}ql^2$，只是原梁的 1/4。

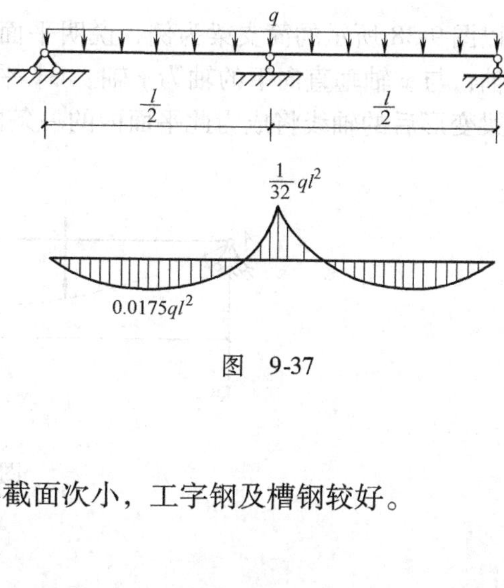


图　9-37

（2）选择合理的截面形状

1）选择抗弯截面系数 $W_z$ 与截面面积 $A$ 比值高的截面

表 9-2 列出了几种常用截面形状 $\frac{W_z}{A}$ 的比值。从表中可看出，圆形截面的比值最小，矩形截面次小，工字钢及槽钢较好。

表 9-2　几种常用截面$\frac{W_z}{A}$的比值

| 截面形状 | 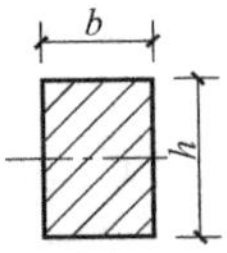  | 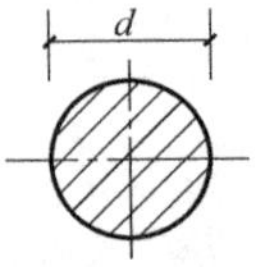  | 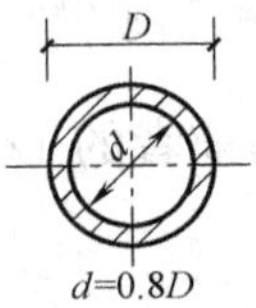  | 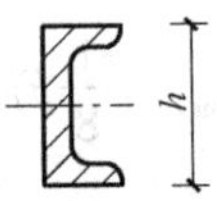  | 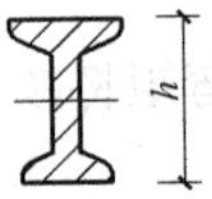  |
|---|---|---|---|---|---|
| $W_z/A$ | $0.167h$ | $0.125d$ | $0.205D$ | $(0.27\sim0.31)\ h$ | $(0.27\sim0.31)\ h$ |

2）根据材料特性选择截面。对于抗拉和抗压强度相等的材料，应选用对称于中性轴的截面，如矩形、圆形、工字形等截面。

对于抗拉和抗压强度不相等的脆性材料，应采用不对称于中性轴的截面，如 T 形、槽形等截面。还应注意脆性材料的 $[\sigma_y]$ 往往比 $[\sigma_1]$ 大得多，因此受压边缘离中性轴的距离 $y_2$ 应较大。

（3）采用变截面梁

等截面梁的截面尺寸是由最大弯矩确定的，其他截面由于弯矩小，最大应力都未达到许用应力值，材料未得到充分利用。为了充分发挥材料的潜力，在弯矩较大处采用较大截面，而在弯矩较小处采用较小截面。这种横截面沿轴线变化的梁称为变截面梁。

## 9.3　弯曲变形

在工程上对于梁，不但应该具有足够的强度，以保证安全，而且还应该具有足够的刚度，即把梁的变形控制在有关工程规范所规定的范围之内，以保证梁的正常工作。因此，研究梁的变形问题是十分必要的。

### 9.3.1　弯曲变形的概念

以图 9-38 所示的简支梁为例，说明平面弯曲时变形的一些概念。取梁在变形前的轴线为 $x$ 轴，与 $x$ 轴垂直向下的轴为 $y$ 轴。$Axy$ 平面就是梁的纵向对称面，荷载作用在这个平面上，梁变形后的轴线将成为此平面内的一条曲线，这条连续而光滑的曲线称为梁的**挠曲线**。

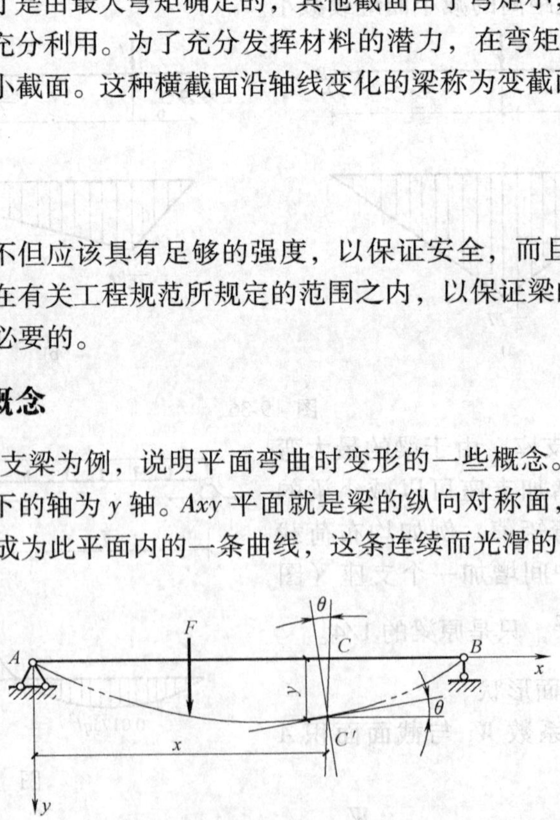


图　9-38

(1) 挠度和转角

梁的弯曲变形可用两个基本量来度量：

1) 挠度。梁上任一横截面的形心 $c$，沿 $y$ 轴方向的线位移 $cc'$，称为该截面的**挠度**，通常用 $y$ 来表示。以向下的挠度为正，向上的挠度为负。

2) 转角。梁的任一横截面 $C$，在梁变形后绕中性轴转动的角度，称为该截面的**转角**，用 $\theta$ 表示。以顺时针转向的转角为正，逆时针转向的转角为负。

(2) 挠曲线方程

梁上各横截面的挠度 $y$，随着截面位置 $x$ 的不同而改变，这种变化规律用**挠曲线方程**表示为

$$y=f(x) \tag{9-15}$$

根据平面假设，梁的横截面在变形后将垂直于挠曲线在该点的切线。因此，横截面的转角也可用挠曲线在该截面处的切线与 $x$ 轴的夹角 $\theta$ 表示。

在工程实际中，梁的变形极小，即 $\theta$ 极小，所以

$$\theta\approx\tan\theta=\frac{\mathrm{d}y}{\mathrm{d}x}=f'(x) \tag{9-16}$$

式 (9-16) 称为**转角方程**，反映了挠度和转角之间的关系，即**挠曲线上任意一点处切线的斜率等于该点处横截面的转角**。

(3) 挠曲线近似微分方程

根据纯弯时梁变形的曲率公式及高等数学的曲率计算公式，可得到挠曲线近似微分方程

$$\frac{\mathrm{d}^2y}{\mathrm{d}^2x}=-\frac{M(x)}{EI_z} \tag{9-17}$$

求解这一微分方程，就可以得到梁的挠曲线方程，从而求得挠度和转角。

### 9.3.2 用叠加法求梁的变形

在小变形条件下，当梁内的应力不超过材料的比例极限时，梁的挠曲线近似微分方程是一个线性微分方程。由此方程求得的挠度和转角均与荷载成线性关系。因此，可用**叠加法**求梁的变形。

叠加原理：结构在多个荷载作用下产生的某量值（包括约束力、内力或者变形等）等于在每个荷载单独作用下产生的该量值的代数和。但是必须注意此法只适用于线弹性范围之内。即梁在几个荷载共同作用下某截面的挠度或转角等于各个荷载单独作用时该截面挠度或转角的代数和。

梁的挠曲线近似微分方程是在小变形，材料服从胡克定律下推导出来的，因此，梁上同时作用几个荷载时就可以用叠加法计算梁的挠度和转角。

用叠加法求挠度和转角的基本步骤是：

1) 将作用在梁上的复杂荷载分解成几个简单荷载。

2) 查表 9-3 求梁在简单荷载作用下的挠度和转角。

3) 利用叠加原理，求出复杂荷载作用下的挠度和转角。

**表 9-3 常用梁在简单荷载作用下的变形**

| 序号 | 支承和荷载作用情况 | 梁端转角 | 挠曲线方程 | 最大挠度 |
|---|---|---|---|---|
| 1 | 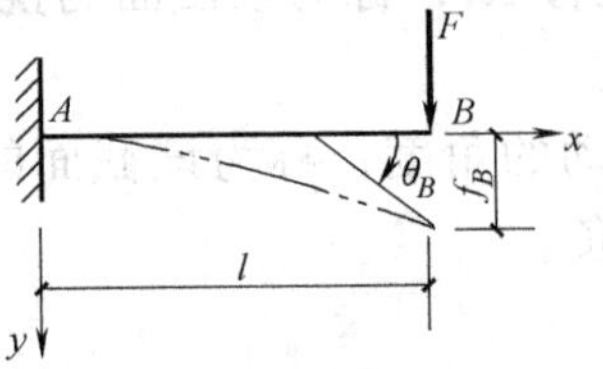 | $\theta_B=\dfrac{Fl^2}{2EI}$ | $y=\dfrac{Fx^2}{6EI}(3l-x)$ | $f_B=\dfrac{Fl^3}{3EI}$ |
| 2 | 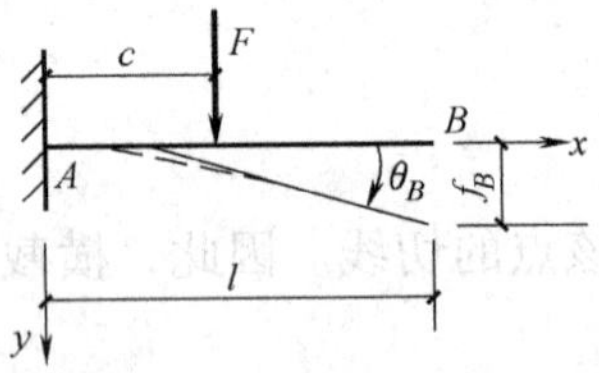 | $\theta_B=\dfrac{Fc^2}{2EI}$ | 当$0\leqslant x\leqslant c$，<br>$y=\dfrac{Fx^2}{6EI}(3c-x)$；<br>当$c\leqslant x\leqslant l$，<br>$y=\dfrac{Fc^2}{6EI}(3x-c)$ | $f_B=\dfrac{Fc^2}{6EI}(3l-c)$ |
| 3 | 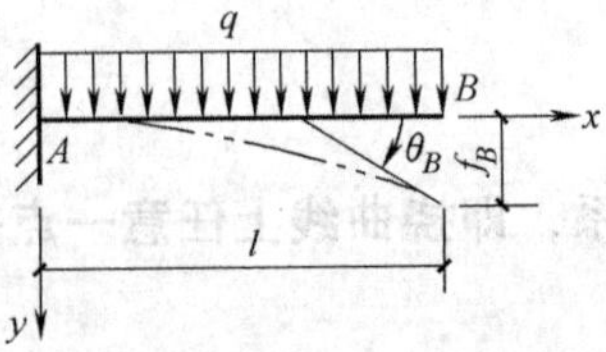 | $\theta_B=\dfrac{ql^3}{6EI}$ | $y=\dfrac{qx^2}{24EI}(x^2+6l^2-4lx)$ | $f_B=\dfrac{ql^4}{8EI}$ |
| 4 | 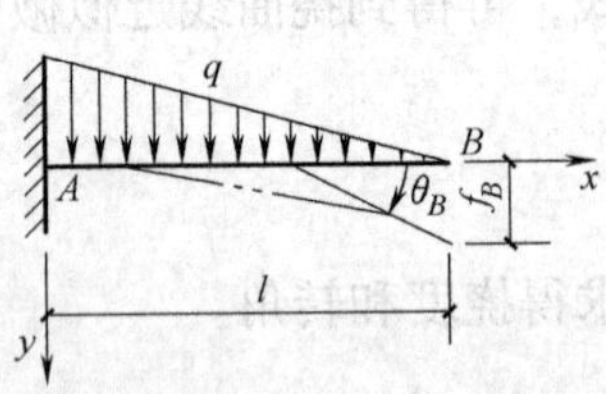 | $\theta_B=\dfrac{q_0l^3}{24EI}$ | $y=\dfrac{q_0x^2}{120lEI}(10l^3-10l^2x$<br>$+5lx^2-x^3)$ | $f_B=\dfrac{q_0l^4}{30EI}$ |
| 5 | 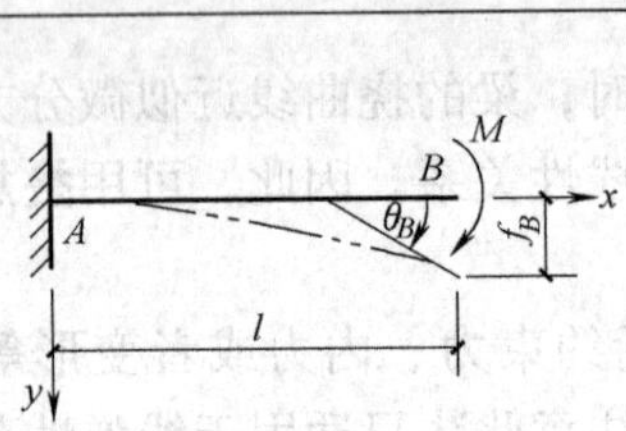 | $\theta_B=\dfrac{Ml}{EI}$ | $y=\dfrac{Mx^2}{2EI}$ | $f_B=\dfrac{Ml^2}{2EI}$ |
| 6 | 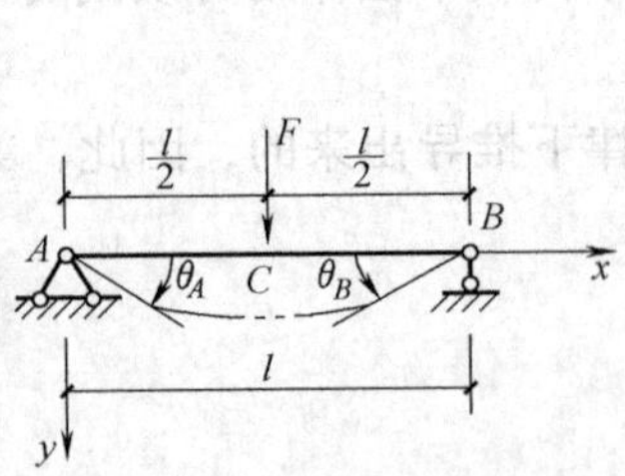 | $\theta_A=-\theta_B$<br>$=\dfrac{Fl^2}{16EI}$ | 当$0\leqslant x\leqslant\dfrac{l}{2}$，<br>$y=\dfrac{Fx}{12EI}\left(\dfrac{3l^2}{4}-x^2\right)$ | $f_C=\dfrac{Fl^3}{48EI}$ |

（续）

| 序号 | 支承和荷载作用情况 | 梁端转角 | 挠曲线方程 | 最大挠度 |
|---|---|---|---|---|
| 7 | 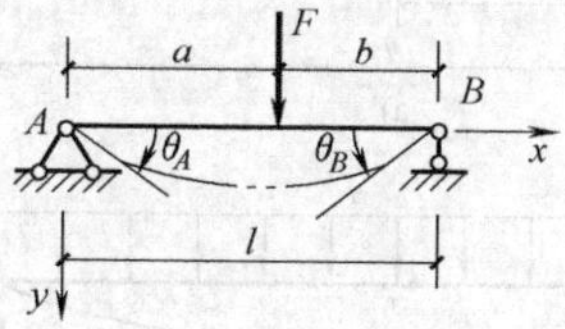 | $\theta_A=\frac{Fab(l+b)}{6lEI}$<br>$\theta_B=-\frac{Fab(l+a)}{6lEI}$ | 当 $0\leqslant x\leqslant a$，<br>$y=\frac{Fbx}{6lEI}(l^2-x^2-b^2)$；<br>当 $a\leqslant x\leqslant l$，<br>$y=\frac{Fa(l-x)}{6lEI}(2lx-x^2-a^2)$ | 在 $x=\sqrt{(l^2-b^2)/3}$ 处最大<br>$f_{\max}=\frac{\sqrt{3}Fb}{27lEI}(l^2-b^2)^{3/2}$<br>$f_{x=\frac{l}{2}}=\frac{Fb}{48EI}(3l^2-4b^2)$<br>（设 $a>b$） |
| 8 | 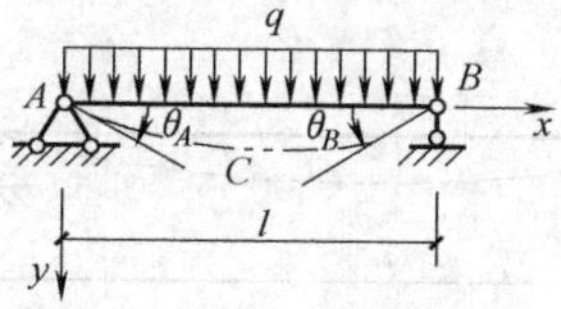 | $\theta_A=-\theta_B$<br>$=\frac{ql^3}{24EI}$ | $y=\frac{qx}{24EI}(l^3-2lx^2+x^3)$ | $f_C=\frac{5ql^4}{384EI}$ |
| 9 | 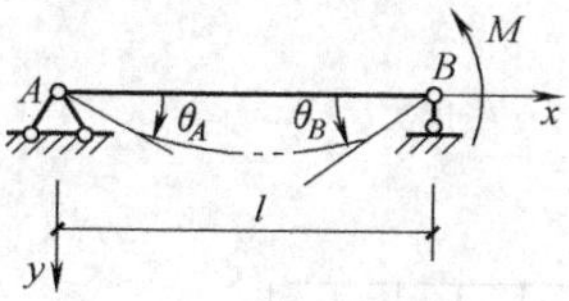 | $\theta_A=\frac{Ml}{6EI}$<br>$\theta_B=-\frac{Ml}{3EI}$ | $y=\frac{Mx}{6lEI}(l^2-x^2)$ | 在 $x=l/\sqrt{3}$ 处最大<br>$f_{\max}=\frac{Ml^2}{9\sqrt{3}EI}$<br>$f_{x=\frac{l}{2}}=\frac{Ml^2}{16EI}$ |
| 10 | 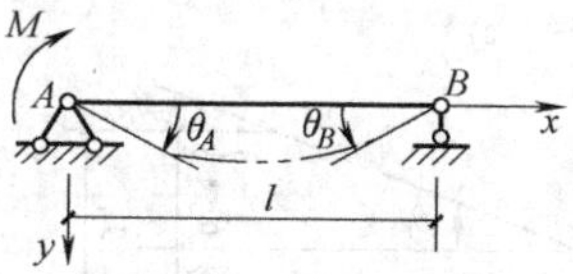 | $\theta_A=\frac{Ml}{3EI}$<br>$\theta_B=-\frac{Ml}{6EI}$ | $y=\frac{Mx}{6lEI}(l-x)(2l-x)$ | 在 $x=(1-1/\sqrt{3})l$ 处最大<br>$f_{\max}=\frac{ML^2}{9\sqrt{3}EI}$<br>$f_{x=\frac{l}{2}}=\frac{ML^2}{16EI}$ |
| 11 | 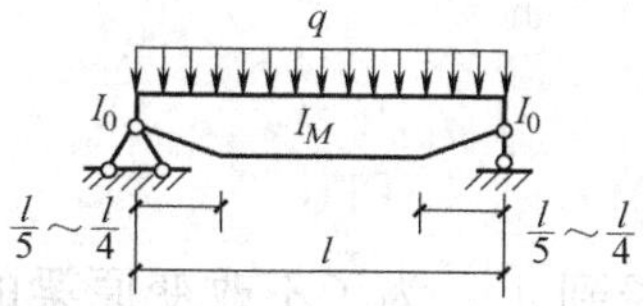 | | | $f=\frac{5}{384}\frac{ql^4}{EI_M}\left(1+\frac{3}{25}a\right)$<br>其中 $a=\frac{I_M-I_0}{I_0}$ |

注：在图示直角坐标系中，关于挠度和转角的正负号按照下列规定：挠度向下的为正，向上的为负；转角顺时针转向为正，逆时针转向为负。

**【例 9-16】**　简支梁受荷载作用如图 9-39a 所示。试用叠加法求梁跨中点处的挠度和支座处截面的转角。

**解：** 梁的变形是均布荷载 $q$ 和集中力偶 $M$ 共同作用引起的。把作用在梁上的荷载分为两种简单的荷载，如图 9-39b、c 所示。

在均布荷载 $q$ 单独作用下，由表 9-3 查得

$$y_{Cq}=\frac{5ql^4}{384EI},\ \theta_{Aq}=\frac{ql^3}{24EI},\ \theta_{Bq}=-\frac{ql^3}{24EI}$$

在集中力偶 $M$ 单独作用下，由表 9-3 查得

$$y_{CM}=\frac{Ml^2}{16EI},\ \theta_{AM}=\frac{Ml}{3EI},\ \theta_{BM}=-\frac{Ml}{6EI}$$

根据叠加原理，在均布荷载 $q$ 和集中力偶 $M$ 共同作用时

$$y_C=y_{Cq}+y_{CM}=\frac{5ql^4}{384EI}+\frac{Ml^2}{16EI}$$

$$\theta_A=\theta_{Aq}+\theta_{AM}=\frac{ql^3}{24EI}+\frac{Ml}{3EI}$$

$$\theta_B=\theta_{Bq}+\theta_{BM}=-\frac{ql^3}{24EI}-\frac{Ml}{6EI}$$

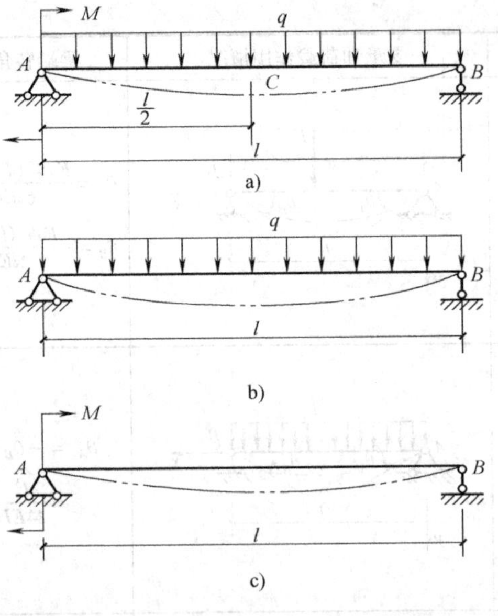

图 9-39

【例 9-17】 一悬臂梁受荷载作用如图 9-40a 所示。试用叠加法求自由端 $B$ 截面的挠度 $y_B$ 和转角 $\theta_B$。

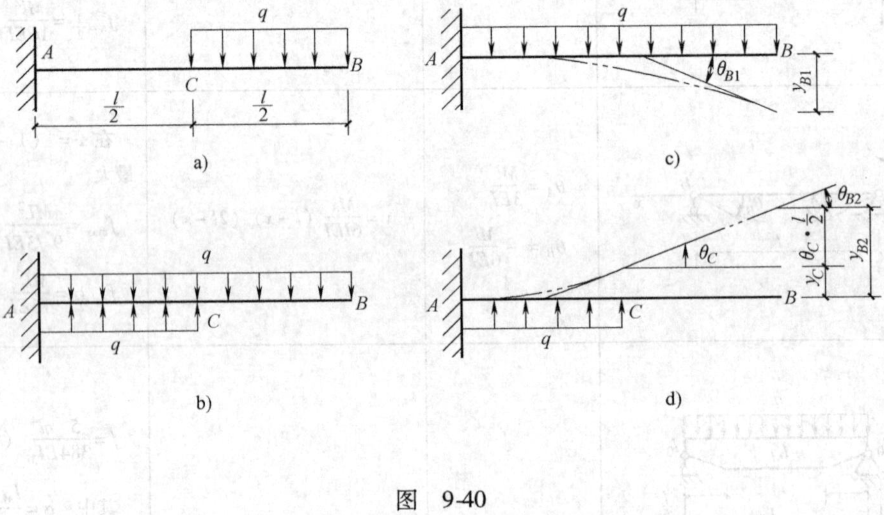

图 9-40

**解**：为了直接利用表 9-3 的结果，将均布荷载从 $BC$ 延长到 $A$，为了不改变原梁的实际荷载作用情况，从 $A$ 至 $C$ 加上荷载集度相同而方向相反的均布荷载，如图 9-40b 所示。这样，图 9-40b 所示的梁与原梁的受力和变形是完全相同的。

作用在图 9-40b 梁上的荷载可分解为图 9-40c 和图 9-40d 所示的两种简单荷载。

图 9-40c 所示的梁，自由端 $B$ 截面的挠度和转角可由表 9-3 查得

$$y_{B1}=\frac{ql^4}{8EI},\ \theta_{B1}=\frac{ql^3}{6EI}$$

图 9-40d 所示的梁，$C$ 截面的挠度和转角可由表 9-3 查得

$$y_C = -\frac{q\left(\frac{l}{2}\right)^2}{8EI} = -\frac{ql^4}{128EI},\quad \theta_C = -\frac{q\left(\frac{l}{2}\right)^3}{6EI} = -\frac{ql^3}{48EI}$$

由于 $CB$ 段梁上没有荷载，在这一段梁上的弯矩为零，因而这一段梁不会发生弯曲变形，但它却会受 $AC$ 段梁变形的影响而发生位移。由图 9-40d 可见，$B$ 截面的挠度和转角为

$$y_{B2} = y_C + \theta_C \frac{l}{2} = -\frac{ql^4}{128EI} - \frac{ql^3}{48EI}\frac{l}{2} = -\frac{7ql^4}{384EI}$$

$$\theta_{B2} = \theta_C = -\frac{ql^3}{48EI}$$

根据叠加原理，原梁 $B$ 截面的挠度和转角为

$$y_B = y_{B1} + y_{B2} = \frac{ql^4}{8EI} - \frac{7ql^4}{384EI} = \frac{41ql^4}{384EI}$$

$$\theta_B = \theta_{B1} + \theta_{B2} = \frac{ql^3}{6EI} - \frac{ql^3}{48EI} = \frac{7ql^3}{48EI}$$

### 9.3.3　梁的刚度校核

所谓梁的刚度校核，就是检查梁的变形是否超过规定的允许值。在建筑工程中通常只校核挠度，其允许值常用挠度与梁跨长的比值 $[f/l]$ 表示。以 $f$ 表示梁的最大挠度，其**刚度条件**可表达为

$$\frac{f}{l} \leqslant \left[\frac{f}{l}\right] \tag{9-18}$$

$[f/l]$ 的值一般限制在 1/250 ~ 1/1000 范围内。根据构件的不同，在有关规范中有具体规定。

梁必须同时满足强度和刚度条件，通常是先按强度条件设计，然后用刚度条件校核。

**【例 9-18】**　一简支梁由 18 号工字钢制成，受均布荷载 $q$ 作用，如图 9-41 所示。已知材料的 $E = 210\text{GPa}$，$[\sigma] = 150\text{MPa}$，$[f/l] = 1/400$。试校核梁的强度和刚度。

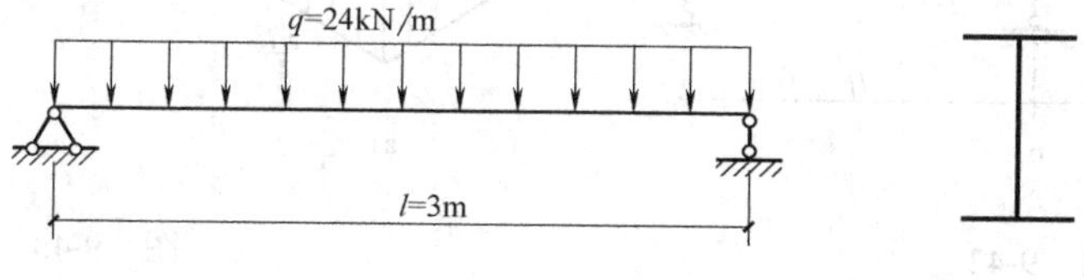


图　9-41

**解**：1）由型钢表查得 18 号工字钢

$$W_z = 185\text{cm}^3 = 185 \times 10^3\text{mm}^3$$

$$I_z = 1660\text{cm}^4 = 1660 \times 10^4\text{mm}^4$$

2）强度校核

$$M_{\max} = \frac{ql^2}{8} = \frac{24 \times 3^2}{8}\text{kN}\cdot\text{m} = 27\text{kN}\cdot\text{m}$$

$$\sigma_{max} = \frac{M_{max}}{W_z} = \frac{27 \times 10^6}{185 \times 10^3}\text{MPa} = 146\text{MPa} < [\sigma]$$

3）刚度校核。查表9-3得，梁的最大挠度为

$$f = \frac{5ql^4}{384EI_z}$$

则

$$\frac{f}{l} = \frac{5ql^3}{384EI_z} = \frac{5 \times 24 \times (3 \times 10^3)^3}{384 \times 210 \times 10^3 \times 1660 \times 10^4} = 0.00242 < \left[\frac{f}{l}\right]$$

此梁满足强度和刚度要求。

### 9.3.4 提高梁弯曲刚度的措施

梁的变形不仅与梁的支承和荷载有关，还与梁的材料、截面形状和长度有关。要提高梁的弯曲刚度可以从以下几个方面考虑：

（1）增大梁的抗弯刚度 $EI$

它包含两个措施：增大材料的弹性模量和增大截面的惯性矩。

（2）减小梁的跨度

减小梁的跨度有两个办法：一种方法是采用两端外伸的结构形式，如图9-42a所示；另一种方法是增加支座数目，如图9-42b所示。

（3）改善荷载作用方式

在结构允许的条件下，合理地调整荷载的作用方式，可降低弯矩，从而减小梁的变形，如图9-43所示。

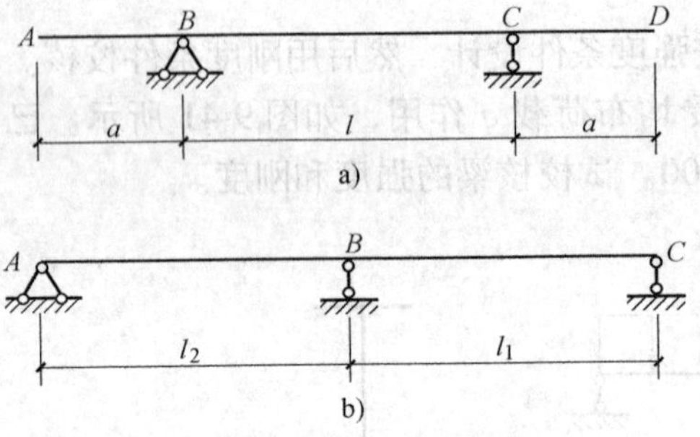


图 9-42

图 9-43

## 小 结

1）平面弯曲梁横截面上有两个内力——剪力和弯矩。截面上剪力的大小等于截面之左（或右）所有外力的代数和；弯矩的大小等于截面之左（或右）所有外力对截面形心之矩的代数和。剪力和弯矩的正负号按符号规定判断。

2）剪力图和弯矩图是分析危险截面的重要依据。熟练、正确地绘制剪力图和弯矩图是

本章的重点和难点。

3）绘制剪力图和弯矩图的方法：利用剪力图和弯矩图的作图规律。

4）梁的正应力

① 正应力计算公式

$$\sigma = \frac{My}{I_z}$$

适用条件：平面弯曲的梁，且在弹性范围内工作。

正应力的大小沿截面高度呈线性变化，中性轴上各点为零，上、下边缘处最大。

中性轴通过截面形心，并将截面分为受压和受拉两个区域。应力的正负号由弯矩的正、负及点的位置直观判定。正应力公式是在纯弯曲时导出的，但可适用于剪切弯曲。

② 正应力强度条件

$$\sigma_{max} = \frac{M_{max}}{W_z} \leqslant [\sigma]$$

5）梁的切应力

① 切应力计算公式为

$$\tau = \frac{F_Q S_z}{I_z b}$$

切应力沿截面高度呈抛物线变化，中性轴处切应力最大。

切应力公式中的 $S_z$ 是横截面上所求应力处到边缘部分面积对中性轴的静矩，$I_z$ 是整个横截面对中性轴的惯性矩；$b$ 是需求应力处的横截面宽度。

② 切应力强度条件

$$\tau_{max} = \frac{F_{Qmax} S_{max}}{I_z b} \leqslant [\tau]$$

6）提高梁弯曲强度的措施是根据正应力强度条件提出的。一是降低最大弯矩值，一是合理选择截面。梁的合理截面应该是在截面面积相同时有较大的抗弯截面系数。

7）梁的弯曲变形可用两个基本量来度量：挠度 $y$ 和转角 $\theta$。它们之间的关系是：

$$y = f(x)$$

梁的挠曲线近似微分方程为

$$\frac{d^2 y}{d^2 x} = -\frac{M(x)}{EI_z}$$

适用条件：小变形及梁在弹性范围内。

8）叠加法可简捷快速地求出指定截面的变形。计算时应注意：① 将梁上复杂荷载分成几种简单荷载时，要能直接应用现成的计算图表；② 应画出每一简单荷载单独作用下的挠曲线大致形状，从而直接判断挠度和转角的正负号，然后叠加。

9）梁的刚度条件是

$$\frac{f}{l} \leqslant \left[\frac{f}{l}\right]$$

## 习　题

1. 用截面法求图 9-44 所示各梁指定截面上的剪力和弯矩。

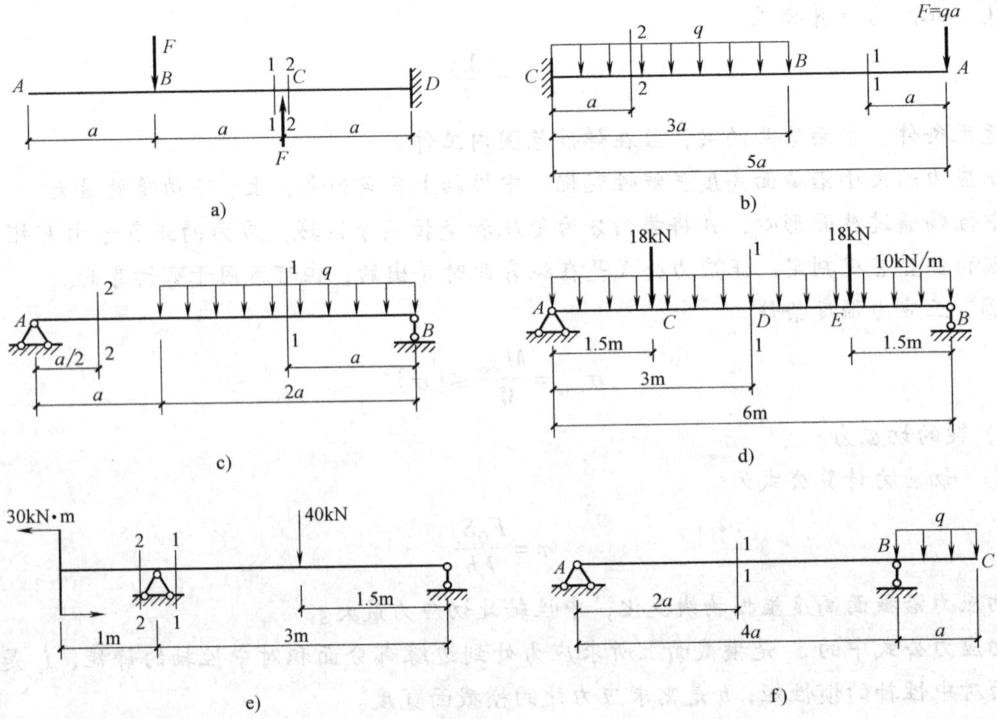


图 9-44

2. 用计算剪力和弯矩的规律，直接求图 9-45 所示各梁指定截面上的剪力和弯矩。`

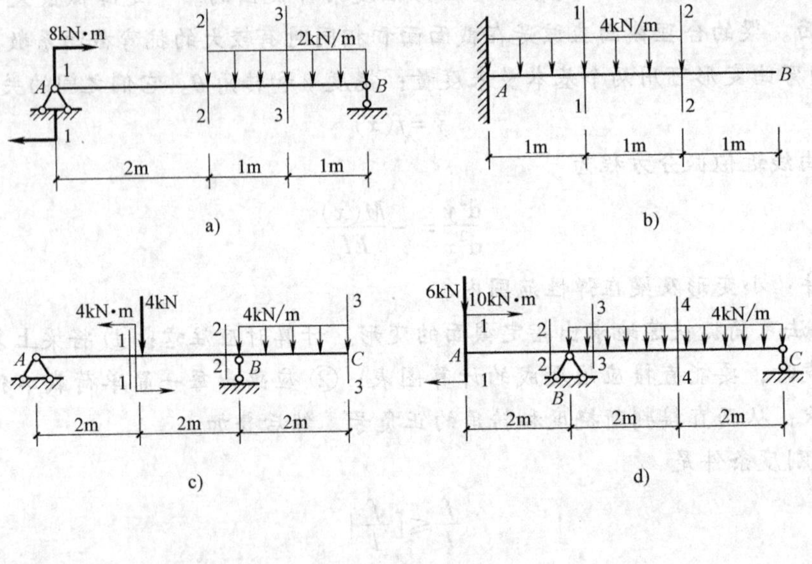


图 9-45

3. 列出图 9-46 中各梁的剪力方程和弯矩方程。

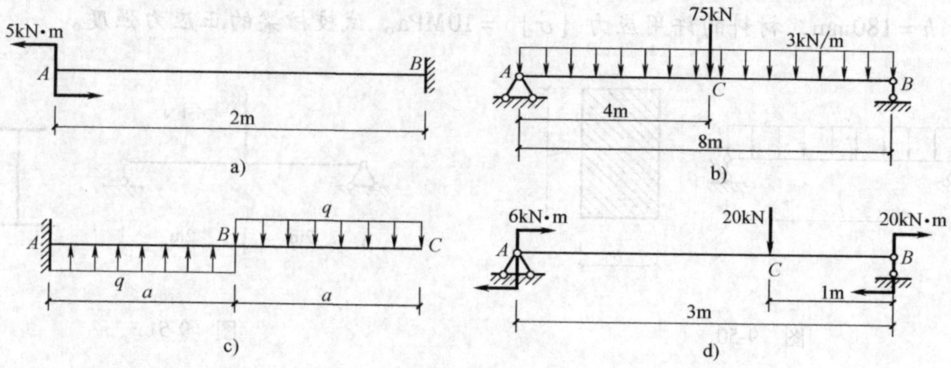


图　9-46

4. 利用剪力图和弯矩图的规律，画出图 9-47 所示各梁的剪力图和弯矩图。

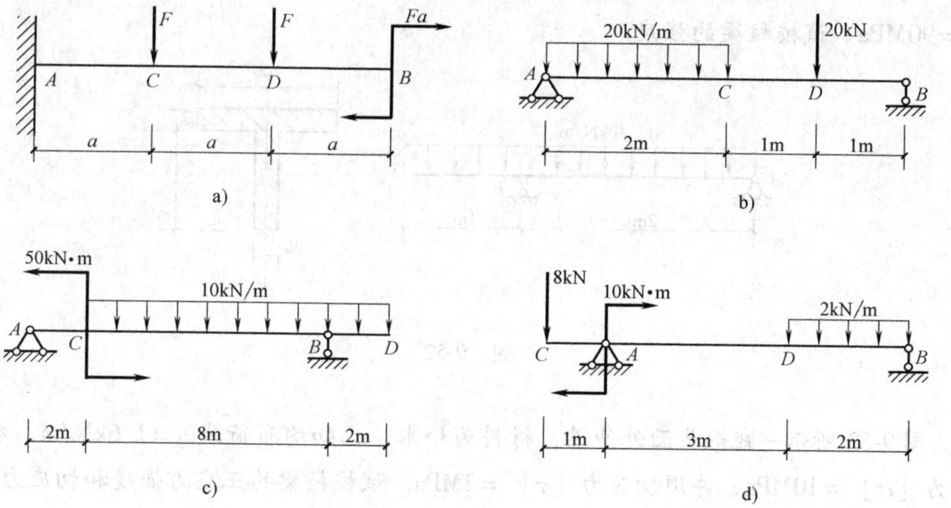


图　9-47

5. 图 9-48 所示简支梁，试求其截面 $A$ 上 $a$、$b$、$c$ 三点处正应力的大小，并说明是拉应力还是压应力。

6. 一木梁的横截面为矩形，所受荷载如图 9-49 所示，试求最大正应力的数值和位置。

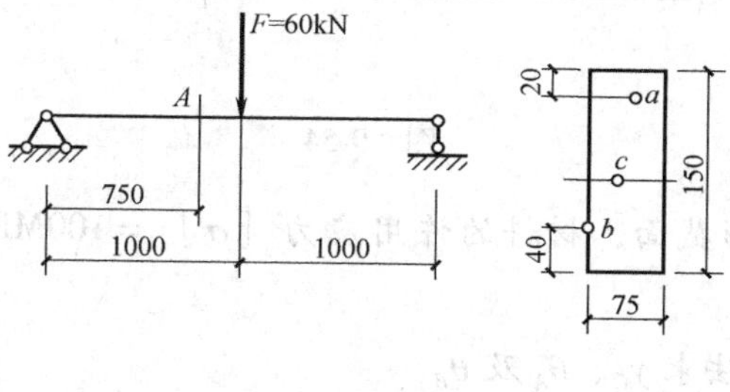


图　9-48

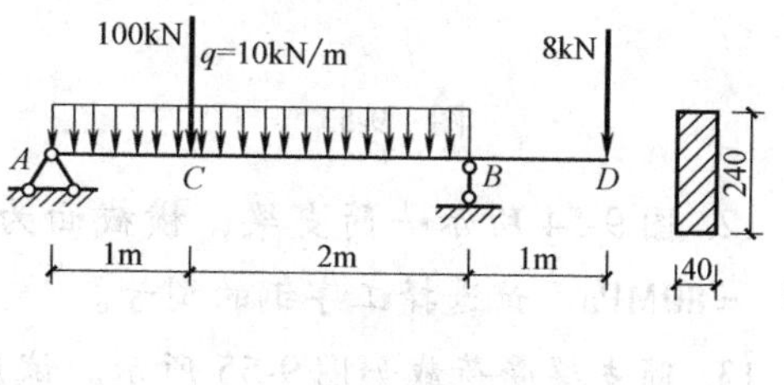


图　9-49

7. 试求题5所示梁截面$A$上$a$、$b$、$c$三点处的切应力。

8. 如图9-50所示，矩形截面简支梁受均布荷载作用。已知$q=3\text{kN/m}$，$l=4\text{m}$，$b=120\text{mm}$，$h=180\text{mm}$，材料的许用应力［$\sigma$］＝10MPa。试校核梁的正应力强度。

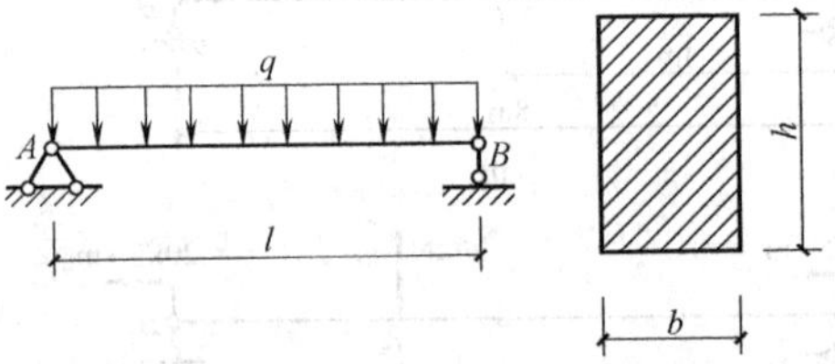


图 9-50

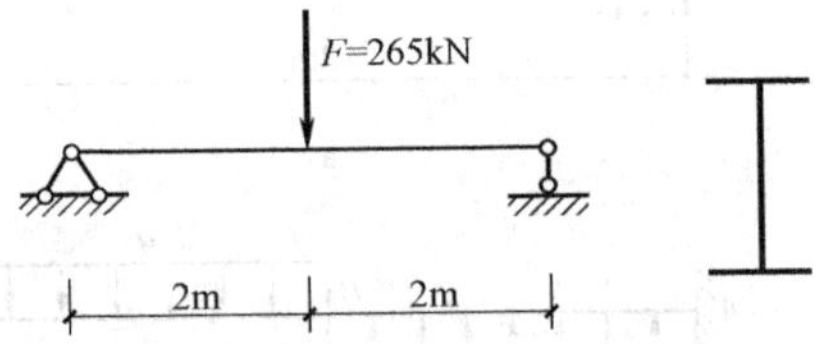


图 9-51

9. 简支工字钢梁受荷载作用如图9-51所示。已知材料的许用应力［$\sigma$］＝170MPa。试选择工字钢的型号。

10. T形截面的铸铁外伸梁，受荷载如图9-52所示。材料的许用拉应力［$\sigma_l$］＝45MPa，［$\sigma_y$］＝90MPa。试校核梁的强度。

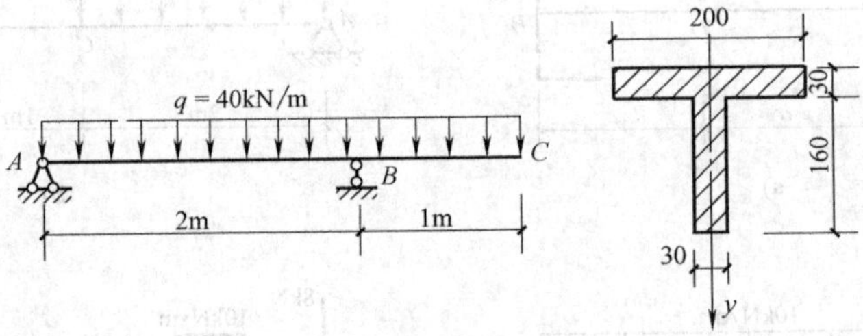


图 9-52

11. 图9-53所示一矩形截面外伸梁，材料为松木。已知均布荷载$q=1.6\text{kN/m}$，木材的许用正应力［$\sigma$］＝10MPa，许用切应力［$\tau$］＝2MPa。试校核梁的正应力强度和切应力强度。

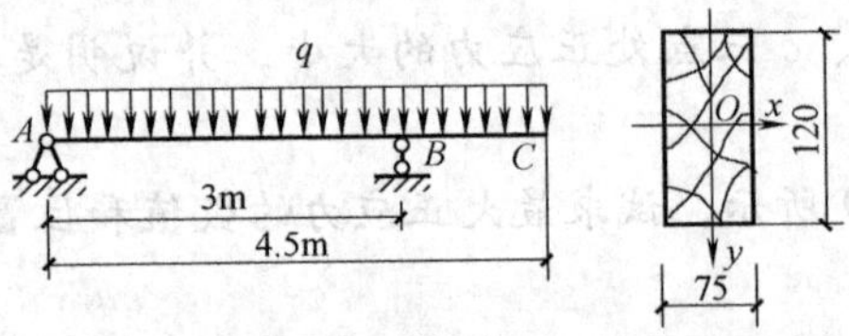


图 9-53

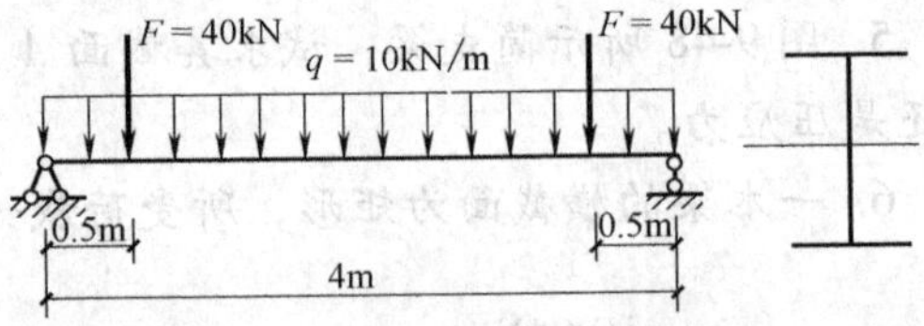


图 9-54

12. 图9-54所示一简支梁，横截面为工字形截面，材料的许用应力［$\sigma$］＝100MPa，［$\tau$］＝80MPa。试选择工字钢的型号。

13. 简支梁受荷载如图9-55所示。试用叠加法求$y_C$、$\theta_A$及$\theta_B$。

14. 悬臂梁受荷载如图9-56所示。试用叠加法求自由端$B$截面的挠度$y_B$及转角$\theta_B$。

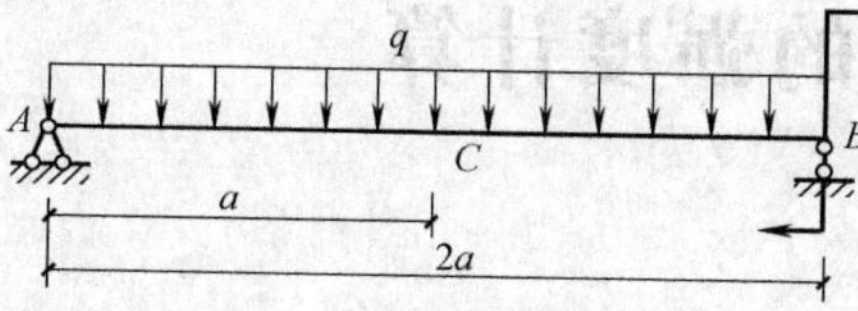


图 9-55

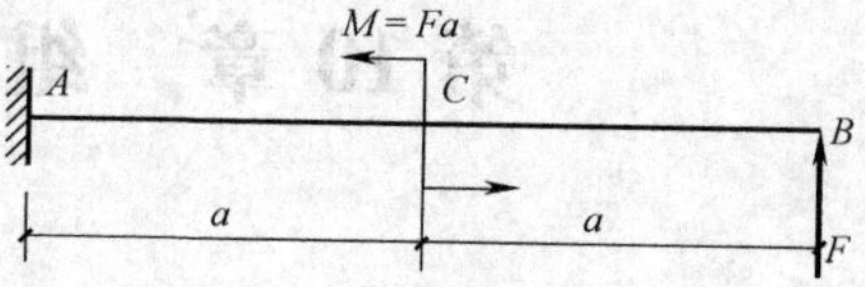


图 9-56

# 第 10 章　组合变形的强度计算

【学习目标】

1. 掌握组合变形的概念，会判断建筑常用构件的变形类型。
2. 掌握斜弯曲和单向偏心压缩（拉伸）的强度计算。

## 10.1　组合变形的概念

在前面材料力学的基本概念介绍中，我们知道构件的基本变形分为四种：轴向拉伸与压缩、剪切、扭转和弯曲。在工程实际中，由于构件受力的情况比较复杂，所以构件往往会同时发生两种或更多种的基本变形，这种变形称为**组合变形**。例如，图 10-1a 所示的屋架檩条，承受的屋面荷载并不作用在檩条的纵向对称面内，因此檩条的变形不是平面弯曲，而是由相互垂直的两个纵向对称面内的平面弯曲组合成的斜弯曲；图 10-1b 所示的空心墩，由于受到偏心压力的作用，使空心墩产生压缩与弯曲的组合变形；图 10-1c 所示的厂房支柱，也将产生压缩与弯曲的组合变形。

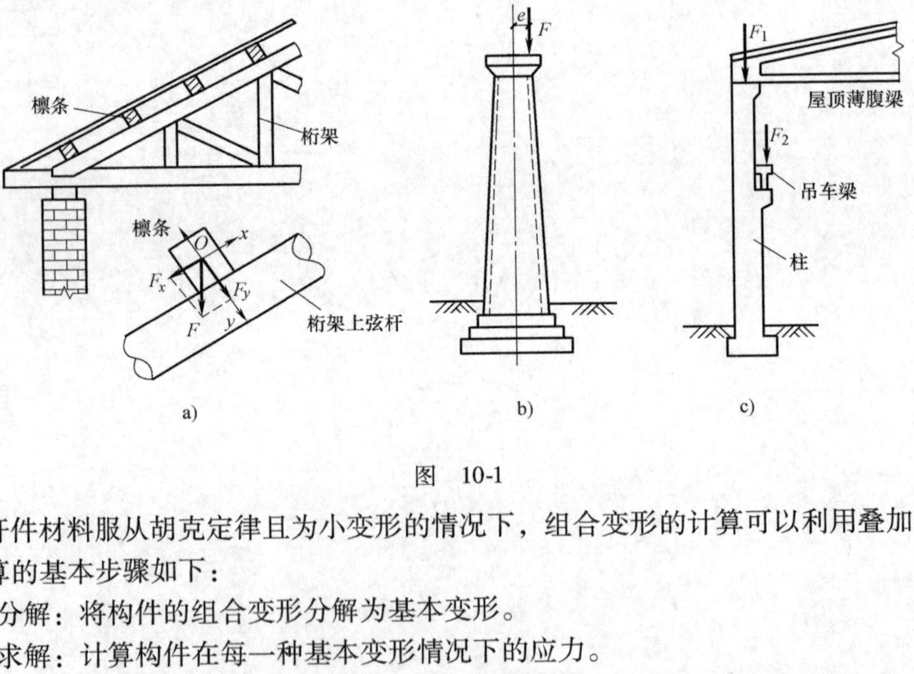


图　10-1

在杆件材料服从胡克定律且为小变形的情况下，组合变形的计算可以利用叠加原理。分析和计算的基本步骤如下：

1）分解：将构件的组合变形分解为基本变形。

2）求解：计算构件在每一种基本变形情况下的应力。

3）叠加：将同一点的应力叠加起来，便可得到构件在组合变形情况下的应力。

## 10.2　斜弯曲

梁的弯曲可分为平面弯曲和斜弯曲两种。对于横截面具有对称轴的梁，当横向力作用在梁的纵向对称面内时，梁变形后的轴线仍位于外力所在的平面内，这种变形称为**平面弯曲**，前面介绍的基本变形中的弯曲为平面弯曲。如果外力的作用平面通过梁轴线，但是不与梁的纵向对称面重合，而是存在一个夹角，梁变形后的轴线就不再位于外力所在平面内，这种弯曲称为**斜弯曲**。

下面通过最常见的矩形截面梁来讨论斜弯曲的强度计算问题。

### 10.2.1　外力的分解

如图 10-2a 所示的矩形截面悬臂梁，集中力 $F$ 作用在梁的自由端，其作用线通过截面形心，并与竖向形心主轴 $y$ 的夹角为 $\varphi$。

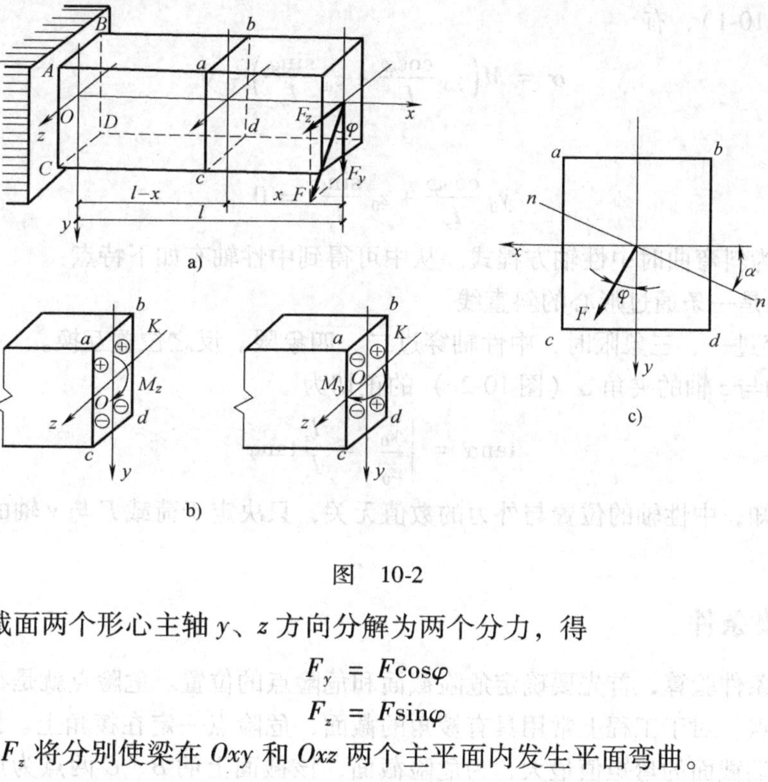


图　10-2

将力 $F$ 沿截面两个形心主轴 $y$、$z$ 方向分解为两个分力，得

$$F_y = F\cos\varphi$$

$$F_z = F\sin\varphi$$

分力 $F_y$ 和 $F_z$ 将分别使梁在 $Oxy$ 和 $Oxz$ 两个主平面内发生平面弯曲。

### 10.2.2　内力和应力的计算

在距自由端为 $x$ 的横截面上，两个分力 $F_y$ 和 $F_z$ 所引起的弯矩值分别为

$$M_z = F_y x = xF\cos\varphi = M\cos\varphi$$

$$M_y = F_z x = xF\sin\varphi = M\sin\varphi$$

式中 $M$ 是集中力 $F$ 在距自由端为 $x$ 的横截面上引起的弯矩，其值 $M = Fx$。

该截面上任一点 $K$（$y$，$z$），由 $M_z$ 和 $M_y$ 所引起的正应力分别为

$$\sigma' = \frac{M_z y}{I_z} = y\frac{M\cos\varphi}{I_z}$$

$$\sigma'' = \frac{M_y z}{I_y} = z\frac{M\sin\varphi}{I_y}$$

根据叠加原理，$K$ 点的正应力为

$$\sigma = \sigma' + \sigma'' = \frac{M_z y}{I_z} + \frac{M_y z}{I_y} = M\left(y\frac{\cos\varphi}{I_z} + z\frac{\sin\varphi}{I_y}\right) \tag{10-1}$$

式中 $I_z$ 和 $I_y$ 分别是横截面对形心主轴的惯性矩。正应力 $\sigma'$ 和 $\sigma''$ 的正负号，可通过平面弯曲的变形情况直接判断，如图 10-2b，拉应力取正号，压应力取负号。

### 10.2.3 中性轴的位置

横截面的最大正应力发生在离中性轴最远的地方，所以要求最大正应力就先要确定中性轴的位置。中性轴上各点的正应力都等于零，设在中性轴上任一点处的坐标为 $y_0$ 和 $z_0$，将 $\sigma=0$ 代入式（10-1），有

$$\sigma = M\left(y_0\frac{\cos\varphi}{I_z} + z_0\frac{\sin\varphi}{I_y}\right) = 0$$

则

$$y_0\frac{\cos\varphi}{I_z} + z_0\frac{\sin\varphi}{I_y} = 0 \tag{10-2}$$

式（10-2）称为斜弯曲时中性轴方程式。从中可得到中性轴有如下特点：

1）中性轴是一条通过形心的斜直线。

2）力 $F$ 穿过一、三象限时，中性轴穿过二、四象限。反之位置互换。

3）中性轴与 $z$ 轴的夹角 $\alpha$（图 10-2c）的正切为

$$\tan\alpha = \left|\frac{y_0}{z_0}\right| = \frac{I_z}{I_y}\tan\varphi \tag{10-3}$$

从上式可知，中性轴的位置与外力的数值无关，只决定于荷载 $F$ 与 $y$ 轴的夹角 $\varphi$ 及截面的形状和尺寸。

### 10.2.4 强度条件

进行强度条件验算，首先要确定危险截面和危险点的位置。危险点就是在危险截面上离中性轴最远的点，对于工程上常用具有棱角的截面，危险点一定在棱角上。图 10-2a 所示的悬臂梁，固定端截面的弯矩值最大，为危险截面，该截面上的 $B$、$C$ 两点为危险点，$B$ 点产生最大拉应力，$C$ 点产生最大压应力。若材料的抗拉和抗压强度相等，则**斜弯曲的强度条件**为

$$\sigma_{\max} = \frac{M_{z\max}}{W_z} + \frac{M_{y\max}}{W_y} \leqslant [\sigma] \tag{10-4}$$

利用式（10-4），可进行强度校核。

**【例 10-1】** 跨度 $l=4\text{m}$ 的吊车梁，用 32a 号工字钢制成，材料为 A3 钢，许用应力 $[\sigma]=160\text{MPa}$。作用在梁上的集中力 $F=30\text{kN}$，其作用线与横截面铅垂对称轴的夹角 $\varphi=$

15°，如图 10-3 所示。试校核吊车梁的强度。

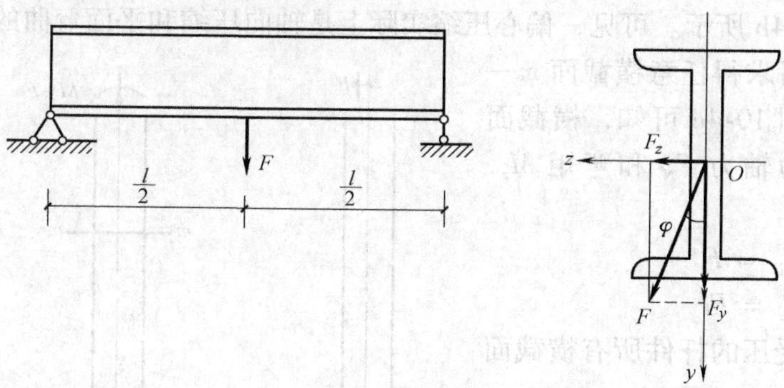


图　10-3

**解**：将荷载 ***F*** 沿梁横截面的 $y$ 和 $z$ 轴分解

$$F_y = F\cos\varphi = 30\text{kN}\cos15° = 29\text{kN}$$
$$F_z = F\sin\varphi = 30\text{kN}\sin15° = 7.76\text{kN}$$

吊车荷载 ***F*** 位于梁的跨中时，吊车梁处于最不利的受力状态，跨中截面的弯矩值最大，为危险截面。该截面上由 $\boldsymbol{F}_y$ 在 $Oxy$ 平面内产生的最大弯矩为

$$M_{z\max} = \frac{F_y l}{4} = \frac{29 \times 4}{4}\text{kN}\cdot\text{m} = 29\text{kN}\cdot\text{m}$$

该截面上由 $\boldsymbol{F}_z$ 在 $Oxz$ 平面内产生的最大弯矩为

$$M_{y\max} = \frac{F_z l}{4} = \frac{7.76 \times 4}{4}\text{kN}\cdot\text{m} = 7.76\text{kN}\cdot\text{m}$$

由型钢表查得 32a 号工字钢的抗弯截面系数

$$W_z = 692.2\text{cm}^3 = 692.2 \times 10^3\text{mm}^3$$
$$W_y = 70.8\text{cm}^3 = 70.8 \times 10^3\text{mm}^3$$

根据强度条件式（10-4）

$$\sigma_{\max} = \frac{M_{y\max}}{W_y} + \frac{M_{z\max}}{W_z} = \left(\frac{7.76 \times 10^6}{70.8 \times 10^3} + \frac{29 \times 10^6}{692.2 \times 10^3}\right)\text{MPa}$$
$$= 151.5\text{MPa} < [\sigma]$$

吊车梁的强度足够。

## 10.3　单向偏心压缩（拉伸）

在工程实际中，柱子所受到的压力并不一定通过柱子的轴线，还存在偏心受压情况，即压力作用线虽然平行于轴线却不与轴线重合的情况。图 10-4 所示的柱子，荷载 $F$ 的作用线与柱的轴线不重合，称为**偏心力**，其作用线与柱轴线间的距离 $e$ 称为偏心距。偏心力 $F$ 通过截面一根形心主轴时，称为**单向偏心受压**。

### 10.3.1　强度计算

（1）荷载的简化和内力计算

将偏心力 $F$ 向截面形心平移，得到一个通过柱轴线的轴向压力 $F$ 和一个力偶矩 $M=Fe$ 的力偶，如图 10-4b 所示。可见，偏心压缩实际上是轴向压缩和平面弯曲的组合变形。

运用截面法可求得任意横截面 $m$—$n$ 上的内力。由图 10-4c 可知，横截面 $m$—$n$ 上的内力为轴力 $F_N$ 和弯矩 $M_z$，其值分别为

$$F_N = F$$
$$M_z = Fe$$

显然，偏心受压的杆件所有横截面的内力是相同的。

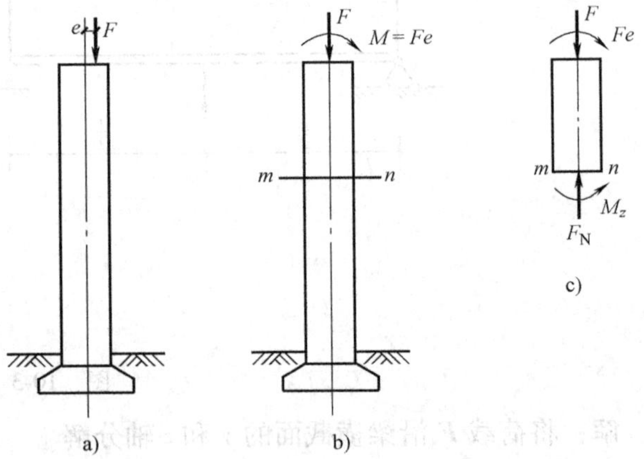


图 10-4

（2）应力计算

对于横截面上任一点 $K$（图 10-5），由轴力 $F_N$ 所引起的正应力为

$$\sigma' = -\frac{F_N}{A}$$

由弯矩 $M_z$ 所引起的正应力为

$$\sigma'' = -\frac{M_z y}{I_z}$$

根据叠加原理，$K$ 点的总应力为

$$\sigma = \sigma' + \sigma'' = -\frac{F_N}{A} - \frac{M_z y}{I_z} \tag{10-5}$$

式中，弯曲正应力 $\sigma''$ 的正负号由变形情况判定。当 $K$ 点处于弯曲变形的受压区时取负值，处于受拉区时取正号。

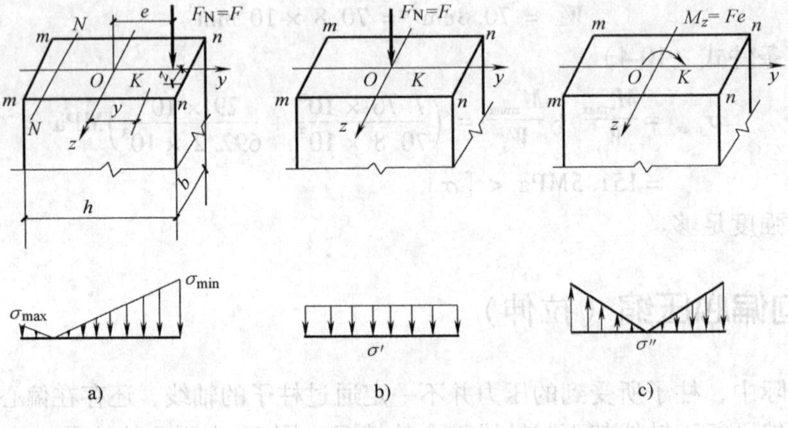


图 10-5

## 10.3.2 强度条件

从图 10-5a 中可知：最大压应力发生在截面与偏心力 $F$ 较近的边线 $n$—$n$ 线上；最大拉应力发生在截面与偏心力 $F$ 较远的边线 $m$—$m$ 线上。其值分别为

$$\left.\begin{aligned}\sigma_{\min} &= \sigma_{\text{ymax}} = -\frac{F}{A}-\frac{M_z}{W_z}\\ \sigma_{\max} &= \sigma_{\text{lmax}} = -\frac{F}{A}+\frac{M_z}{W_z}\end{aligned}\right\} \tag{10-6}$$

截面上各点均处于单向应力状态，所以单向偏心压缩的强度条件为

$$\left.\begin{aligned}\sigma_{\min} &= \sigma_{\text{ymax}} = \left|-\frac{F}{A}-\frac{M_z}{W_z}\right| \leqslant [\sigma_y]\\ \sigma_{\max} &= \sigma_{\text{lmax}} = -\frac{F}{A}+\frac{M_z}{W_z} \leqslant [\sigma_l]\end{aligned}\right\} \tag{10-7}$$

对于单向偏心压缩，从图 10-5a 可以看出，中性轴是一条与 $z$ 轴平行的直线 $N—N$。

**【例 10-2】**　图 10-6 所示矩形截面柱，屋架传来的压力 $F_1 = 100\text{kN}$，吊车梁传来的压力 $F_2 = 50\text{kN}$，$F_2$ 的偏心矩 $e = 0.2\text{m}$。已知截面宽 $b = 200\text{mm}$，$h = 300\text{mm}$，则柱截面中的最大拉应力和最大压应力各为多少？

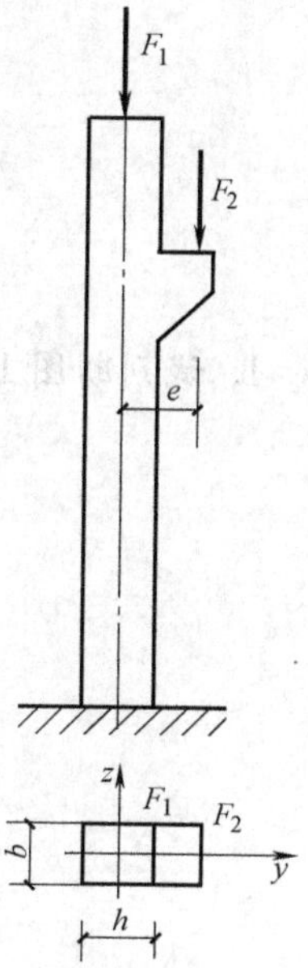


图 10-6

**解**：将荷载向截面形心简化，柱的轴向压力为

$$F_N = F_1 + F_2 = (100+50)\text{kN} = 150\text{kN}$$

截面的弯矩为

$$M_z = F_2 e = 50\times 0.2\text{kN}\cdot\text{m} = 10\text{kN}\cdot\text{m}$$

由式（10-6），得

$$\sigma_{\text{lmax}} = -\frac{F}{A}+\frac{M_z}{W_z} = \left(-\frac{150\times10^3}{200\times300}+\frac{10\times10^6}{\dfrac{200\times300^2}{6}}\right)\text{MPa}$$

$$= (-2.5+3.33)\text{MPa} = 0.83\text{MPa}$$

$$\sigma_{\text{ymax}} = -\frac{F}{A}-\frac{M_z}{W_z} = (-2.5-3.33)\text{MPa} = -5.83\text{MPa}$$

## 小　结

1）组合变形是由两种或两种以上的基本变形组合而成的。解决组合变形强度问题的基本原理是叠加原理。即在材料服从胡克定律和小变形的前提下，将组合变形分解为几个基本变形的组合。

2）组合变形分析和计算的基本步骤如下：

分解：将构件的组合变形分解为基本变形。

求解：计算构件在每一种基本变形情况下的应力。

叠加：将同一点的应力叠加起来，便可得到构件在组合变形情况下的应力。

3）主要公式

① 斜弯曲是两个相互垂直平面内的平面弯曲组合。强度条件为

$$\sigma_{\max} = \frac{M_{z\max}}{W_z}+\frac{M_{y\max}}{W_y} \leqslant [\sigma]$$

② 单向偏心压缩（拉伸）是轴向压缩（拉伸）和平面弯曲的组合。单向偏心压缩（拉伸）的强度条件为

$$\sigma_{\min} = \sigma_{\mathrm{ymax}} = \left| -\frac{F}{A} - \frac{M_z}{W_z} \right| \leqslant [\sigma_{\mathrm{y}}]$$

$$\sigma_{\max} = \sigma_{\mathrm{lmax}} = -\frac{F}{A} + \frac{M_z}{W_z} \leqslant [\sigma_{\mathrm{l}}]$$

## 习 题

1. 试判断图 10-7 中杆 $AB$、$BC$、$CD$ 各产生哪些基本变形？

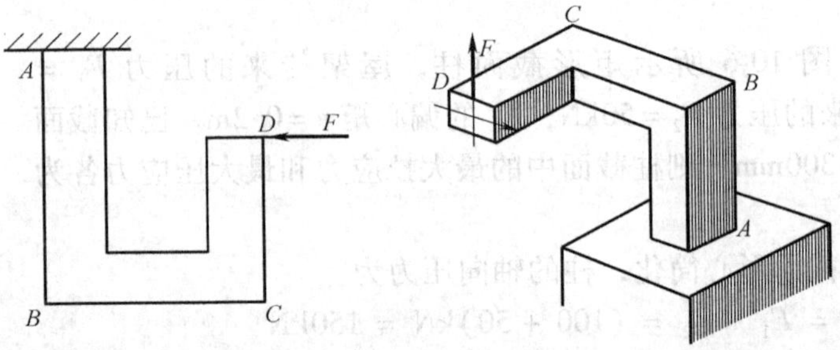


图 10-7

2. 图 10-8 所示简支梁，选用 25a 号工字钢。作用在跨中截面的集中荷载 $F=5\text{kN}$，其作用线与截面的形心主轴 $y$ 的夹角为 30°，钢材的许用应力 $[\sigma]=160\text{MPa}$，试校核此梁的强度。

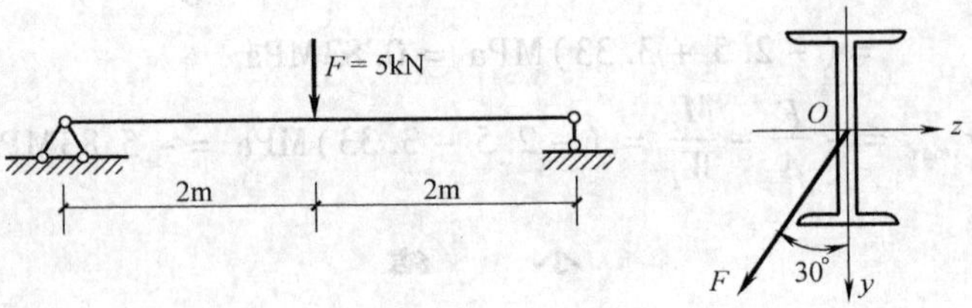


图 10-8

# 第11章 压杆稳定

【学习目标】

1. 掌握压杆稳定的概念。
2. 掌握临界力、临界应力的计算。
3. 掌握压杆的稳定计算，欧拉公式的适用范围。
4. 了解提高压杆稳定性的措施。

## 11.1 压杆稳定的概念

### 11.1.1 压杆的稳定性

对于细长压杆的稳定性问题，我们先来看一个试验。如图 11-1 所示，两根矩形截面的松木直杆，横截面面积均为 $A = 40\text{mm} \times 8\text{mm}$，长度分别为 40mm 与 1000mm，强度极限 $\sigma_b = 40\text{MPa}$。

按照强度考虑，两杆件的极限承载能力均应为

$$F = \sigma_b \times A = 40 \times 40 \times 8\text{N} = 12800\text{N}$$

但是，试验结果表明，当给两杆件缓慢施加压力时，长度为 40mm 的杆件可承受将近 12800N 的压力，且在破坏前一直保持着直线形状。而长度为 1000mm 的杆件，压力只加到约 800N 时，就开始变弯，如继续增大压力，则杆件的弯曲变形急剧加大而折断。

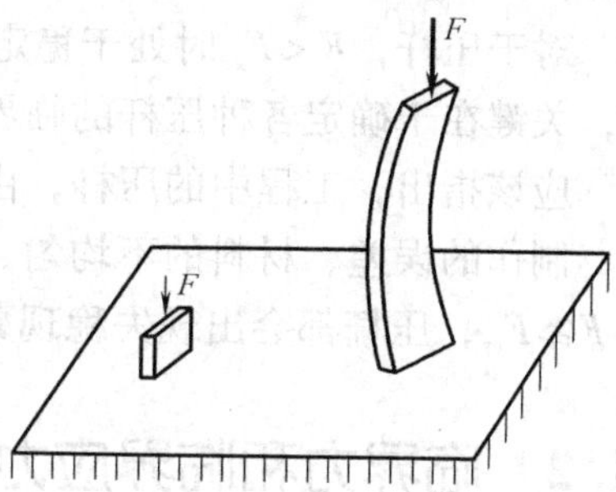

图 11-1

由此可见，细长压杆丧失工作能力的原因不是强度不够，而是由于其轴线不能保持原有直线形状的平衡状态，这种现象称为**压杆丧失稳定**，简称**压杆失稳**。压杆丧失稳定时横截面上的应力小于屈服极限，甚至小于比例极限，因此，对细长压杆必须进行稳定性计算。

在工程史上，就曾经发生过由于构件发生压杆失稳现象而导致的工程事故。因此，在设计压杆时，必须进行稳定性试验。

### 11.1.2 压杆的稳定平衡

为了研究细长压杆的失稳过程，取一细长直杆，在两杆端分别施加一个逐渐增大的轴向压力 $F$，如图 11-2a 所示。当力 $F$ 不大时，压杆保持直线平衡状态。这时，如果给杆件施加一个横向干扰力 $F'$，杆件便会发生微小的弯曲变形。由于力 $F$ 不大，当去掉干扰力后，杆件经过若干次摆动，仍能恢复原来的直线形状，如图 11-2b 所示。这时，把杆件的直线形状

的平衡状态称为**稳定平衡**。当压力 $F$ 超过某一值时，杆在横向力干扰下仍会发生弯曲，但不同的是，当除去干扰力后，杆件就不能恢复到原有的直线形状，而在弯曲状态下保持新的平衡，如图 11-2c 所示，此时杆件原有的直线形状的平衡状态就不再是稳定的状态了。

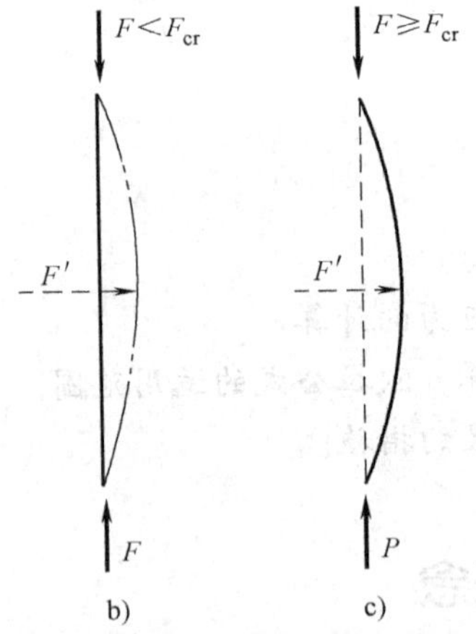


图 11-2

由此可知，压杆能否保持直线形状的平衡状态，与压力 $F$ 的大小有关。随着压力 $F$ 的逐渐增大，压杆就会从直线形状的稳定平衡过渡到直线形状的不稳定平衡。当压杆处于从直线形状的稳定平衡过渡到直线形状的不稳定平衡的临界状态时，作用于压杆上的压力称为**临界力**，用 $F_{cr}$表示，它表示压杆开始丧失稳定的压力。

对于压杆，$F < F_{cr}$时处于稳定平衡，$F \geqslant F_{cr}$是处于不稳定平衡。因此，压杆的稳定性计算，关键在于确定各种压杆的临界力。

应该指出，工程中的压杆，由于种种原因不可能达到理想的中心受压状态，如加载的偏心、制作的误差、材料的不均匀、周围环境的微小振动等，都起到了干扰力的作用，只要压力 $F \geqslant F_{cr}$，压杆都会出现失稳现象。

## 11.2 临界力和临界应力

### 11.2.1 临界力的确定

当作用在压杆上的压力 $F = F_{cr}$时，杆件在干扰力的影响下将会变弯。在杆的变形不大时，杆件内的应力不超过比例极限的情况下，根据弯曲变形的理论可以得到**欧拉公式**来计算临界力的大小为

$$F = F_{cr} = \frac{\pi^2 EI}{(\mu l)^2} \tag{11-1}$$

式中 $\mu$——与支承情况有关的长度系数，其值见表 11-1；

$l$——杆件的长度，$\mu l$ 称为计算长度；

$I$——杆件横截面对形心轴的惯性距。

当杆端在各方向的支承情况相同时，压杆总是在抗弯杆端刚度最小的纵向平面内失稳，

式中的惯性距 $I$ 应当取横截面最小形心主惯性矩 $I_{min}$。

**表 11-1　压杆长度系数**

| 杆端支承情况 | 两端铰接 | 一端固定<br>一端自由 | 两端固定 | 一端固定<br>一端铰接 |
|---|---|---|---|---|
| 压杆图形 | 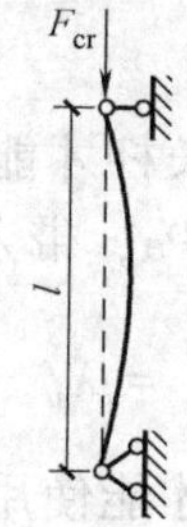 | 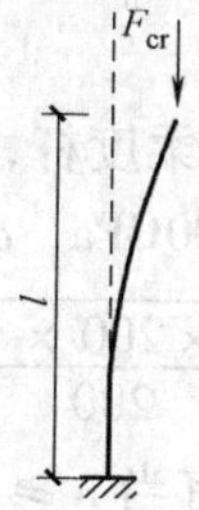 |  | 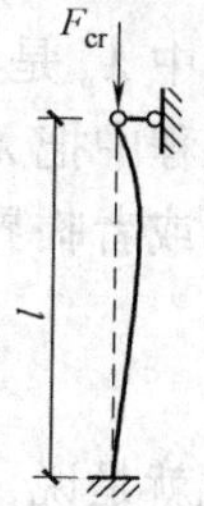 |
| 长度系数 $\mu$ | 1 | 2 | 0.5 | 0.7 |
| 临界力 $F_{cr}$ | $\frac{\pi^2 EI}{l^2}$ | $\frac{\pi^2 EI}{(2l)^2}$ | $\frac{\pi^2 EI}{(0.5l)^2}$ | $\frac{\pi^2 EI}{(0.7l)^2}$ |

## 11.2.2　临界应力

压杆在临界力作用下，横截面上的平均正应力称为压杆的临界应力，以 $\sigma_{cr}$ 表示。若以 $A$ 表示横截面的面积，则欧拉公式得到的临界应力为

$$\sigma_{cr} = \frac{F_{cr}}{A} = \frac{\pi^2 EI}{A(\mu l)^2}$$

若以 $\frac{I}{A} = i^2$ 带入上式，则

$$\sigma_{cr} = \frac{\pi^2 E}{(\mu l)^2} i^2 = \frac{\pi^2 E}{\left(\frac{\mu l}{i}\right)^2}$$

令

$$\lambda = \frac{\mu l}{i} \tag{11-2}$$

则压杆临界应力的欧拉公式为

$$\sigma_{cr} = \frac{\pi^2 E}{\lambda^2} \tag{11-3}$$

$i$ 称为截面的**惯性半径**，而 $\lambda$ 称为**压杆的柔度**或**长细比**。柔度是一个无量纲的量，它综合反应了杆件两端支承情况，压杆的长度、横截面形状和尺寸等因素对临界应力的影响。显然，$\lambda$ 越大，表示压杆越细长；临界应力就越小，临界力也越小，压杆越容易失稳。所以，柔度 $\lambda$ 是压杆稳定计算中一个重要的物理量。

## 11.2.3　欧拉公式的适用范围

欧拉公式是在材料服从胡克定律的条件下导出的，所以只有在临界力小于比例极限的条件下才能使用，即

$$\sigma_{cr} = \frac{\pi^2 E}{\lambda^2} \leqslant \sigma_p$$

或者写成以柔度表达的形式

$$\lambda \geqslant \sqrt{\frac{\pi^2 E}{\sigma_p}} = \lambda_p \tag{11-4}$$

式中 $\lambda_p$ 是与材料比例极限相对应的柔度。

工程中把 $\lambda \geqslant \lambda_p$ 的压杆称为细长杆或大柔度杆，只有细长杆才能应用欧拉公式计算临界应力或者临界力。例如 A3 钢，若取 $E = 200\text{GPa}$，$\sigma_p = 200\text{MPa}$，带入式（11-4），得

$$\lambda \geqslant \sqrt{\frac{\pi^2 E}{\sigma_p}} = \sqrt{\frac{\pi^2 \times 200 \times 10^3}{200}} \approx 100 = \lambda_p$$

也就是说，对于 A3 钢制成的压杆，只有当 $\lambda \geqslant 100$ 时，才能使用欧拉公式计算临界应力或者临界力。

### 11.2.4 经验公式

当压杆的柔度 $\lambda < \lambda_p$ 时，称为中长杆或中柔度杆。这种压杆的临界应力超出了比例极限的范围，不能应用欧拉公式，目前采用在试验基础上建立的经验公式。在我国的钢结构设计规范中，采用抛物线经验公式：

$$\sigma_{cr} = \sigma_s\left[1 - \alpha\left(\frac{\lambda}{\lambda_c}\right)^2\right] \tag{11-5}$$

式中 $\sigma_s$——材料的屈服极限；

$\alpha$——系数；

$\lambda_c$——对应的一个修正值，如图 11-3 所示。

对于 A2 钢和 A3 钢，$\alpha = 0.43$，$\lambda_c = \pi\sqrt{\frac{E}{0.57\sigma_s}}$。A3 钢，$\sigma_s = 240\text{MPa}$，$E = 210\text{GPa}$，则 $\lambda_c = 123$，则经验公式为

$$\sigma_{cr} = \sigma_s\left[1 - \alpha\left(\frac{\lambda}{\lambda_c}\right)^2\right] = (240 - 0.00682\lambda^2)\text{MPa}$$

### 11.2.5 临界应力总图

根据压杆临界应力在比例极限内的欧拉公式，以及超过比例极限的抛物线经验公式，将临界应力 $\sigma_{cr}$ 与柔度 $\lambda$ 的函数关系用曲线表示，得到的函数曲线称为**临界应力总图**。图 11-3 为 A3 钢临界应力总图。图中 $AC$ 段是以经验公式 $\sigma_{cr} = 240 - 0.00682\lambda^2$ 绘出的曲线，$CB$ 段是以欧拉公式 $\sigma_{cr} = \frac{\pi^2 E}{\lambda^2}$ 绘出的曲线。

两曲线交于 $C$ 点，$C$ 点对应的柔度 $\lambda_c = 123$。这一交点的柔度值就是 A3 钢压杆求临界应力的欧拉公式与经验公式的分界点，即当 $\lambda \geqslant \lambda_p = 123$ 时，采用欧拉公式；当 $\lambda < \lambda_p$ 时，则采用经验公式。从理论上讲，分界点应是 $\lambda_p$，但因实际轴向受压杆件不可能处于理想的中心受压状态，所以以试验为基础的 $\lambda_c$ 值作为分界点。

【例 11-1】 一端固定、一端自由的受压柱，长 $l=1\text{m}$，材料为 A3 钢，$E=200\text{GPa}$。试计算图 11-4a、b 所示两种截面的柱子的临界应力和临界力。

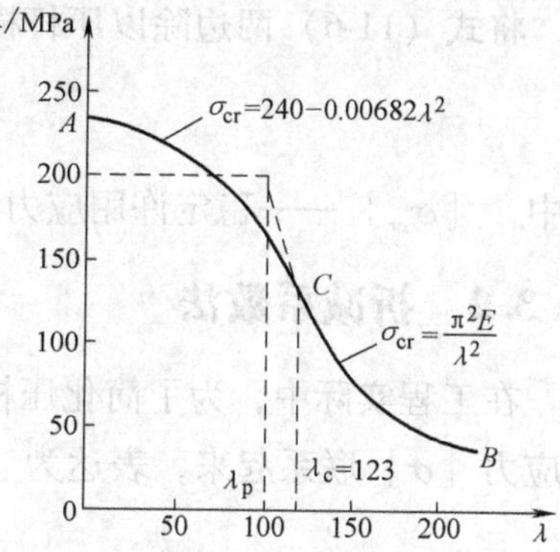


图 11-3

**解：** 由表 11-1 查得一端固定、一端自由的压杆，长度系数 $\mu=2$。

1）圆形截面。判断杆件是否为细长杆，能否使用欧拉公式

$$I=\frac{\pi d^4}{64},\ A=\frac{\pi d^2}{4}$$

$$i=\sqrt{\frac{I}{A}}=\frac{d}{4}=7\text{mm}$$

$$\lambda=\frac{\mu l}{i}=\frac{2\times1000}{7}=286>\lambda_c=123$$

杆件为细长杆，可以使用欧拉公式来计算临界应力和临界力

$$\sigma_{cr}=\frac{\pi^2E}{\lambda^2}=\frac{\pi^2\times200\times10^3}{286^2}\text{MPa}=24.11\text{MPa}$$

$$F_{cr}=\sigma_{cr}\times A=24.11\times\frac{\pi\times28^2}{4}\text{N}=14.84\text{kN}$$

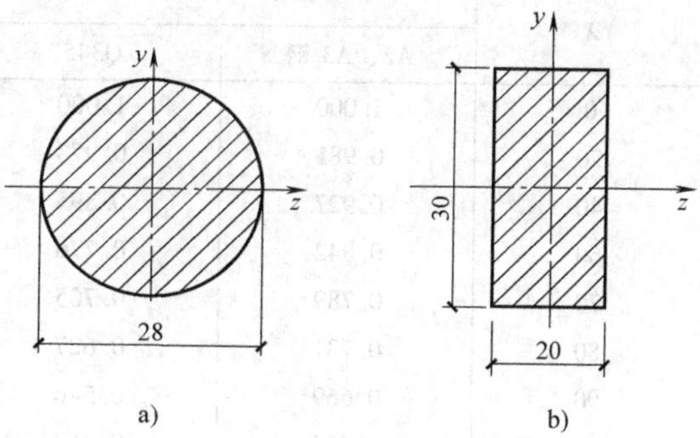


图 11-4

2）矩形截面

$$I_{min}=\frac{hb^3}{12},\ A=bh$$

$$i=\sqrt{\frac{I_{min}}{A}}=\frac{b}{\sqrt{12}}=\frac{20}{\sqrt{12}}\text{mm}=5.77\text{mm}$$

$$\lambda=\frac{\mu l}{i}=\frac{2\times1000}{5.77}=347>\lambda_c=123$$

杆件为细长杆，可以使用欧拉公式来计算临界应力和临界力。

$$\sigma_{cr}=\frac{\pi^2E}{\lambda^2}=\frac{\pi^2\times200\times10^3}{347^2}\text{MPa}=16.38\text{MPa}$$

$$F_{cr}=\sigma_{cr}\times A=16.38\times20\times30\text{N}=9.83kN$$

## 11.3 压杆的稳定计算

### 11.3.1 压杆的稳定条件

为了保证压杆具有足够的稳定性，应使作用在杆件上的压力 $F$ 不超过压杆的临界力 $F_{cr}$，而且还应具有一定的稳定储备。所以，压杆的**稳定条件**为

$$F\leqslant\frac{F_{cr}}{K}\tag{11-6}$$

式中 $K$——稳定安全系数，一般比强度安全系数大。

将式（11-6）两边除以压杆横截面面积，可写成以应力表达的形式

$$\sigma = \frac{F}{A} \leqslant [\sigma_{cr}] = \frac{\sigma_{cr}}{K} \tag{11-7}$$

式中　$[\sigma_{cr}]$——稳定许用应力。它与临界应力一样，随柔度的增大而降低。

### 11.3.2　折减系数法

在工程实际中，为了简化压杆的稳定计算，常将变化的稳定许用应力 $[\sigma_{cr}]$ 与强度许用应力 $[\sigma]$ 联系起来，表达为

$$[\sigma_{cr}] = \varphi[\sigma]$$

$\varphi$ 称为**折减系数**，它是稳定许用应力与强度许用应力之间的比值。$\varphi$ 也是一个随柔度而变化的量，表 11-2 列出了几种常用材料的折减系数。

**表 11-2　压杆的折减系数 $\varphi$**

| $\lambda$ | $\varphi$ 值 | | | | |
|---|---|---|---|---|---|
| | A2、A3 钢 | Q345 | 铸铁 | 木材 | 混凝土 |
| 0 | 1.000 | 1.000 | 1.000 | 1.000 | 1.00 |
| 20 | 0.981 | 0.973 | 0.91 | 0.932 | 0.96 |
| 40 | 0.927 | 0.895 | 0.69 | 0.822 | 0.83 |
| 60 | 0.842 | 0.776 | 0.44 | 0.658 | 0.70 |
| 70 | 0.789 | 0.705 | 0.34 | 0.575 | 0.63 |
| 80 | 0.731 | 0.627 | 0.26 | 0.460 | 0.57 |
| 90 | 0.669 | 0.546 | 0.20 | 0.371 | 0.46 |
| 100 | 0.604 | 0.462 | 0.16 | 0.300 | |
| 110 | 0.536 | 0.384 | | 0.248 | |
| 120 | 0.466 | 0.325 | | 0.209 | |
| 130 | 0.401 | 0.279 | | 0.178 | |
| 140 | 0.349 | 0.242 | | 0.153 | |
| 150 | 0.306 | 0.213 | | 0.134 | |
| 160 | 0.272 | 0.188 | | 0.117 | |
| 170 | 0.243 | 0.168 | | 0.102 | |
| 180 | 0.218 | 0.151 | | 0.093 | |
| 190 | 0.197 | 0.136 | | 0.083 | |
| 200 | 0.180 | 0.124 | | 0.075 | |

式（11-7）也可写成

$$\sigma = \frac{F}{A} \leqslant \varphi[\sigma] \tag{11-8}$$

式（11-8）称为**压杆折减系数法的稳定条件**。公式可理解为由于压杆在强度破坏前便失稳，所以将强度许用应力降低，以保证压杆安全。利用式（11-8）可解决三个方面的问题：稳定性校核、确定许用荷载和杆件截面设计。

**【例 11-2】**　一圆形截面木柱，柱高 6m，直径 $d=200\text{mm}$，两端铰支，承受轴向压力 $F=50\text{kN}$，木材的许用应力 $[\sigma]=10\text{MPa}$。试校核木柱的稳定性。

**解：** 1）计算柔度。圆形截面的惯性半径

$$i = \frac{d}{4} = \frac{200}{4}\text{mm} = 50\text{mm}$$

两端铰支，查表 11-1 得，长度系数 $\mu = 1$。

柔度
$$\lambda = \frac{\mu l}{i} = \frac{1 \times 6000}{50} = 120$$

2）折减系数。由表 11-2 查得

$$\varphi = 0.209$$

3）校核稳定性

$$\sigma = \frac{F}{A} = \frac{50 \times 10^3}{\frac{\pi \times 200^2}{4}}\text{MPa} = 1.59\text{MPa}$$

$$\varphi[\sigma] = 0.209 \times 10\text{MPa} = 2.09\text{MPa}$$

$$\sigma < \varphi[\sigma]$$

故木柱满足稳定性。

## 11.4　提高杆件稳定性的措施

压杆临界力的大小，反映了压杆稳定性的高低。因此，提高压杆稳定性的关键在于提高压杆的临界应力。从欧拉公式和经验公式可知，临界应力与压杆的材料和柔度有关，其中柔度又包含杆端的约束情况、截面形状和尺寸、压杆的长度等因素，下面就根据这些因素，来讨论提高压杆稳定性的一些措施。

（1）合理选择材料

对于大柔度杆件，根据欧拉公式可知，压杆的临界应力与材料的弹性模量成正比，而与材料的强度指标无关。由于各种钢材的弹性模量值相差不大，因此没有必要选择优质钢材。

对于中柔度杆件，根据经验公式可知，临界应力与材料的屈服极限和比例极限有关，所以采用高强度钢可在一定程度上提高压杆的稳定性。

（2）改善支承情况

从表 11-1 中可以看出，压杆两端连接的刚性越好，长度系数 $\mu$ 越小，则 $\lambda$ 越大，临界应力就越大。因此提高支承的刚性，可以提高压杆的稳定性。

（3）选择合理的截面形状

临界应力 $\sigma_{cr}$ 是随柔度 $\lambda$ 的减小而增大，而 $\lambda$ 又与惯性半径 $i$ 成反比。因此，增大 $i$ 值，可提高压杆的稳定性。由于 $i = \sqrt{\frac{I}{A}}$，所以在横截面面积相同的条件下增加截面惯性距 $I$ 值，应尽量让材料远离截面的中性轴，这方面与梁的合理截面形状相一致。

（4）减小压杆的长度

在其他条件相同的情况下，减小压杆的长度，可以降低压杆的柔度，从而提高其稳定性。在可能的情况下，压杆增加中间支承，亦能有效地减小压杆的长度，提高压杆的稳定性。

此外，在结构允许的情况下，将压杆转换成拉杆，可从根本上消除稳定性问题。

## 小 结

1）本章讨论了压杆在轴向压力作用下的稳定问题。细长压杆丧失工作能力不是强度不够，而是由于其轴线不能维持原有直线形状的平衡状态所致，这种现象称为压杆丧失稳定，简称压杆失稳。压杆丧失稳定时横截面上的应力小于屈服极限，甚至小于比例极限。

2）对于不同柔度的压杆，计算临界应力的公式不同。对于大柔度杆，即 $\lambda \geqslant \lambda_p$，用欧拉公式计算

$$\sigma_{cr} = \frac{\pi^2 E}{\lambda^2}$$

对于中柔度杆，即 $\lambda < \lambda_p$，用经验公式计算

$$\sigma_{cr} = \sigma_s\left[1 - \alpha\left(\frac{\lambda}{\lambda_c}\right)^2\right]$$

3）压杆的稳定条件

$$\sigma = \frac{F}{A} \leqslant \varphi[\sigma]$$

4）提高压杆稳定性的措施：合理选择材料、改善支承情况、选择合理的截面形状、减小压杆的长度。

## 习 题

1. 已知一长 $l=1\text{m}$ 的矩形截面宽 $b=20\text{mm}$，高 $h=40\text{mm}$，压杆一端固定、一端自由，材料为 A3 钢，$E=200\text{GPa}$。试计算压杆的临界应力及临界力。

2. 一 22a 号工字钢支柱，两端为球形铰支。柱高 $l=4\text{m}$，材料为 A3 钢，$E=200\text{GPa}$。试求压杆的临界力和临界应力。

3. 有一压杆，矩形截面宽 $b=30\text{mm}$，高 $h=50\text{mm}$，材料为 A3 钢。试问压杆多长时才能使用欧拉公式。

4. 图 11-5 所示压杆的材料为 A3 钢，$E=200\text{GPa}$。在图 11-5a 的平面内，两端铰支，在图 11-5b 的平面内，两端固定，试求此杆的临界应力和临界力。

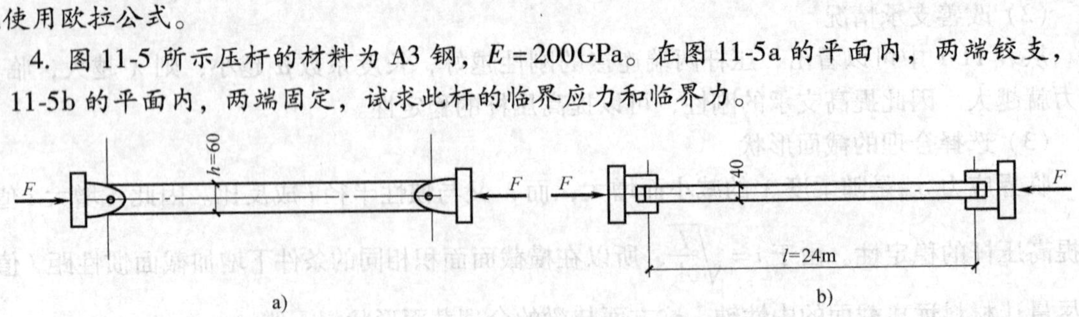


图 11-5

5. 一钢管立柱，两端铰接。外径 $D=76\text{mm}$，内径 $d=68\text{mm}$，材料为 A3 钢，$[\sigma]=160\text{MPa}$，承受的轴向压力 $F=50\text{kN}$。试校核立柱的稳定性。

# 附录 型钢表

## 附表 1 工字钢截面尺寸、截面面积、理论重量及截面特性

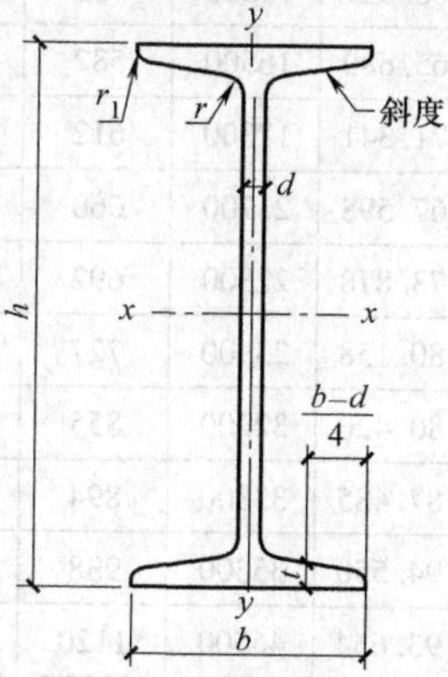


h—高度；
b—腿宽度；
d—腰厚度；
t—平均腿厚度；
r—内圆弧半径；
$r_1$—腿端圆弧半径。

| 型号 | 截面尺寸/mm | | | | | | 截面面积/$cm^2$ | 理论重量/(kg/m) | 惯性矩/$cm^4$ | | 惯性半径/cm | | 截面模数/$cm^3$ | |
|---|---|---|---|---|---|---|---|---|---|---|---|---|---|---|
| | $h$ | $b$ | $d$ | $t$ | $r$ | $r_1$ | | | $I_x$ | $I_y$ | $i_x$ | $i_y$ | $W_x$ | $W_y$ |
| 10 | 100 | 68 | 4.5 | 7.6 | 6.5 | 3.3 | 14.345 | 11.261 | 245 | 33.0 | 4.14 | 1.52 | 49.0 | 9.72 |
| 12 | 120 | 74 | 5.0 | 8.4 | 7.0 | 3.5 | 17.818 | 13.987 | 436 | 46.9 | 4.95 | 1.62 | 72.7 | 12.7 |
| 12.6 | 126 | 74 | 5.0 | 8.4 | 7.0 | 3.5 | 18.118 | 14.223 | 488 | 46.9 | 5.20 | 1.61 | 77.5 | 12.7 |
| 14 | 140 | 80 | 5.5 | 9.1 | 7.5 | 3.8 | 21.516 | 16.890 | 712 | 64.4 | 5.76 | 1.73 | 102 | 16.1 |
| 16 | 160 | 88 | 6.0 | 9.9 | 8.0 | 4.0 | 26.131 | 20.513 | 1130 | 93.1 | 6.58 | 1.89 | 141 | 21.2 |
| 18 | 180 | 94 | 6.5 | 10.7 | 8.5 | 4.3 | 30.756 | 24.143 | 1660 | 122 | 7.36 | 2.00 | 185 | 26.0 |
| 20a | 200 | 100 | 7.0 | 11.4 | 9.0 | 4.5 | 35.578 | 27.929 | 2370 | 158 | 8.15 | 2.12 | 237 | 31.5 |
| 20b | | 102 | 9.0 | | | | 39.578 | 31.069 | 2500 | 169 | 7.96 | 2.06 | 250 | 33.1 |
| 22a | 220 | 110 | 7.5 | 12.3 | 9.5 | 4.8 | 42.128 | 33.070 | 3400 | 225 | 8.99 | 2.31 | 309 | 40.9 |
| 22b | | 112 | 9.5 | | | | 46.528 | 36.524 | 3570 | 239 | 8.78 | 2.27 | 325 | 42.7 |
| 24a | 240 | 116 | 8.0 | 13.0 | 10.0 | 5.0 | 47.741 | 37.477 | 4570 | 280 | 9.77 | 2.42 | 381 | 48.4 |
| 24b | | 118 | 10.0 | | | | 52.541 | 41.245 | 4800 | 297 | 9.57 | 2.38 | 400 | 50.4 |
| 25a | 250 | 116 | 8.0 | | | | 48.541 | 38.105 | 5020 | 280 | 10.2 | 2.40 | 402 | 48.3 |
| 25b | | 118 | 10.0 | | | | 53.541 | 42.030 | 5280 | 309 | 9.94 | 2.40 | 423 | 52.4 |
| 27a | 270 | 122 | 8.5 | 13.7 | 10.5 | 5.3 | 54.554 | 42.825 | 6550 | 345 | 10.9 | 2.51 | 485 | 56.6 |
| 27b | | 124 | 10.5 | | | | 59.954 | 47.064 | 6870 | 366 | 10.7 | 2.47 | 509 | 58.9 |
| 28a | 280 | 122 | 8.5 | | | | 55.404 | 43.492 | 7110 | 345 | 11.3 | 2.50 | 508 | 56.6 |
| 28b | | 124 | 10.5 | | | | 61.004 | 47.888 | 7480 | 379 | 11.1 | 2.49 | 534 | 61.2 |
| 30a | 300 | 126 | 9.0 | 14.4 | 11.0 | 5.5 | 61.254 | 48.084 | 8950 | 400 | 12.1 | 2.55 | 597 | 63.5 |
| 30b | | 128 | 11.0 | | | | 67.254 | 52.794 | 9400 | 422 | 11.8 | 2.50 | 627 | 65.9 |
| 30c | | 130 | 13.0 | | | | 73.254 | 57.504 | 9850 | 445 | 11.6 | 2.46 | 657 | 68.5 |

（续）

| 型号 | 截面尺寸/mm | | | | | | 截面面积/$cm^2$ | 理论重量/(kg/m) | 惯性矩/$cm^4$ | | 惯性半径/cm | | 截面模数/$cm^3$ | |
|---|---|---|---|---|---|---|---|---|---|---|---|---|---|---|
| | $h$ | $b$ | $d$ | $t$ | $r$ | $r_1$ | | | $I_x$ | $I_y$ | $i_x$ | $i_y$ | $W_x$ | $W_y$ |
| 32a | 320 | 130 | 9.5 | 15.0 | 11.5 | 5.8 | 67.156 | 52.717 | 11100 | 460 | 12.8 | 2.62 | 692 | 70.8 |
| 32b | | 132 | 11.5 | | | | 73.556 | 57.741 | 11600 | 502 | 12.6 | 2.61 | 726 | 76.0 |
| 32c | | 134 | 13.5 | | | | 79.956 | 62.765 | 12200 | 544 | 12.3 | 2.61 | 760 | 81.2 |
| 36a | 360 | 136 | 10.0 | 15.8 | 12.0 | 6.0 | 76.480 | 60.037 | 15800 | 552 | 14.4 | 2.69 | 875 | 81.2 |
| 36b | | 138 | 12.0 | | | | 83.680 | 65.689 | 16500 | 582 | 14.1 | 2.64 | 919 | 84.3 |
| 36c | | 140 | 14.0 | | | | 90.880 | 71.341 | 17300 | 612 | 13.8 | 2.60 | 962 | 87.4 |
| 40a | 400 | 142 | 10.5 | 16.5 | 12.5 | 6.3 | 86.112 | 67.598 | 21700 | 660 | 15.9 | 2.77 | 1090 | 93.2 |
| 40b | | 144 | 12.5 | | | | 94.112 | 73.878 | 22800 | 692 | 15.6 | 2.71 | 1140 | 96.2 |
| 40c | | 146 | 14.5 | | | | 102.112 | 80.158 | 23900 | 727 | 15.2 | 2.65 | 1190 | 99.6 |
| 45a | 450 | 150 | 11.5 | 18.0 | 13.5 | 6.8 | 102.446 | 80.420 | 32200 | 855 | 17.7 | 2.89 | 1430 | 114 |
| 45b | | 152 | 13.5 | | | | 111.446 | 87.485 | 33800 | 894 | 17.4 | 2.84 | 1500 | 118 |
| 45c | | 154 | 15.5 | | | | 120.446 | 94.550 | 35300 | 938 | 17.1 | 2.79 | 1570 | 122 |
| 50a | 500 | 158 | 12.0 | 20.0 | 14.0 | 7.0 | 119.304 | 93.654 | 46500 | 1120 | 19.7 | 3.07 | 1860 | 142 |
| 50b | | 160 | 14.0 | | | | 129.304 | 101.504 | 48600 | 1170 | 19.4 | 3.01 | 1940 | 146 |
| 50c | | 162 | 16.0 | | | | 139.304 | 109.354 | 50600 | 1220 | 19.0 | 2.96 | 2080 | 151 |
| 55a | 550 | 166 | 12.5 | 21.0 | 14.5 | 7.3 | 134.185 | 105.335 | 62900 | 1370 | 21.6 | 3.19 | 2290 | 164 |
| 55b | | 168 | 14.5 | | | | 145.185 | 113.970 | 65600 | 1420 | 21.2 | 3.14 | 2390 | 170 |
| 55c | | 170 | 16.5 | | | | 156.185 | 122.605 | 68400 | 1480 | 20.9 | 3.08 | 2490 | 175 |
| 56a | 560 | 166 | 12.5 | | | | 135.435 | 106.316 | 65600 | 1370 | 22.0 | 3.18 | 2340 | 165 |
| 56b | | 168 | 14.5 | | | | 146.635 | 115.108 | 68500 | 1490 | 21.6 | 3.16 | 2450 | 174 |
| 56c | | 170 | 16.5 | | | | 157.835 | 123.900 | 71400 | 1560 | 21.3 | 3.16 | 2550 | 183 |
| 63a | 630 | 176 | 13.0 | 22.0 | 15.0 | 7.5 | 154.658 | 121.407 | 93900 | 1700 | 24.5 | 3.31 | 2980 | 193 |
| 63b | | 178 | 15.0 | | | | 167.258 | 131.298 | 98100 | 1810 | 24.2 | 3.29 | 3160 | 204 |
| 63c | | 180 | 17.0 | | | | 179.858 | 141.189 | 102000 | 1920 | 23.8 | 3.27 | 3300 | 214 |

注：表中 $r$、$r_1$ 的数据用于孔型设计，不做交货条件。

## 附表 2 槽钢截面尺寸、截面面积、理论重量及截面特性

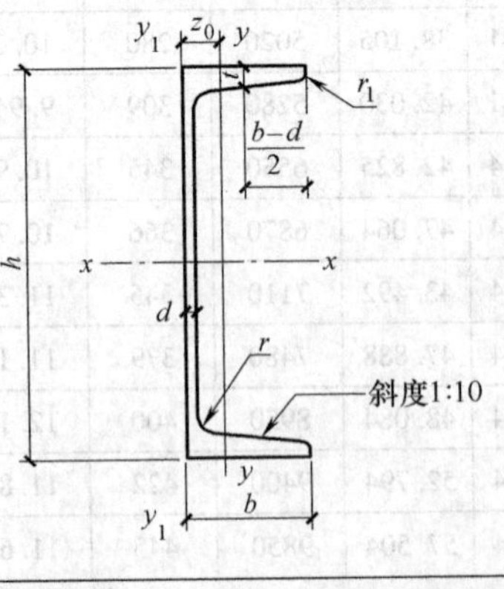


$h$— 高度；
$b$— 腿宽度；
$d$— 腰厚度；
$t$— 平均腿厚度；
$r$— 内圆弧半径；
$r_1$— 腿端圆弧半径；
$z_0$— $yy$ 轴与 $y_1y_1$ 轴间距。

（续）

| 型号 | 截面尺寸/mm | | | | | | 截面面积/cm² | 理论重量/(kg/m) | 惯性矩/cm⁴ | | | 惯性半径/cm | | 截面模数/cm³ | | 重心距离/cm |
|---|---|---|---|---|---|---|---|---|---|---|---|---|---|---|---|---|
| | $h$ | $b$ | $d$ | $t$ | $r$ | $r_1$ | | | $I_x$ | $I_y$ | $I_{y1}$ | $i_x$ | $i_y$ | $W_x$ | $W_y$ | $z_0$ |
| 5 | 50 | 37 | 4.5 | 7.0 | 7.0 | 3.5 | 6.928 | 5.438 | 26.0 | 8.30 | 20.9 | 1.94 | 1.10 | 10.4 | 3.55 | 1.35 |
| 6.3 | 63 | 40 | 4.8 | 7.5 | 7.5 | 3.8 | 8.451 | 6.634 | 50.8 | 11.9 | 28.4 | 2.45 | 1.19 | 16.1 | 4.50 | 1.36 |
| 6.5 | 65 | 40 | 4.3 | 7.5 | 7.5 | 3.8 | 8.547 | 6.709 | 55.2 | 12.0 | 28.3 | 2.54 | 1.19 | 17.0 | 4.59 | 1.38 |
| 8 | 80 | 43 | 5.0 | 8.0 | 8.0 | 4.0 | 10.248 | 8.045 | 101 | 16.6 | 37.4 | 3.15 | 1.27 | 25.3 | 5.79 | 1.43 |
| 10 | 100 | 48 | 5.3 | 8.5 | 8.5 | 4.2 | 12.748 | 10.007 | 198 | 25.6 | 54.9 | 3.95 | 1.41 | 39.7 | 7.80 | 1.52 |
| 12 | 120 | 53 | 5.5 | 9.0 | 9.0 | 4.5 | 15.362 | 12.059 | 346 | 37.4 | 77.7 | 4.75 | 1.56 | 57.7 | 10.2 | 1.62 |
| 12.6 | 126 | 53 | 5.5 | 9.0 | 9.0 | 4.5 | 15.692 | 12.318 | 391 | 38.0 | 77.1 | 4.95 | 1.57 | 62.1 | 10.2 | 1.59 |
| 14a | 140 | 58 | 6.0 | 9.5 | 9.5 | 4.8 | 18.516 | 14.535 | 564 | 53.2 | 107 | 5.52 | 1.70 | 80.5 | 13.0 | 1.71 |
| 14b | | 60 | 8.0 | | | | 21.316 | 16.733 | 609 | 61.1 | 121 | 5.35 | 1.69 | 87.1 | 14.1 | 1.67 |
| 16a | 160 | 63 | 6.5 | 10.0 | 10.0 | 5.0 | 21.962 | 17.24 | 866 | 73.3 | 144 | 6.28 | 1.83 | 108 | 16.3 | 1.80 |
| 16b | | 65 | 8.5 | | | | 25.162 | 19.752 | 935 | 83.4 | 161 | 6.10 | 1.82 | 117 | 17.6 | 1.75 |
| 18a | 180 | 68 | 7.0 | 10.5 | 10.5 | 5.2 | 25.699 | 20.174 | 1270 | 98.6 | 190 | 7.04 | 1.96 | 141 | 20.0 | 1.88 |
| 18b | | 70 | 9.0 | | | | 29.299 | 23.000 | 1370 | 111 | 210 | 6.84 | 1.95 | 152 | 21.5 | 1.84 |
| 20a | 200 | 73 | 7.0 | 11.0 | 11.0 | 5.5 | 28.837 | 22.637 | 1780 | 128 | 244 | 7.86 | 2.11 | 178 | 24.2 | 2.01 |
| 20b | | 75 | 9.0 | | | | 32.837 | 25.777 | 1910 | 144 | 268 | 7.64 | 2.09 | 191 | 25.9 | 1.95 |
| 22a | 220 | 77 | 7.0 | 11.5 | 11.5 | 5.8 | 31.846 | 24.999 | 2390 | 158 | 298 | 8.67 | 2.23 | 218 | 28.2 | 2.10 |
| 22b | | 79 | 9.0 | | | | 36.246 | 28.453 | 2570 | 176 | 326 | 8.42 | 2.21 | 234 | 30.1 | 2.03 |
| 24a | 240 | 78 | 7.0 | 12.0 | 12.0 | 6.0 | 34.217 | 26.860 | 3050 | 174 | 325 | 9.45 | 2.25 | 254 | 30.5 | 2.10 |
| 24b | | 80 | 9.0 | | | | 39.017 | 30.628 | 3280 | 194 | 355 | 9.17 | 2.23 | 274 | 32.5 | 2.03 |
| 24c | | 82 | 11.0 | | | | 43.817 | 34.396 | 3510 | 213 | 388 | 8.96 | 2.21 | 293 | 34.4 | 2.00 |
| 25a | 250 | 78 | 7.0 | | | | 34.917 | 27.410 | 3370 | 176 | 322 | 9.82 | 2.24 | 270 | 30.6 | 2.07 |
| 25b | | 80 | 9.0 | | | | 39.917 | 31.335 | 3530 | 196 | 353 | 9.41 | 2.22 | 282 | 32.7 | 1.98 |
| 25c | | 82 | 11.0 | | | | 44.917 | 35.260 | 3690 | 218 | 384 | 9.07 | 2.21 | 295 | 35.9 | 1.92 |
| 27a | 270 | 82 | 7.5 | 12.5 | 12.5 | 6.2 | 39.284 | 30.838 | 4360 | 216 | 393 | 10.5 | 2.34 | 323 | 35.5 | 2.13 |
| 27b | | 84 | 9.5 | | | | 44.684 | 35.077 | 4690 | 239 | 428 | 10.3 | 2.31 | 347 | 37.7 | 2.06 |
| 27c | | 86 | 11.5 | | | | 50.084 | 39.316 | 5020 | 261 | 467 | 10.1 | 2.28 | 372 | 39.8 | 2.03 |
| 28a | 280 | 82 | 7.5 | | | | 40.034 | 31.427 | 4760 | 218 | 388 | 10.9 | 2.33 | 340 | 35.7 | 2.10 |
| 28b | | 84 | 9.5 | | | | 45.634 | 35.823 | 5130 | 242 | 428 | 10.6 | 2.30 | 366 | 37.9 | 2.02 |
| 28c | | 86 | 11.5 | | | | 51.234 | 40.219 | 5500 | 268 | 463 | 10.4 | 2.29 | 393 | 40.3 | 1.95 |
| 30a | 300 | 85 | 7.5 | 13.5 | 13.5 | 6.8 | 43.902 | 34.463 | 6050 | 260 | 467 | 11.7 | 2.43 | 403 | 41.1 | 2.17 |
| 30b | | 87 | 9.5 | | | | 49.902 | 39.173 | 6500 | 289 | 515 | 11.4 | 2.41 | 433 | 44.0 | 2.13 |
| 30c | | 89 | 11.5 | | | | 55.902 | 43.883 | 6950 | 316 | 560 | 11.2 | 2.38 | 463 | 46.4 | 2.09 |
| 32a | 320 | 88 | 8.0 | 14.0 | 14.0 | 7.0 | 48.513 | 38.083 | 7600 | 305 | 552 | 12.5 | 2.50 | 475 | 46.5 | 2.24 |
| 32b | | 90 | 10.0 | | | | 54.913 | 43.107 | 8140 | 336 | 593 | 12.2 | 2.47 | 509 | 49.2 | 2.16 |
| 32c | | 92 | 12.0 | | | | 61.313 | 48.131 | 8690 | 374 | 643 | 11.9 | 2.47 | 543 | 52.6 | 2.09 |

（续）

| 型号 | 截面尺寸/mm | | | | | | 截面面积/$cm^2$ | 理论重量/(kg/m) | 惯性矩/$cm^4$ | | | 惯性半径/cm | | 截面模数/$cm^3$ | | 重心距离/cm |
|---|---|---|---|---|---|---|---|---|---|---|---|---|---|---|---|---|
| | $h$ | $b$ | $d$ | $t$ | $r$ | $r_1$ | | | $I_x$ | $I_y$ | $I_{y1}$ | $i_x$ | $i_y$ | $W_x$ | $W_y$ | $z_0$ |
| 36a | 360 | 96 | 9.0 | 16.0 | 16.0 | 8.0 | 60.910 | 47.814 | 11900 | 455 | 818 | 14.0 | 2.73 | 660 | 63.5 | 2.44 |
| 36b | | 98 | 11.0 | | | | 68.110 | 53.466 | 12700 | 497 | 880 | 13.6 | 2.70 | 703 | 66.9 | 2.37 |
| 36c | | 100 | 13.0 | | | | 75.310 | 59.118 | 13400 | 536 | 948 | 13.4 | 2.67 | 746 | 70.0 | 2.34 |
| 40a | 400 | 100 | 10.5 | 18.0 | 18.0 | 9.0 | 75.068 | 58.928 | 17600 | 592 | 1070 | 15.3 | 2.81 | 879 | 78.8 | 2.49 |
| 40b | | 102 | 12.5 | | | | 83.068 | 65.208 | 18600 | 640 | 114 | 15.0 | 2.78 | 932 | 82.5 | 2.44 |
| 40c | | 104 | 14.5 | | | | 91.068 | 71.488 | 19700 | 688 | 1220 | 14.7 | 2.75 | 986 | 86.2 | 2.42 |

注：表中 $r$、$r_1$ 的数据用于孔型设计，不做交货条件。

### 附表 3 等边角钢截面尺寸、截面面积、理论重量及截面特性

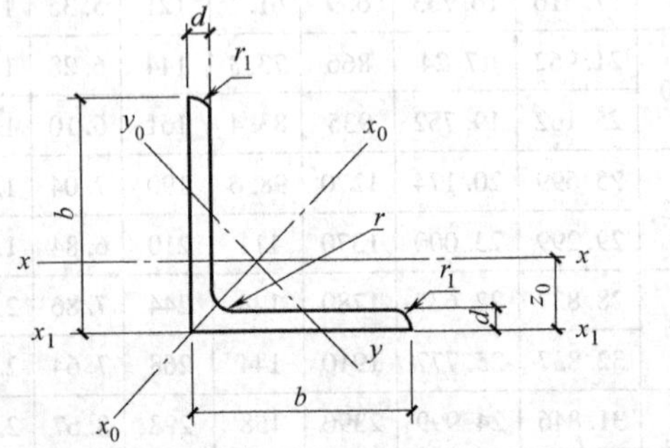


$b$—边宽度；
$d$—边厚度；
$r$—内圆弧半径；
$r_1$—边端圆弧半径；
$z_0$—重心距离。

| 型号 | 截面尺寸/mm | | | 截面面积/$cm^2$ | 理论重量/(kg/m) | 外表面积/($m^2$/m) | 惯性矩/$cm^4$ | | | | 惯性半径/cm | | | 截面模数/$cm^3$ | | | 重心距离/cm |
|---|---|---|---|---|---|---|---|---|---|---|---|---|---|---|---|---|---|
| | $b$ | $d$ | $r$ | | | | $I_x$ | $I_{x1}$ | $I_{x0}$ | $I_{y0}$ | $i_x$ | $i_{x0}$ | $i_{y0}$ | $W_x$ | $W_{x0}$ | $W_{y0}$ | $z_0$ |
| 2 | 20 | 3 | 3.5 | 1.132 | 0.889 | 0.078 | 0.40 | 0.81 | 0.63 | 0.17 | 0.59 | 0.75 | 0.39 | 0.29 | 0.45 | 0.20 | 0.60 |
| | | 4 | | 1.459 | 1.145 | 0.077 | 0.50 | 1.09 | 0.78 | 0.22 | 0.58 | 0.73 | 0.38 | 0.36 | 0.55 | 0.24 | 0.64 |
| 2.5 | 25 | 3 | | 1.432 | 1.124 | 0.098 | 0.82 | 1.57 | 1.29 | 0.34 | 0.76 | 0.95 | 0.49 | 0.46 | 0.73 | 0.33 | 0.73 |
| | | 4 | | 1.859 | 1.459 | 0.097 | 1.03 | 2.11 | 1.62 | 0.43 | 0.74 | 0.93 | 0.48 | 0.59 | 0.92 | 0.40 | 0.76 |
| 3.0 | 30 | 3 | 4.5 | 1.749 | 1.373 | 0.117 | 1.46 | 2.71 | 2.31 | 0.61 | 0.91 | 1.15 | 0.59 | 0.68 | 1.09 | 0.51 | 0.85 |
| | | 4 | | 2.276 | 1.786 | 0.117 | 1.84 | 3.63 | 2.92 | 0.77 | 0.90 | 1.13 | 0.58 | 0.87 | 1.37 | 0.62 | 0.89 |
| 3.6 | 36 | 3 | | 2.109 | 1.656 | 0.141 | 2.58 | 4.68 | 4.09 | 1.07 | 1.11 | 1.39 | 0.71 | 0.99 | 1.61 | 0.76 | 1.00 |
| | | 4 | | 2.756 | 2.163 | 0.141 | 3.29 | 6.25 | 5.22 | 1.37 | 1.09 | 1.38 | 0.70 | 1.28 | 2.05 | 0.93 | 1.04 |
| | | 5 | | 3.382 | 2.654 | 0.141 | 3.95 | 7.84 | 6.24 | 1.65 | 1.08 | 1.36 | 0.70 | 1.56 | 2.45 | 1.00 | 1.07 |
| 4 | 40 | 3 | 5 | 2.359 | 1.852 | 0.157 | 3.59 | 6.41 | 5.69 | 1.49 | 1.23 | 1.55 | 0.79 | 1.23 | 2.01 | 0.96 | 1.09 |
| | | 4 | | 3.086 | 2.422 | 0.157 | 4.60 | 8.56 | 7.29 | 1.91 | 1.22 | 1.54 | 0.79 | 1.60 | 2.58 | 1.19 | 1.13 |
| | | 5 | | 3.791 | 2.976 | 0.156 | 5.53 | 10.74 | 8.76 | 2.30 | 1.21 | 1.52 | 0.78 | 1.96 | 3.10 | 1.39 | 1.17 |
| 4.5 | 45 | 3 | | 2.659 | 2.088 | 0.177 | 5.17 | 9.12 | 8.20 | 2.14 | 1.40 | 1.76 | 0.89 | 1.58 | 2.58 | 1.24 | 1.22 |
| | | 4 | | 3.486 | 2.736 | 0.177 | 6.65 | 12.18 | 10.56 | 2.75 | 1.38 | 1.74 | 0.89 | 2.05 | 3.32 | 1.54 | 1.26 |
| | | 5 | | 4.292 | 3.369 | 0.176 | 8.04 | 15.2 | 12.74 | 3.33 | 1.37 | 1.72 | 0.88 | 2.51 | 4.00 | 1.81 | 1.30 |
| | | 6 | | 5.076 | 3.985 | 0.176 | 9.33 | 18.36 | 14.76 | 3.89 | 1.36 | 1.70 | 0.8 | 2.95 | 4.64 | 2.06 | 1.33 |

（续）

| 型号 | 截面尺寸/mm | | | 截面面积/$cm^2$ | 理论重量/(kg/m) | 外表面积/($m^2$/m) | 惯性矩/$cm^4$ | | | | 惯性半径/cm | | | 截面模数/$cm^3$ | | | 重心距离/cm |
|---|---|---|---|---|---|---|---|---|---|---|---|---|---|---|---|---|---|
| | $b$ | $d$ | $r$ | | | | $I_x$ | $I_{x1}$ | $I_{x0}$ | $I_{y0}$ | $i_x$ | $i_{x0}$ | $i_{y0}$ | $W_x$ | $W_{x0}$ | $W_{y0}$ | $z_0$ |
| 5 | 50 | 3 | 5.5 | 2.971 | 2.332 | 0.197 | 7.18 | 12.5 | 11.37 | 2.98 | 1.55 | 1.96 | 1.00 | 1.96 | 3.22 | 1.57 | 1.34 |
| | | 4 | | 3.897 | 3.059 | 0.197 | 9.26 | 16.69 | 14.70 | 3.82 | 1.54 | 1.94 | 0.99 | 2.56 | 4.16 | 1.96 | 1.38 |
| | | 5 | | 4.803 | 3.770 | 0.196 | 11.21 | 20.90 | 17.79 | 4.64 | 1.53 | 1.92 | 0.98 | 3.13 | 5.03 | 2.31 | 1.42 |
| | | 6 | | 5.688 | 4.465 | 0.196 | 13.05 | 25.14 | 20.68 | 5.42 | 1.52 | 1.91 | 0.98 | 3.68 | 5.85 | 2.63 | 1.46 |
| 5.6 | 56 | 3 | 6 | 3.343 | 2.624 | 0.221 | 10.19 | 17.56 | 16.14 | 4.24 | 1.75 | 2.20 | 1.13 | 2.48 | 4.08 | 2.02 | 1.48 |
| | | 4 | | 4.390 | 3.446 | 0.220 | 13.18 | 23.43 | 20.92 | 5.46 | 1.73 | 2.18 | 1.11 | 3.24 | 5.28 | 2.52 | 1.53 |
| | | 5 | | 5.415 | 4.251 | 0.220 | 16.02 | 29.33 | 25.42 | 6.61 | 1.72 | 2.17 | 1.10 | 3.97 | 6.42 | 2.98 | 1.57 |
| | | 6 | | 6.420 | 5.040 | 0.220 | 18.69 | 35.26 | 29.66 | 7.73 | 1.71 | 2.15 | 1.10 | 4.68 | 7.49 | 3.40 | 1.61 |
| | | 7 | | 7.404 | 5.812 | 0.219 | 21.23 | 41.23 | 33.63 | 8.82 | 1.69 | 2.13 | 1.09 | 5.36 | 8.49 | 3.80 | 1.64 |
| | | 8 | | 8.367 | 6.568 | 0.219 | 23.63 | 47.24 | 37.37 | 9.89 | 1.68 | 2.11 | 1.09 | 6.03 | 9.44 | 4.16 | 1.68 |
| 6 | 60 | 5 | 6.5 | 5.829 | 4.576 | 0.236 | 19.89 | 36.05 | 31.57 | 8.21 | 1.85 | 2.33 | 1.19 | 4.59 | 7.44 | 3.48 | 1.67 |
| | | 6 | | 6.914 | 5.427 | 0.235 | 23.25 | 43.33 | 36.89 | 9.60 | 1.83 | 2.31 | 1.18 | 5.41 | 8.70 | 3.98 | 1.70 |
| | | 7 | | 7.977 | 6.262 | 0.235 | 26.44 | 50.65 | 41.92 | 10.96 | 1.82 | 2.29 | 1.17 | 6.21 | 9.88 | 4.45 | 1.74 |
| | | 8 | | 9.020 | 7.081 | 0.235 | 29.47 | 58.02 | 46.66 | 12.28 | 1.81 | 2.27 | 1.17 | 6.98 | 11.00 | 4.88 | 1.78 |
| 6.3 | 63 | 4 | 7 | 4.978 | 3.907 | 0.248 | 19.03 | 33.35 | 30.17 | 7.89 | 1.96 | 2.46 | 1.26 | 4.13 | 6.78 | 3.29 | 1.70 |
| | | 5 | | 6.143 | 4.822 | 0.248 | 23.17 | 41.73 | 36.77 | 9.57 | 1.94 | 2.45 | 1.25 | 5.08 | 8.25 | 3.90 | 1.74 |
| | | 6 | | 7.288 | 5.721 | 0.247 | 27.12 | 50.14 | 43.03 | 11.20 | 1.93 | 2.43 | 1.24 | 6.00 | 9.66 | 4.46 | 1.78 |
| | | 7 | | 8.412 | 6.603 | 0.247 | 30.87 | 58.60 | 48.96 | 12.79 | 1.92 | 2.41 | 1.23 | 5.88 | 10.99 | 4.98 | 1.82 |
| | | 8 | | 9.515 | 7.469 | 0.247 | 34.46 | 67.11 | 54.56 | 14.33 | 1.90 | 2.40 | 1.23 | 7.75 | 12.25 | 5.47 | 1.85 |
| | | 10 | | 11.657 | 9.151 | 0.246 | 41.09 | 84.31 | 64.85 | 17.33 | 1.88 | 2.36 | 1.22 | 9.39 | 14.56 | 6.36 | 1.93 |
| 7 | 70 | 4 | 8 | 5.570 | 4.372 | 0.275 | 26.39 | 45.74 | 41.80 | 10.99 | 2.18 | 2.74 | 1.40 | 5.14 | 8.44 | 4.17 | 1.86 |
| | | 5 | | 6.875 | 5.397 | 0.275 | 32.21 | 57.21 | 51.08 | 13.31 | 2.16 | 2.73 | 1.39 | 6.32 | 10.32 | 4.95 | 1.91 |
| | | 6 | | 8.160 | 6.406 | 0.275 | 37.77 | 68.73 | 59.93 | 15.61 | 2.15 | 2.71 | 1.38 | 7.48 | 12.11 | 5.67 | 1.95 |
| | | 7 | | 9.424 | 7.398 | 0.275 | 43.09 | 80.29 | 68.35 | 17.82 | 2.14 | 2.69 | 1.38 | 8.59 | 13.81 | 6.34 | 1.99 |
| | | 8 | | 10.667 | 8.373 | 0.274 | 48.17 | 91.92 | 76.37 | 19.98 | 2.12 | 2.68 | 1.37 | 9.68 | 15.43 | 6.98 | 2.03 |
| 7.5 | 75 | 5 | 9 | 7.412 | 5.818 | 0.295 | 39.97 | 70.56 | 63.30 | 16.63 | 2.33 | 2.92 | 1.50 | 7.32 | 11.94 | 5.77 | 2.04 |
| | | 6 | | 8.797 | 6.905 | 0.294 | 46.95 | 84.55 | 74.38 | 19.51 | 2.31 | 2.90 | 1.49 | 8.64 | 14.02 | 6.67 | 2.07 |
| | | 7 | | 10.160 | 7.976 | 0.294 | 53.57 | 98.71 | 84.96 | 22.18 | 2.30 | 2.89 | 1.48 | 9.93 | 16.02 | 7.44 | 2.11 |
| | | 8 | | 11.503 | 9.030 | 0.294 | 59.96 | 112.97 | 95.07 | 24.86 | 2.28 | 2.88 | 1.47 | 11.20 | 17.93 | 8.19 | 2.15 |
| | | 9 | | 12.825 | 10.068 | 0.294 | 66.10 | 127.30 | 104.71 | 27.48 | 2.27 | 2.86 | 1.46 | 12.43 | 19.75 | 8.89 | 2.18 |
| | | 10 | | 14.126 | 11.089 | 0.293 | 71.98 | 141.71 | 113.92 | 30.05 | 2.26 | 2.84 | 1.46 | 13.64 | 21.48 | 9.56 | 2.22 |
| 8 | 80 | 5 | | 7.912 | 6.211 | 0.315 | 48.79 | 85.36 | 77.33 | 20.25 | 2.48 | 3.13 | 1.60 | 8.34 | 13.67 | 6.66 | 2.15 |
| | | 6 | | 9.397 | 7.376 | 0.314 | 57.35 | 102.50 | 90.98 | 23.72 | 2.47 | 3.11 | 1.59 | 9.87 | 16.08 | 7.65 | 2.19 |
| | | 7 | | 10.860 | 8.525 | 0.314 | 65.58 | 119.70 | 104.07 | 27.09 | 2.46 | 3.10 | 1.58 | 11.37 | 18.40 | 8.58 | 2.23 |

（续）

| 型号 | 截面尺寸/mm | | | 截面面积/cm² | 理论重量/(kg/m) | 外表面积/(m²/m) | 惯性矩/cm⁴ | | | | 惯性半径/cm | | | 截面模数/cm³ | | | 重心距离/cm |
|---|---|---|---|---|---|---|---|---|---|---|---|---|---|---|---|---|---|
| | $b$ | $d$ | $r$ | | | | $I_x$ | $I_{x1}$ | $I_{x0}$ | $I_{y0}$ | $i_x$ | $i_{x0}$ | $i_{y0}$ | $W_x$ | $W_{x0}$ | $W_{y0}$ | $z_0$ |
| 8 | 80 | 8 | 9 | 12.303 | 9.658 | 0.314 | 73.49 | 136.97 | 116.60 | 30.39 | 2.44 | 3.08 | 1.57 | 12.83 | 20.61 | 9.46 | 2.27 |
| | | 9 | | 13.725 | 10.774 | 0.314 | 81.11 | 154.31 | 128.60 | 33.61 | 2.43 | 3.06 | 1.56 | 14.25 | 22.73 | 10.29 | 2.31 |
| | | 10 | | 15.126 | 11.874 | 0.313 | 88.43 | 171.74 | 140.09 | 36.77 | 2.42 | 3.04 | 1.56 | 15.64 | 24.76 | 11.08 | 2.35 |
| 9 | 90 | 6 | 10 | 10.637 | 8.350 | 0.354 | 82.77 | 145.87 | 131.26 | 34.28 | 2.79 | 3.51 | 1.80 | 12.61 | 20.63 | 9.95 | 2.44 |
| | | 7 | | 12.301 | 9.656 | 0.354 | 94.83 | 170.30 | 150.47 | 39.18 | 2.78 | 3.50 | 1.78 | 14.54 | 23.64 | 11.19 | 2.48 |
| | | 8 | | 13.944 | 10.946 | 0.353 | 106.47 | 194.80 | 168.97 | 43.97 | 2.76 | 3.48 | 1.78 | 16.42 | 26.55 | 12.35 | 2.52 |
| | | 9 | | 15.566 | 12.219 | 0.353 | 117.72 | 219.39 | 186.77 | 48.66 | 2.75 | 3.46 | 1.77 | 18.27 | 29.35 | 13.46 | 2.56 |
| | | 10 | | 17.167 | 13.476 | 0.353 | 128.58 | 244.07 | 203.90 | 53.26 | 2.74 | 3.45 | 1.76 | 20.07 | 32.04 | 14.52 | 2.59 |
| | | 12 | | 20.306 | 15.940 | 0.352 | 149.22 | 293.76 | 236.21 | 62.22 | 2.71 | 3.41 | 1.75 | 23.57 | 37.12 | 16.49 | 2.67 |
| 10 | 100 | 6 | 12 | 11.932 | 9.366 | 0.393 | 114.95 | 200.07 | 181.98 | 47.92 | 3.10 | 3.90 | 2.00 | 15.68 | 25.74 | 12.69 | 2.67 |
| | | 7 | | 13.796 | 10.830 | 0.393 | 131.86 | 233.54 | 208.97 | 54.74 | 3.09 | 3.89 | 1.99 | 18.10 | 29.55 | 14.26 | 2.71 |
| | | 8 | | 15.638 | 12.276 | 0.393 | 148.24 | 267.09 | 235.07 | 61.41 | 3.08 | 3.88 | 1.98 | 20.47 | 33.24 | 15.75 | 2.76 |
| | | 9 | | 17.462 | 13.708 | 0.392 | 164.12 | 300.73 | 260.30 | 67.95 | 3.07 | 3.86 | 1.97 | 22.79 | 36.81 | 17.18 | 2.80 |
| | | 10 | | 19.261 | 15.120 | 0.392 | 179.51 | 334.48 | 284.68 | 74.35 | 3.05 | 3.84 | 1.96 | 25.06 | 40.26 | 18.54 | 2.84 |
| | | 12 | | 22.800 | 17.898 | 0.391 | 208.90 | 402.34 | 330.95 | 86.84 | 3.03 | 3.81 | 1.95 | 29.48 | 46.80 | 21.08 | 2.91 |
| | | 14 | | 26.256 | 20.611 | 0.391 | 236.53 | 470.75 | 374.06 | 99.00 | 3.00 | 3.77 | 1.94 | 33.73 | 52.90 | 23.44 | 2.99 |
| | | 16 | | 29.627 | 23.257 | 0.390 | 262.53 | 539.80 | 414.16 | 110.89 | 2.98 | 3.74 | 1.94 | 37.82 | 58.57 | 25.63 | 3.06 |
| 11 | 110 | 7 | 12 | 15.196 | 11.928 | 0.433 | 177.16 | 310.64 | 280.94 | 73.38 | 3.41 | 4.30 | 2.20 | 22.05 | 36.12 | 17.51 | 2.96 |
| | | 8 | | 17.238 | 13.535 | 0.433 | 199.46 | 355.20 | 316.49 | 82.42 | 3.40 | 4.28 | 2.19 | 24.95 | 40.69 | 19.39 | 3.01 |
| | | 10 | | 21.261 | 16.690 | 0.432 | 242.19 | 444.65 | 384.39 | 99.98 | 3.38 | 4.25 | 2.17 | 30.60 | 49.42 | 22.91 | 3.09 |
| | | 12 | | 25.200 | 19.782 | 0.431 | 282.55 | 534.60 | 448.17 | 116.93 | 3.35 | 4.22 | 2.15 | 36.05 | 57.62 | 26.15 | 3.16 |
| | | 14 | | 29.056 | 22.809 | 0.431 | 320.71 | 625.16 | 508.01 | 133.40 | 3.32 | 4.18 | 2.14 | 41.31 | 65.31 | 29.14 | 3.24 |
| 12.5 | 125 | 8 | 14 | 19.750 | 15.504 | 0.492 | 297.03 | 521.01 | 470.89 | 123.16 | 3.88 | 4.88 | 2.50 | 32.52 | 53.28 | 25.86 | 3.37 |
| | | 10 | | 24.373 | 19.133 | 0.491 | 361.67 | 651.93 | 573.89 | 149.46 | 3.85 | 4.85 | 2.48 | 39.97 | 64.93 | 30.62 | 3.45 |
| | | 12 | | 28.912 | 22.696 | 0.491 | 423.16 | 783.42 | 671.44 | 174.88 | 3.83 | 4.82 | 2.46 | 41.17 | 75.96 | 35.03 | 3.53 |
| | | 14 | | 33.367 | 26.193 | 0.490 | 481.65 | 915.61 | 763.73 | 199.57 | 3.80 | 4.78 | 2.45 | 54.16 | 86.41 | 39.13 | 3.61 |
| | | 16 | | 37.739 | 29.625 | 0.489 | 537.31 | 1048.62 | 850.98 | 223.65 | 3.77 | 4.75 | 2.43 | 60.93 | 96.28 | 42.96 | 3.68 |
| 14 | 140 | 10 | | 27.373 | 21.488 | 0.551 | 514.65 | 915.11 | 817.27 | 212.04 | 4.34 | 5.46 | 2.78 | 50.58 | 82.56 | 39.20 | 3.82 |
| | | 12 | | 32.512 | 25.522 | 0.551 | 603.68 | 1099.28 | 958.79 | 248.57 | 4.31 | 5.43 | 2.76 | 59.80 | 96.85 | 45.02 | 3.90 |
| | | 14 | | 37.567 | 29.490 | 0.550 | 688.81 | 1284.22 | 1093.56 | 284.06 | 4.28 | 5.40 | 2.75 | 68.75 | 110.47 | 50.45 | 3.98 |
| | | 16 | | 42.539 | 33.393 | 0.549 | 770.24 | 1470.07 | 1221.81 | 318.67 | 4.26 | 5.36 | 2.74 | 77.46 | 123.42 | 55.55 | 4.06 |
| 15 | 150 | 8 | | 23.750 | 18.644 | 0.592 | 521.37 | 899.55 | 827.49 | 215.25 | 4.69 | 5.90 | 3.01 | 47.36 | 78.02 | 38.14 | 3.99 |
| | | 10 | | 29.373 | 23.058 | 0.591 | 637.50 | 1125.09 | 1012.79 | 262.21 | 4.66 | 5.87 | 2.99 | 58.35 | 95.49 | 45.51 | 4.08 |
| | | 12 | | 34.912 | 27.406 | 0.591 | 748.85 | 1351.26 | 1189.97 | 307.73 | 4.63 | 5.84 | 2.97 | 69.04 | 112.19 | 52.38 | 4.15 |

（续）

| 型号 | 截面尺寸/mm | | | 截面面积/$cm^2$ | 理论重量/(kg/m) | 外表面积/($m^2$/m) | 惯性矩/$cm^4$ | | | | 惯性半径/cm | | | 截面模数/$cm^3$ | | | 重心距离/cm |
|---|---|---|---|---|---|---|---|---|---|---|---|---|---|---|---|---|---|
| | $b$ | $d$ | $r$ | | | | $I_x$ | $I_{x1}$ | $I_{x0}$ | $I_{y0}$ | $i_x$ | $i_{x0}$ | $i_{y0}$ | $W_x$ | $W_{x0}$ | $W_{y0}$ | $z_0$ |
| 15 | 150 | 14 | 14 | 40.367 | 31.688 | 0.590 | 855.64 | 1578.25 | 1359.30 | 351.98 | 4.60 | 5.80 | 2.95 | 79.45 | 128.16 | 58.83 | 4.23 |
| | | 15 | | 43.063 | 33.804 | 0.590 | 907.39 | 1692.10 | 1441.09 | 373.69 | 4.59 | 5.78 | 2.95 | 84.56 | 135.87 | 61.90 | 4.27 |
| | | 16 | | 45.739 | 35.905 | 0.589 | 958.08 | 1806.21 | 1521.02 | 395.14 | 4.58 | 5.77 | 2.94 | 89.59 | 143.40 | 64.89 | 4.31 |
| 16 | 160 | 10 | 16 | 31.502 | 24.729 | 0.630 | 779.53 | 1365.33 | 1237.30 | 321.76 | 4.98 | 6.27 | 3.20 | 66.70 | 109.36 | 52.76 | 4.31 |
| | | 12 | | 37.441 | 29.391 | 0.630 | 916.58 | 1639.57 | 1455.68 | 377.49 | 4.95 | 6.24 | 3.18 | 78.98 | 128.67 | 60.74 | 4.39 |
| | | 14 | | 43.296 | 33.987 | 0.629 | 1048.36 | 1914.68 | 1665.02 | 431.70 | 4.92 | 6.20 | 3.16 | 90.95 | 147.17 | 68.24 | 4.47 |
| | | 16 | | 49.067 | 38.518 | 0.629 | 1175.08 | 2190.82 | 1865.57 | 484.59 | 4.89 | 6.17 | 3.14 | 102.63 | 164.89 | 75.31 | 4.55 |
| 18 | 180 | 12 | | 42.241 | 33.159 | 0.710 | 1321.35 | 2332.80 | 2100.10 | 542.61 | 5.59 | 7.05 | 3.58 | 100.82 | 165.00 | 78.41 | 4.89 |
| | | 14 | | 48.896 | 38.383 | 0.709 | 1514.48 | 2723.48 | 2407.42 | 621.53 | 5.56 | 7.02 | 3.56 | 116.25 | 189.14 | 88.38 | 4.97 |
| | | 16 | | 55.467 | 43.542 | 0.709 | 1700.99 | 3115.29 | 2703.37 | 698.60 | 5.54 | 6.98 | 3.55 | 131.13 | 212.40 | 97.83 | 5.05 |
| | | 18 | | 61.055 | 48.634 | 0.708 | 1875.12 | 3502.43 | 2988.24 | 762.01 | 5.50 | 6.94 | 3.51 | 145.64 | 234.78 | 105.14 | 5.13 |
| 20 | 200 | 14 | 18 | 54.642 | 42.894 | 0.788 | 2103.55 | 3734.10 | 3343.26 | 863.83 | 6.20 | 7.82 | 3.98 | 144.70 | 236.40 | 111.82 | 5.46 |
| | | 16 | | 62.013 | 48.680 | 0.788 | 2366.15 | 4270.39 | 3760.89 | 971.41 | 6.18 | 7.79 | 3.96 | 163.65 | 265.93 | 123.96 | 5.54 |
| | | 18 | | 69.301 | 54.401 | 0.787 | 2620.64 | 4808.13 | 4164.54 | 1076.74 | 6.15 | 7.75 | 3.94 | 182.22 | 294.48 | 135.52 | 5.62 |
| | | 20 | | 76.505 | 60.056 | 0.787 | 2867.30 | 5347.51 | 4554.55 | 1180.04 | 6.12 | 7.72 | 3.93 | 200.42 | 322.06 | 146.55 | 5.69 |
| | | 24 | | 90.661 | 71.168 | 0.785 | 3338.25 | 6457.16 | 5294.97 | 1381.53 | 6.07 | 7.64 | 3.90 | 236.17 | 374.41 | 166.65 | 5.87 |
| 22 | 220 | 16 | 21 | 68.664 | 53.901 | 0.866 | 3187.36 | 5681.62 | 5063.73 | 1310.99 | 6.81 | 8.59 | 4.37 | 199.55 | 325.51 | 153.81 | 6.03 |
| | | 18 | | 76.752 | 60.250 | 0.866 | 3534.30 | 6395.93 | 5615.32 | 1453.27 | 6.79 | 8.55 | 4.35 | 222.37 | 360.97 | 168.29 | 6.11 |
| | | 20 | | 84.756 | 66.533 | 0.865 | 3871.49 | 7112.04 | 6150.08 | 1592.90 | 6.76 | 8.52 | 4.34 | 244.77 | 395.34 | 182.16 | 6.18 |
| | | 22 | | 92.676 | 72.751 | 0.865 | 4199.23 | 7830.19 | 6668.37 | 1730.10 | 6.73 | 8.48 | 4.32 | 266.78 | 428.66 | 195.45 | 6.26 |
| | | 24 | | 100.512 | 78.902 | 0.864 | 4517.83 | 8550.57 | 7170.55 | 1865.11 | 6.70 | 8.45 | 4.31 | 288.39 | 460.94 | 208.21 | 6.33 |
| | | 26 | | 108.264 | 84.987 | 0.864 | 4827.58 | 9273.39 | 7656.98 | 1998.17 | 6.68 | 8.41 | 4.30 | 309.62 | 492.21 | 220.49 | 6.41 |
| 25 | 250 | 18 | 24 | 87.842 | 68.956 | 0.985 | 5268.22 | 9379.11 | 8369.04 | 2167.41 | 7.74 | 9.76 | 4.97 | 290.12 | 473.42 | 224.03 | 6.84 |
| | | 20 | | 97.045 | 76.180 | 0.984 | 5779.34 | 10426.97 | 9181.94 | 2376.74 | 7.72 | 9.73 | 4.95 | 319.66 | 519.41 | 242.85 | 6.92 |
| | | 24 | | 115.201 | 90.433 | 0.983 | 6763.93 | 12529.74 | 10742.67 | 2785.19 | 7.66 | 9.66 | 4.92 | 377.34 | 607.70 | 278.38 | 7.07 |
| | | 26 | | 124.154 | 97.461 | 0.982 | 7238.08 | 13585.18 | 11491.33 | 2984.84 | 7.63 | 9.62 | 4.90 | 406.50 | 650.05 | 295.19 | 7.15 |
| | | 28 | | 133.022 | 104.422 | 0.982 | 7700.60 | 14643.62 | 12219.39 | 3181.81 | 7.61 | 9.58 | 4.89 | 433.22 | 691.23 | 311.42 | 7.22 |
| | | 30 | | 141.807 | 111.318 | 0.981 | 8151.80 | 15705.30 | 12927.26 | 3376.34 | 7.58 | 9.55 | 4.88 | 460.51 | 731.28 | 327.12 | 7.30 |
| | | 32 | | 150.508 | 118.149 | 0.981 | 8592.01 | 16770.41 | 13615.32 | 3568.71 | 7.56 | 9.51 | 4.87 | 487.39 | 770.20 | 342.33 | 7.37 |
| | | 35 | | 163.402 | 128.271 | 0.980 | 9232.44 | 18374.95 | 14611.16 | 3853.72 | 7.52 | 9.46 | 4.86 | 526.97 | 826.53 | 364.30 | 7.48 |

注：截面图中的 $r_1=1/3d$ 及表中 $r$ 的数据用于孔型设计，不做交货条件。

## 附表4 不等边角钢截面尺寸、截面面积、理论重量及截面特性

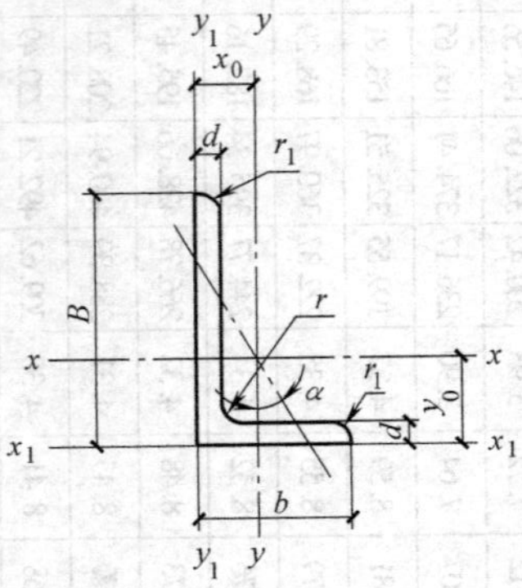


$B$— 长边宽度；
$b$—短边宽度；
$d$— 边厚度；
$r$— 内圆弧半径；
$r_1$— 边端圆弧半径；
$x_0$— 重心距离；
$y_0$— 重心距离。

| 型号 | 截面尺寸/mm | | | | 截面面积/cm² | 理论重量/(kg/m) | 外表面积/(m²/m) | 惯性矩/cm⁴ | | | | | 惯性半径/cm | | | 截面模数/cm³ | | | tanα | 重心距离/cm | |
|---|---|---|---|---|---|---|---|---|---|---|---|---|---|---|---|---|---|---|---|---|---|
| | B | b | d | r | | | | $I_x$ | $I_{x1}$ | $I_y$ | $I_{y1}$ | $I_u$ | $i_x$ | $i_y$ | $i_u$ | $W_x$ | $W_y$ | $W_u$ | | $x_0$ | $y_0$ |
| 2.5/1.6 | 25 | 16 | 3 | 3.5 | 1.162 | 0.912 | 0.080 | 0.70 | 1.56 | 0.22 | 0.43 | 0.14 | 0.78 | 0.44 | 0.34 | 0.43 | 0.19 | 0.16 | 0.392 | 0.42 | 0.86 |
| | | | 4 | | 1.499 | 1.176 | 0.079 | 0.88 | 2.09 | 0.27 | 0.59 | 0.17 | 0.77 | 0.43 | 0.34 | 0.55 | 0.24 | 0.20 | 0.381 | 0.46 | 1.86 |
| 3.2/2 | 32 | 20 | 3 | | 1.492 | 1.171 | 0.102 | 1.53 | 3.27 | 0.46 | 0.82 | 0.28 | 1.01 | 0.55 | 0.43 | 0.72 | 0.30 | 0.25 | 0.382 | 0.49 | 0.90 |
| | | | 4 | | 1.939 | 1.522 | 0.101 | 1.93 | 4.37 | 0.57 | 1.12 | 0.35 | 1.00 | 0.54 | 0.42 | 0.93 | 0.39 | 0.32 | 0.374 | 0.53 | 1.08 |
| 4/2.5 | 40 | 25 | 3 | 4 | 1.890 | 1.484 | 0.127 | 3.08 | 5.39 | 0.93 | 1.59 | 0.56 | 1.28 | 0.70 | 0.54 | 1.15 | 0.49 | 0.40 | 0.385 | 0.59 | 1.12 |
| | | | 4 | | 2.467 | 1.936 | 0.127 | 3.93 | 8.53 | 1.18 | 2.14 | 0.71 | 1.36 | 0.69 | 0.54 | 1.49 | 0.63 | 0.52 | 0.381 | 0.63 | 1.32 |
| 4.5/2.8 | 45 | 28 | 3 | 5 | 2.149 | 1.687 | 0.143 | 445 | 9.10 | 1.34 | 2.23 | 0.80 | 1.44 | 0.79 | 0.61 | 1.47 | 0.62 | 0.51 | 0.383 | 0.64 | 1.37 |
| | | | 4 | | 2.806 | 2.203 | 0.143 | 5.69 | 12.13 | 1.70 | 3.00 | 1.02 | 1.42 | 0.78 | 0.60 | 1.91 | 0.80 | 0.66 | 0.380 | 0.68 | 1.47 |
| 5/3.2 | 50 | 32 | 3 | 5.5 | 2.431 | 1.908 | 0.161 | 6.24 | 12.49 | 2.02 | 3.31 | 1.20 | 1.60 | 0.91 | 0.70 | 1.84 | 0.82 | 0.68 | 0.404 | 0.73 | 1.51 |
| | | | 4 | | 3.177 | 2.494 | 0.160 | 8.02 | 16.65 | 2.58 | 4.45 | 1.53 | 1.59 | 0.90 | 0.69 | 2.39 | 1.06 | 0.87 | 0.402 | 0.77 | 1.60 |
| 5.6/3.6 | 56 | 36 | 3 | 6 | 2.743 | 2.153 | 0.181 | 8.88 | 17.54 | 2.92 | 4.70 | 1.73 | 1.80 | 1.03 | 0.79 | 2.32 | 1.05 | 0.87 | 0.408 | 0.80 | 1.65 |
| | | | 4 | | 3.590 | 2.818 | 0.180 | 11.45 | 23.39 | 3.76 | 6.33 | 2.23 | 1.79 | 1.02 | 0.79 | 3.03 | 1.37 | 1.13 | 0.408 | 0.85 | 1.78 |
| | | | 5 | | 4.415 | 3.466 | 0.180 | 13.86 | 29.25 | 4.49 | 7.94 | 2.67 | 1.77 | 1.01 | 0.78 | 3.71 | 1.65 | 1.36 | 0.404 | 0.88 | 1.82 |

（续）

| 型号 | 截面尺寸/mm | | | | 截面面积 | 理论重量 | 外表面积 | 惯性矩/$cm^4$ | | | | | 惯性半径/cm | | | 截面模数/$cm^3$ | | | tanα | 重心距离/cm | |
|---|---|---|---|---|---|---|---|---|---|---|---|---|---|---|---|---|---|---|---|---|---|
| | $B$ | $b$ | $d$ | $r$ | /$cm^2$ | /(kg/m) | /($m^2$/m) | $I_x$ | $I_{x1}$ | $I_y$ | $I_{y1}$ | $I_u$ | $i_x$ | $i_y$ | $i_u$ | $W_x$ | $W_y$ | $W_u$ | | $x_0$ | $y_0$ |
| 6.3/4 | 63 | 40 | 4 | 7 | 4.058 | 3.185 | 0.202 | 16.49 | 33.30 | 5.23 | 8.63 | 3.12 | 2.02 | 1.14 | 0.88 | 3.87 | 1.70 | 1.40 | 0.398 | 0.92 | 1.87 |
| | | | 5 | | 4.993 | 3.920 | 0.202 | 20.02 | 41.63 | 6.31 | 10.86 | 3.76 | 2.00 | 1.12 | 0.87 | 4.74 | 2.07 | 1.71 | 0.396 | 0.95 | 2.04 |
| | | | 6 | | 5.908 | 4.638 | 0.201 | 23.36 | 49.98 | 7.29 | 13.12 | 4.34 | 1.96 | 1.11 | 0.86 | 5.59 | 2.43 | 1.99 | 0.393 | 0.99 | 2.08 |
| | | | 7 | | 6.802 | 5.339 | 0.201 | 26.53 | 58.07 | 8.24 | 15.47 | 4.97 | 1.98 | 1.10 | 0.86 | 6.40 | 2.78 | 2.29 | 0.389 | 1.03 | 2.12 |
| 7/4.5 | 70 | 45 | 4 | 7.5 | 4.547 | 3.570 | 0.226 | 23.17 | 45.92 | 7.55 | 12.26 | 4.40 | 2.26 | 1.29 | 0.98 | 4.86 | 2.17 | 1.77 | 0.410 | 1.02 | 2.15 |
| | | | 5 | | 5.609 | 4.403 | 0.225 | 27.95 | 57.10 | 9.13 | 15.39 | 5.40 | 2.23 | 1.28 | 0.98 | 5.92 | 2.65 | 2.19 | 0.407 | 1.06 | 2.24 |
| | | | 6 | | 6.647 | 5.218 | 0.225 | 32.54 | 68.35 | 10.62 | 18.58 | 6.35 | 2.21 | 1.26 | 0.98 | 6.95 | 3.12 | 2.59 | 0.404 | 1.09 | 2.28 |
| | | | 7 | | 7.657 | 6.011 | 0.225 | 37.22 | 79.99 | 12.01 | 21.84 | 7.16 | 2.20 | 1.25 | 0.97 | 8.03 | 3.57 | 2.94 | 0.402 | 1.13 | 2.32 |
| 7.5/5 | 75 | 50 | 5 | 8 | 6.125 | 4.808 | 0.245 | 34.86 | 70.00 | 12.61 | 21.04 | 7.41 | 2.39 | 1.44 | 1.10 | 6.83 | 3.30 | 2.74 | 0.435 | 1.17 | 2.36 |
| | | | 6 | | 7.260 | 5.699 | 0.245 | 41.12 | 84.30 | 14.70 | 25.37 | 8.54 | 2.38 | 1.42 | 1.08 | 8.12 | 3.88 | 3.19 | 0.435 | 1.21 | 2.40 |
| | | | 8 | | 9.467 | 7.431 | 0.244 | 52.39 | 112.50 | 18.53 | 34.23 | 10.87 | 2.35 | 1.40 | 1.07 | 10.52 | 4.99 | 4.10 | 0.429 | 1.29 | 2.44 |
| | | | 10 | | 11.590 | 9.098 | 0.244 | 62.71 | 140.80 | 21.96 | 43.43 | 13.10 | 2.33 | 1.38 | 1.06 | 12.79 | 6.04 | 4.99 | 0.423 | 1.36 | 2.52 |
| 8/5 | 80 | 50 | 5 | | 6.375 | 5.005 | 0.255 | 41.96 | 85.21 | 12.82 | 21.06 | 7.66 | 2.56 | 1.42 | 1.10 | 7.78 | 3.32 | 2.74 | 0.388 | 1.14 | 2.60 |
| | | | 6 | | 7.560 | 5.935 | 0.255 | 49.49 | 102.53 | 14.95 | 25.41 | 8.85 | 2.56 | 1.41 | 1.08 | 9.25 | 3.91 | 3.20 | 0.387 | 1.18 | 2.65 |
| | | | 7 | | 8.724 | 6.848 | 0.255 | 56.16 | 119.33 | 46.96 | 29.82 | 10.18 | 2.54 | 1.39 | 1.08 | 10.58 | 4.48 | 3.70 | 0.384 | 1.21 | 2.69 |
| | | | 8 | | 9.867 | 7.745 | 0.254 | 62.83 | 136.41 | 18.85 | 34.32 | 11.38 | 2.52 | 1.38 | 1.07 | 11.92 | 5.03 | 4.16 | 0.381 | 1.25 | 2.73 |
| 9/5.6 | 90 | 56 | 5 | 9 | 7.212 | 5.661 | 0.287 | 60.45 | 121.32 | 18.32 | 29.53 | 10.98 | 2.90 | 1.59 | 1.23 | 9.92 | 4.21 | 3.49 | 0.385 | 1.25 | 2.91 |
| | | | 6 | | 8.557 | 6.717 | 0.286 | 71.03 | 145.59 | 21.42 | 35.58 | 12.90 | 2.88 | 1.58 | 1.23 | 11.74 | 4.96 | 4.13 | 0.384 | 1.29 | 2.95 |
| | | | 7 | | 9.880 | 7.756 | 0.285 | 81.01 | 169.60 | 24.36 | 41.71 | 14.67 | 2.86 | 1.57 | 1.22 | 13.49 | 5.70 | 4.72 | 0.382 | 1.33 | 3.00 |
| | | | 8 | | 11.183 | 8.779 | 0.286 | 91.03 | 194.17 | 27.15 | 47.93 | 16.34 | 2.85 | 1.56 | 1.21 | 15.27 | 6.41 | 5.29 | 0.380 | 1.36 | 3.04 |
| 10/6.3 | 100 | 63 | 6 | 10 | 9.617 | 7.550 | 0.320 | 99.06 | 199.71 | 30.94 | 50.50 | 18.42 | 3.21 | 1.79 | 1.38 | 14.64 | 6.35 | 5.25 | 0.394 | 1.43 | 3.24 |
| | | | 7 | | 11.111 | 8.722 | 0.320 | 113.45 | 233.00 | 35.26 | 59.14 | 21.00 | 3.20 | 1.78 | 1.38 | 16.88 | 7.29 | 6.02 | 0.394 | 1.47 | 3.28 |

（续）

| 型号 | 截面尺寸/mm | | | | 截面面积/cm² | 理论重量/(kg/m) | 外表面积/(m²/m) | 惯性矩/cm⁴ | | | | | 惯性半径/cm | | | 截面模数/cm³ | | | tanα | 重心距离/cm | |
|---|---|---|---|---|---|---|---|---|---|---|---|---|---|---|---|---|---|---|---|---|---|
| | $B$ | $b$ | $d$ | $r$ | | | | $I_x$ | $I_{x1}$ | $I_y$ | $I_{y1}$ | $I_u$ | $i_x$ | $i_y$ | $i_u$ | $W_x$ | $W_y$ | $W_u$ | | $x_0$ | $y_0$ |
| 10/6.3 | 100 | 63 | 8 | 10 | 12.534 | 9.878 | 0.319 | 127.37 | 266.32 | 39.39 | 67.88 | 23.50 | 3.18 | 1.77 | 1.37 | 19.08 | 8.21 | 6.78 | 0.391 | 1.50 | 3.32 |
| | | | 10 | | 15.467 | 12.142 | 0.319 | 153.81 | 333.06 | 47.12 | 85.73 | 28.33 | 3.15 | 1.74 | 1.35 | 23.32 | 9.98 | 8.24 | 0.387 | 1.58 | 3.40 |
| 10/8 | 100 | 80 | 6 | | 10.637 | 8.350 | 0.354 | 107.04 | 199.83 | 61.24 | 102.68 | 31.65 | 3.17 | 2.40 | 1.72 | 15.19 | 10.16 | 8.37 | 0.627 | 1.97 | 2.95 |
| | | | 7 | | 12.301 | 9.656 | 0.354 | 122.73 | 233.20 | 70.08 | 119.98 | 36.17 | 3.16 | 2.39 | 1.72 | 17.52 | 11.71 | 9.60 | 0.626 | 2.01 | 3.0 |
| | | | 8 | | 13.944 | 10.946 | 0.353 | 137.92 | 266.61 | 78.58 | 137.37 | 40.58 | 3.14 | 2.37 | 1.71 | 19.81 | 13.21 | 10.80 | 0.625 | 2.05 | 3.04 |
| | | | 10 | | 17.167 | 13.476 | 0.353 | 166.87 | 333.63 | 94.65 | 172.48 | 49.10 | 3.12 | 2.35 | 1.69 | 24.24 | 16.12 | 13.12 | 0.622 | 2.13 | 3.12 |
| 11/7 | 110 | 70 | 6 | | 10.637 | 8.350 | 0.354 | 133.37 | 265.78 | 42.92 | 69.08 | 25.36 | 3.54 | 2.01 | 1.54 | 17.85 | 7.90 | 6.53 | 0.403 | 1.57 | 3.53 |
| | | | 7 | | 12.301 | 9.656 | 0.354 | 153.00 | 310.07 | 49.01 | 80.82 | 28.95 | 3.53 | 2.00 | 1.53 | 20.60 | 9.09 | 7.50 | 0.402 | 1.61 | 3.57 |
| | | | 8 | | 13.944 | 10.946 | 0.353 | 172.04 | 354.39 | 54.87 | 92.70 | 32.45 | 3.51 | 1.98 | 1.53 | 23.30 | 10.25 | 8.45 | 0.401 | 1.65 | 3.62 |
| | | | 10 | | 17.167 | 13.476 | 0.353 | 208.39 | 443.13 | 65.88 | 116.83 | 39.20 | 3.48 | 1.96 | 1.51 | 28.54 | 12.48 | 10.29 | 0.397 | 1.72 | 3.70 |
| 12.5/8 | 125 | 80 | 7 | 11 | 14.096 | 11.066 | 0.403 | 227.98 | 454.99 | 74.42 | 120.32 | 43.81 | 4.02 | 2.30 | 1.76 | 26.86 | 12.01 | 9.92 | 0.408 | 1.80 | 4.01 |
| | | | 8 | | 15.989 | 12.551 | 0.403 | 256.77 | 519.99 | 83.49 | 137.85 | 49.15 | 4.01 | 2.28 | 1.75 | 30.41 | 13.56 | 11.18 | 0.407 | 1.84 | 4.06 |
| | | | 10 | | 19.712 | 15.474 | 0.402 | 312.04 | 650.09 | 100.67 | 173.40 | 59.45 | 3.98 | 2.26 | 1.74 | 37.33 | 16.56 | 13.64 | 0.404 | 1.92 | 4.14 |
| | | | 12 | | 23.351 | 18.330 | 0.402 | 364.41 | 780.39 | 116.67 | 209.67 | 69.35 | 3.95 | 2.24 | 1.72 | 44.01 | 19.43 | 16.01 | 0.400 | 2.00 | 4.22 |
| 14/9 | 140 | 90 | 8 | 12 | 18.038 | 14.160 | 0.453 | 365.64 | 730.53 | 120.69 | 195.79 | 70.83 | 4.50 | 2.59 | 1.98 | 38.48 | 17.34 | 14.31 | 0.411 | 2.04 | 4.50 |
| | | | 10 | | 22.261 | 17.475 | 0.452 | 445.50 | 913.20 | 140.03 | 245.92 | 85.82 | 4.47 | 2.56 | 1.96 | 47.31 | 21.22 | 17.48 | 0.409 | 2.12 | 4.58 |
| | | | 12 | | 26.400 | 20.724 | 0.451 | 521.59 | 1096.09 | 169.79 | 296.89 | 100.21 | 4.44 | 2.54 | 1.95 | 55.87 | 24.95 | 20.54 | 0.406 | 2.19 | 4.66 |
| | | | 14 | | 30.456 | 23.908 | 0.451 | 594.10 | 1279.26 | 192.10 | 348.82 | 114.13 | 4.42 | 2.51 | 1.94 | 64.18 | 28.54 | 23.52 | 0.403 | 2.27 | 4.74 |
| 15/9 | 150 | 90 | 8 | | 18.839 | 14.788 | 0.473 | 442.05 | 898.35 | 122.80 | 195.96 | 74.14 | 4.84 | 2.55 | 1.98 | 43.86 | 17.47 | 14.48 | 0.364 | 1.97 | 4.92 |
| | | | 10 | | 23.261 | 18.260 | 0.472 | 539.24 | 1122.85 | 148.62 | 246.26 | 89.86 | 4.81 | 2.53 | 1.97 | 53.97 | 21.38 | 17.69 | 0.362 | 2.05 | 5.01 |
| | | | 12 | | 27.600 | 21.666 | 0.471 | 632.08 | 1347.50 | 172.85 | 297.46 | 104.95 | 4.79 | 2.50 | 1.95 | 63.79 | 25.14 | 20.80 | 0.359 | 2.12 | 5.09 |
| | | | 14 | | 31.856 | 25.007 | 0.471 | 720.77 | 1572.38 | 195.62 | 349.74 | 119.53 | 4.76 | 2.48 | 1.94 | 73.33 | 28.77 | 23.84 | 0.356 | 2.20 | 5.17 |

（续）

| 型号 | 截面尺寸/mm | | | | 截面面积/cm² | 理论重量/(kg/m) | 外表面积/(m²/m) | 惯性矩/cm⁴ | | | | | 惯性半径/cm | | | 截面模数/cm³ | | | tanα | 重心距离/cm | |
|---|---|---|---|---|---|---|---|---|---|---|---|---|---|---|---|---|---|---|---|---|---|
| | $B$ | $b$ | $d$ | $r$ | | | | $I_x$ | $I_{x1}$ | $I_y$ | $I_{y1}$ | $I_u$ | $i_x$ | $i_y$ | $i_u$ | $W_x$ | $W_y$ | $W_u$ | | $x_0$ | $y_0$ |
| 15/9 | 150 | 90 | 15 | 12 | 33.952 | 26.652 | 0.471 | 763.62 | 1684.93 | 206.50 | 376.33 | 126.67 | 4.74 | 2.47 | 1.93 | 77.99 | 30.53 | 25.33 | 0.354 | 2.24 | 5.21 |
| | | | 16 | | 36.027 | 28.281 | 0.470 | 805.51 | 1797.55 | 217.07 | 403.24 | 133.72 | 4.73 | 2.45 | 1.93 | 82.60 | 32.27 | 26.82 | 0.352 | 2.27 | 5.25 |
| 16/10 | 160 | 100 | 10 | 13 | 25.315 | 19.872 | 0.512 | 668.69 | 1362.89 | 205.03 | 336.59 | 121.74 | 5.14 | 2.85 | 2.19 | 62.13 | 26.56 | 21.92 | 0.390 | 2.28 | 5.24 |
| | | | 12 | | 30.054 | 23.592 | 0.511 | 784.91 | 1635.56 | 239.06 | 405.94 | 142.33 | 5.11 | 2.82 | 2.17 | 73.49 | 31.28 | 25.79 | 0.388 | 2.36 | 5.32 |
| | | | 14 | | 34.709 | 27.247 | 0.510 | 896.30 | 1908.50 | 271.20 | 476.42 | 162.23 | 5.08 | 2.80 | 2.16 | 84.56 | 35.83 | 29.56 | 0.385 | 0.43 | 5.40 |
| | | | 16 | | 29.281 | 30.835 | 0.510 | 1003.04 | 2181.79 | 301.60 | 548.22 | 182.57 | 5.05 | 2.77 | 2.16 | 95.33 | 40.24 | 33.44 | 0.382 | 2.51 | 5.48 |
| 18/11 | 180 | 110 | 10 | 14 | 28.373 | 22.273 | 0.571 | 956.25 | 1940.40 | 278.11 | 447.22 | 166.50 | 5.80 | 3.13 | 2.42 | 78.96 | 32.49 | 26.88 | 0.376 | 2.44 | 5.89 |
| | | | 12 | | 33.712 | 26.440 | 0.571 | 1124.72 | 2328.38 | 325.03 | 538.94 | 194.87 | 5.78 | 3.10 | 2.40 | 93.53 | 38.32 | 31.66 | 0.374 | 2.52 | 5.98 |
| | | | 14 | | 38.967 | 30.589 | 0.570 | 1286.91 | 2716.60 | 369.55 | 631.95 | 222.30 | 5.75 | 3.08 | 2.39 | 107.76 | 43.97 | 36.32 | 0.372 | 2.59 | 6.06 |
| | | | 16 | | 44.139 | 34.649 | 0.569 | 1443.06 | 3105.15 | 411.85 | 726.46 | 248.94 | 5.72 | 3.06 | 2.38 | 121.64 | 49.44 | 40.87 | 0.369 | 2.67 | 6.14 |
| 20/12.5 | 200 | 125 | 12 | | 37.912 | 29.761 | 0.641 | 1570.90 | 3193.85 | 483.16 | 787.74 | 285.79 | 6.44 | 3.57 | 2.74 | 116.73 | 49.99 | 41.23 | 0.392 | 2.83 | 6.54 |
| | | | 14 | | 43.687 | 34.436 | 0.640 | 1800.97 | 3726.17 | 550.83 | 922.47 | 326.58 | 6.41 | 3.54 | 2.73 | 134.65 | 57.44 | 47.34 | 0.390 | 2.91 | 6.62 |
| | | | 16 | | 49.739 | 39.045 | 0.639 | 2023.35 | 4258.88 | 615.44 | 1058.86 | 366.21 | 6.38 | 3.52 | 2.71 | 152.18 | 64.89 | 53.32 | 0.388 | 2.99 | 6.70 |
| | | | 18 | | 55.526 | 43.588 | 0.639 | 2238.30 | 4792.00 | 677.19 | 1197.13 | 404.83 | 6.35 | 3.49 | 2.70 | 169.33 | 71.74 | 59.18 | 0.385 | 3.06 | 6.78 |

注：截面图中的 $r_1 = 1/3d$ 及表中 $r$ 的数据用于孔型设计，不做交货条件。

## 附表 5 ∟型钢截面尺寸、截面面积、理论重量及截面特性

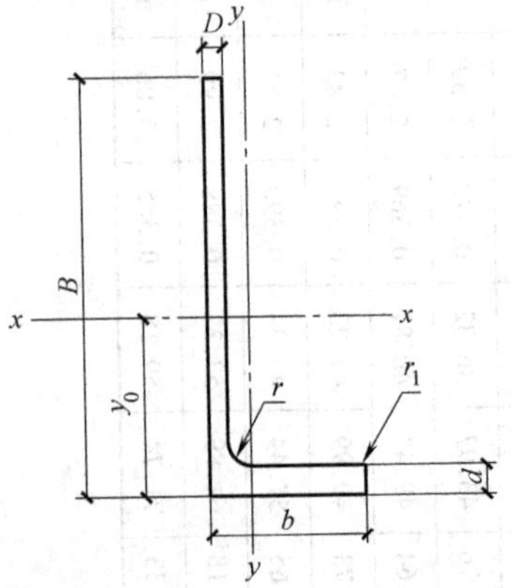


$B$—长边宽度；
$b$—短边宽度；
$D$—长边厚度；
$d$—宽边厚度；
$r$—内圆弧半径；
$r_1$—边端圆弧半径；
$y_0$—重心距离。

| 型号 | 截面尺寸/mm | | | | | | 截面面积 /$cm^2$ | 理论重量 /kg/m | 惯性矩 $I_x$ /$cm^4$ | 重心距离 $y_0$/cm |
|---|---|---|---|---|---|---|---|---|---|---|
| | $B$ | $b$ | $D$ | $d$ | $r$ | $r_1$ | | | | |
| ∟250×90×9×13 | 250 | 90 | 9 | 13 | 15 | 7.5 | 33.4 | 26.2 | 2190 | 8.64 |
| ∟250×90×10.5×15 | | | 10.5 | 15 | | | 38.5 | 30.3 | 2510 | 8.76 |
| ∟250×90×11.5×16 | | | 11.5 | 16 | | | 41.7 | 32.7 | 2710 | 8.90 |
| ∟300×100×10.5×15 | 300 | 100 | 10.5 | 15 | | | 45.3 | 35.6 | 4290 | 10.6 |
| ∟300×100×11.5×16 | | | 11.5 | 16 | | | 49.0 | 38.5 | 4630 | 10.7 |
| ∟350×120×10.5×16 | 350 | 120 | 10.5 | 16 | 20 | 10 | 54.9 | 43.1 | 7110 | 12.0 |
| ∟350×120×11.5×18 | | | 11.5 | 18 | | | 60.4 | 47.4 | 7780 | 12.0 |
| ∟400×120×11.5×23 | 400 | 120 | 11.5 | 23 | | | 71.6 | 56.2 | 11900 | 13.3 |
| ∟450×120×11.5×25 | 450 | 120 | 11.5 | 25 | | | 79.5 | 62.4 | 16800 | 15.1 |
| ∟500×120×12.5×33 | 500 | 120 | 12.5 | 33 | | | 98.6 | 77.4 | 25500 | 16.5 |
| ∟500×120×13.5×35 | | | 13.5 | 35 | | | 105.0 | 82.8 | 27100 | 16.6 |

# 参 考 文 献


[1] 梁春光. 建筑力学［M］. 武汉：武汉理工大学出版社，2004.

[2] 杨力彬，赵萍. 建筑力学［M］. 北京：机械工业出版社，2004.

[3] 刘志宏，蒋晓燕. 建筑力学［M］. 北京：人民交通出版社，2007.

[4] 游普元. 建筑力学与结构［M］. 北京：化学工业出版社，2008.

[5] 李春亭，张庆霞. 建筑力学与结构［M］. 北京：人民交通出版社，2007.

[6] 胡兴福. 建筑力学与结构［M］. 武汉：武汉理工大学出版社，2005.